普通高等教育"十二五"规划教材

U0682029

混 凝 土 工 艺 学

主编　李国新　宋学锋
编写　史　琛　刘云霄
主审　王福川

中国电力出版社
CHINA ELECTRIC POWER PRESS

内 容 提 要

本书主要介绍了混凝土各工艺的相关理论知识、工艺及设备，内容包括混凝土的模板工艺、混凝土的钢筋工艺、混凝土的搅拌工艺、混凝土的输送工艺、混凝土的密实成型工艺及混凝土的养护工艺。本书力求理论联系实际，内容丰富翔实，对相关学科师生和相关行业从业人员有较好的指导和参考价值，可供材料专业、土木工程专业的本科生作为教材使用，也可供从事相关研究的专业人员参考阅读。

图书在版编目（CIP）数据

混凝土工艺学/李国新，宋学锋主编. —北京：中国电力出版社，2013.8（2020.2 重印）
普通高等教育"十二五"规划教材
ISBN 978 - 7 - 5123 - 4601 - 7

Ⅰ.①混… Ⅱ.①李…②宋… Ⅲ.①混凝土-生产工艺-高等学校-教材 Ⅳ.①TU528.06

中国版本图书馆 CIP 数据核字（2013）第 134993 号

中国电力出版社出版、发行
（北京市东城区北京站西街 19 号 100005 http：//www. cepp. sgcc. com. cn）
北京天泽润科贸有限公司印刷
各地新华书店经售

*

2013 年 8 月第一版 2020 年 2 月北京第三次印刷
787 毫米×1092 毫米 16 开本 12 印张 290 千字
定价 **50.00** 元

前　言

混凝土是世界上使用量最大、使用范围最广的工程材料，是人类文明建设中不可或缺的物质基础。随着社会的发展和进步，人民的物质文化水平不断提高，带动了国家基本建设项目的空前发展，人们对混凝土的品质指标和经济指标提出了更高的要求。而混凝土材料是由水泥、砂、石、水、外加剂及矿物掺合料等多组分组成的一种复合材料，其使用性能除了取决于混凝土的配比组成以外，也取决于混凝土的各制备工艺过程。

编者编写的混凝土工艺学讲义，在西安建筑科技大学材料科学与工程专业经过了 2 年的试用，期间作者不断地补充和完善内容，形成了本教材。

混凝土工艺学课程是材料科学与工程专业的主要专业课之一，本教材围绕混凝土制备过程中的各工序，系统地阐述了混凝土的模板工艺、钢筋工艺、搅拌工艺、输送工艺、密实成型工艺及养护工艺的原理、工艺过程及设备。全书共分 6 章，包括混凝土的模板工艺、混凝土的钢筋工艺、混凝土的搅拌工艺、混凝土的输送工艺、混凝土的密实成型工艺及混凝土的养护工艺。

本书由李国新、宋学锋主编并统稿。史琛编写第 1 章；李国新编写第 2 章、第 3 章；刘云霄、史琛编写第 5 章；宋学锋编写第 4 章、第 6 章。

本书在编写过程中得到了西安建筑科技大学材料科学与矿资学院教材编写专项资助，得到了中国电力出版社的大力支持和帮助，在此致以衷心感谢。西安建筑科技大学王福川教授主审了全书，并提出了许多宝贵的意见和建议，在此深表感谢。

由于编者水平有限，书中不当之处在所难免，敬请广大读者批评指正。

编　者

2013 年 5 月于西安建筑科技大学

目　录

第一章 混凝土的模板工艺

混凝土的模板工艺即模板的制备、安装、监护、移置和拆除等工艺的技术构成和工艺流程。

模板工艺在现浇混凝土结构施工和预制混凝土构件制备中居于非常重要的地位，主要体现在以下几个方面：

（1）模板工艺对混凝土结构和制品的成型尺寸及外观质量起主导作用。模板按混凝土结构或构件的设计位置和构造尺寸支设，不仅在支设时要达到轴线和构造尺寸准确以及支撑和固定牢靠的要求，而且在浇筑过程中必须能够承受可能出现的最大荷载作用（包括混凝土拌和物的自重、侧压力及浇筑时的冲击力和振动荷载等），确保不会出现超过规定的沉降和变形以及开模、跑浆等其他问题，在拆模之后达到混凝土结构的成型尺寸和外观质量要求。当模板支固不牢时，将会影响浇捣作业要求的严格执行，会出现振捣不足等影响结构密实的问题。当过早拆除模板支撑时，将会出现结构裂缝等问题。因此，模板工艺不仅决定和主导着混凝土结构的成型尺寸和外观质量，而且也是实现浇筑质量要求的重要前提和基础条件。

（2）模板工艺是确保混凝土结构施工安全的重点。模板工艺既是混凝土结构工程，也是建筑施工中多发事故和重大事故较多出现的领域。

（3）模板工艺体现了企业施工能力和综合水平。模板工艺在混凝土结构施工的费用和劳动量中占有较大的比重，其主要施工方案和措施常是整个工程施工中的关键；模板工艺中各种结构的连接方式、施工设备、施工方法的优选和改进都在发展之中，并且与之相关的设计计算、施工的组织与管理的方法也在发展之中，是新材料、新结构、新技术、新工艺不断出现、应用和正在发展的重要领域。

（4）模板工艺决定着混凝土的总费用。模板工艺就其应用范围和费用两方面来说，都是混凝土施工中的一个十分重要的组成部分。模板工艺的费用往往超过混凝土的费用；对于有些结构，模板工艺的费用甚至超过混凝土和钢筋费用总和。

第一节 模板材料的种类与性能

混凝土结构所用的模板材料包括木材、覆（复）面木胶合板、覆（复）面竹胶合板、钢材、铝合金、塑料、玻璃钢、预制混凝土薄板、压型钢板以及带孔并内衬特殊织布的透水模板等。此外，还有一种以纸基加胶或浸塑制成的不同直径和厚度的圆形筒模和半圆筒模，可锯割成需要长度使用，用于在墙板中设置各种管径的预留孔道和构造圆柱模板。辅助材料包括钉子、螺栓、螺钉、模板拉杆、锚固件及其他配件。

模板材料应当具有下列特性：

（1）足够的强度；

（2）足够的刚度；

（3）表面光滑；

（4）经济性（考虑初始费用和重复使用次数）。

一、钢模板

钢模板有两大类，一类是组合钢模板，另一类是大模板。钢模板的使用范围有混凝土墙，现浇的混凝土渠道，混凝土墩、柱，混凝土隧道的内衬，混凝土坝，预制混凝土构件及装饰混凝土。

钢模板的优点是有足够的刚度和强度。如果有适当的搬运设备，则钢模板的安装、拆除、移动及重新安装都能迅速进行。使用钢模板成型后的混凝土表面光滑，并且该模板可重复使用多次，非常经济。

钢模板也有一些缺点，如果重复使用次数不多，则费用昂贵；在寒冷气候下浇筑混凝土时，钢模板如不采用专门的预防措施，其保温性能很差。

1. 组合钢模板

组合钢模板（也称组合小钢模）自 20 世纪 70 年代引进我国并大力推广应用以来，获得了迅速而巨大的发展，我国生产的组合钢模规格品种已达 125 种以上、年产能力达 800 万 m² 以上，施工企业和模板租赁业的组合钢模拥有量已达 1 亿 m² 左右，已成为我国现浇混凝土结构模板工艺中的主导模板。

（1）材质。采用厚 2.3～2.5mm 的 Q235 钢板冲压成槽板后再加焊肋板而成。

（2）分类。有平面模板、阴角模板、阳角模板和连接角模四种类型，如图 1-1 所示。

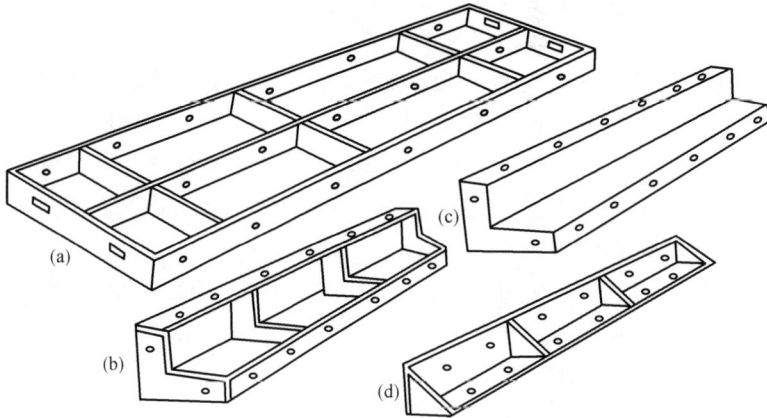

图 1-1　组合钢模的模板类型
（a）平面模板；（b）阴角模板；（c）阳角模板；（d）连接角模

（3）规格。

1）平面模板的基本规格为厚 50mm，长度 l_a 以 450mm 为基数、按 150mm 进级，即 $l_a=450+150n$（mm，其中 $n=0，1，2，3\cdots$），宽度 $l_b=100+50n$。

2）阴角模板为 100mm×100mm 和 150mm×150mm。

3）阳角模板为 100mm×100mm 和 50mm×50mm。

4）连接角模为 50mm×50mm。

（4）连接件。

1）U 形卡：用于模板拼接，间距应不大于 300mm，可每隔一个孔设卡。

2）L形插销：插入相邻模板端部横肋的插销孔，用以增强模板纵向的拼接刚度。

3）钩头螺栓：用于模板与内外连杆的连接固定，间距一般不宜超过600mm。

4）对拉螺栓：用于连接柱、梁和墙壁两侧模板，规格较多，直径有$\phi12$、$\phi14$、$\phi16$和$\phi18$等，可根据设计要求选用。

5）碟形扣件：用于矩形截面连杆与模板或连杆之间的扣紧。

6）弓形扣件：用于圆钢管连杆与模板或连杆之间的扣紧。

组合钢模的组合构造和连接件如图1-2所示。

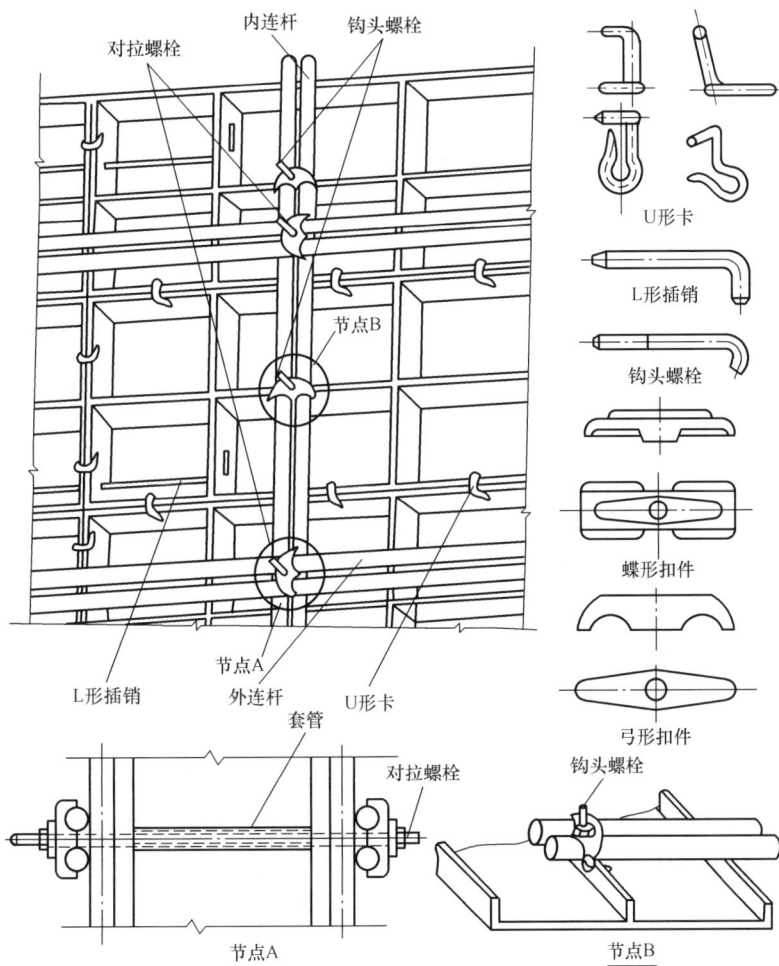

图1-2　组合钢模的组合构造和连接件

2. 大模板

大模板通常用于各类混凝土墙体的施工，材料有普通碳素钢和低合金钢，通常面板采用4～5mm厚的钢板，横肋用[6.5～[8的槽钢、间距300～400mm，竖肋为2根[8槽钢，间距1000mm左右，小肋用L60×6的角钢、间距400～500mm。

大模板施工具有速度快、机械化程度高、劳动强度低等显著优点，确保大模板具有足够的刚度（保证在周转使用中不变形）和接缝平整、紧密是其技术关键。大模板的一次投入较大，因此必须科学地划分施工流水段，以期用最少的模板配置量达到施工的要求。

二、木模板

木模板由面板和支撑系统组成。面板是使混凝土成形的部分，支撑系统是稳固面板位置和承受上部荷载的结构部分。模板的质量关系到混凝土工程的质量，关键在于尺寸准确，组装牢固，拼缝严密，装拆方便。应根据结构的形式和特点选用恰当形式的模板，才能取得良好的技术经济效果。木模板中基础模板采用松木板，地梁侧板厚度为 20mm；主体梁底模板也采用松木板，底模板厚度为 40mm；柱板及楼层模板采用机制木模板，模板厚度为 12mm；支撑系统采用杉原木，小头直径不小于 70mm，拉接采用小方木规格 400mm×500mm，其中底层支撑系统为钢管支撑。木模板及支撑系统不得选用脆性、严重扭曲和受潮变形的木材。

模板工艺中使用的木模板一般承受一种或多种应力，包括受弯纤维应力、顺纹受剪应力、横纹及顺纹承压应力。木材能够承受应力的大小，要根据木材品种、木材等级、荷载持续时间及木材含水率等确定。

三、覆面木、竹胶合板

覆面胶合板是在传统的木模板的基础上，采用覆面胶合板替代需要刨光、涂脱模剂的木模板。其采用克隆木、柳安、桦木、马尾松、云南松、落叶松等树种的 5～11 层（均为单数）单板，厚 1.5～4.0mm，按邻层板纹理方向相互垂直、以酚醛树脂胶粘剂胶合并经热压固化而成，覆面胶合板具有高耐气候、耐水性等特性。

对胶合板技术性能的要求主要有胶合强度、弹性模量和静曲强度三项。根据母材的不同，其胶合强度一般为 0.7～1.0MPa，桦木的胶合强度较大，一般大于 1.0MPa；弹性模量为 3500～4500MPa；静曲强度为 25～35MPa。我国生产的模板用木胶合板基本上仍按英制标准，幅面主要有 $3'×6'$ 和 $4'×8'$ 两种，还有 $3'×7'$ 和 $4'×6'$，厚度则有 12、15、18mm 和 20mm。

竹材具有良好的力学性能（一般顺纹抗拉强度约为 180MPa，为杉木的 2.5 倍和松木的 1.5 倍左右；顺纹抗拉强度为 60～80MPa，是杉木的 1.5 倍和松木的 2.5 倍；静弯曲强度为 150～160MPa）。用竹材制作的胶合板面板用 1～2 层木单板，兼具木胶合板表面平整的优点，采用酚醛树脂胶热压胶合而成。模板用竹胶合板的厚度为 9～18mm，常用厚度为 12mm 和 15mm 两种，对其表面采用酚醛树脂涂料涂面、环氧树脂涂面或瓷釉涂料涂面等方法进行处理。

四、木塑模板

木塑即木塑复合材料，是国内外近年蓬勃兴起的一类新型复合材料，指利用聚乙烯、聚丙烯和聚氯乙烯等代替通常的树脂胶黏剂，与 35%～70% 以上的木粉、稻壳、秸秆等废植物纤维混合而成的木质材料，再经挤压、模压、注射成型等塑料加工工艺，生产出的板材或型材。主要用于建材、家具、物流包装等行业。将塑料和木质粉料按一定比例混合后经热挤压成型的板材，称之为挤压木塑复合板材。

木塑建筑模板是代替钢模板和竹木胶板的新型模板。具有质量小、抗冲击强度大、拼装方便、周转率高、表面光洁、不吸湿、不霉变、耐酸碱、不开裂、板幅大、可锯、可钉、可加工成任何长度等诸多优点，并可反复回收利用。此外，还具有优良的阻燃性能、离火自熄、无烟、无任何毒气等特点，是新一代安全绿色环保节能型产品。

五、各类模板的比较

大钢模板、木模板、覆面胶合板及木塑模板相比具有各自的优缺点，为了较合理地选择模板方案，应从工人的技术水平、结构构件成型的表观尺寸、材料性能指标、环境保护、施工周期、适用范围、价格等多方面选择最佳模板方案。

1. 应用范围

大钢模板、传统木模板、胶合板及木塑模板均可适用于不同的工程规模、结构形式和施工工艺；但是特殊结构钢模板可根据需要制作成各种形式的构件实际尺寸，如圆形柱、穹顶结构等，适用性优于普通模板。在生产混凝土制品时，钢模板通常用于产量较大的定型产品，木模板用于小批量的零星、异型制品的台座法生产。

2. 吊装工作量

大钢模板质量大，在整个模板安装及拆除期间一直需要吊车辅助作业，所花费的机械台班数量大；木模板、胶合板和木塑模板质量较小，仅使用人工就可以进行模板的安装工作，几乎不需要使用吊车就可作业。

3. 混凝土结构尺寸

钢模板加固系统，部件强度高，组合刚度大，板块制作精度高，拼缝严密，不易变形，混凝土结构尺寸准确，表面光洁；木模板、胶合板和木塑模板部件强度较低，组合刚度相对较小，板块制作精度高，拼缝严密，混凝土结构尺寸准确，表面光洁。但现场施工过程中木模板加固体系普遍变形比钢模板大。大钢模板的抗弯、抗剪强度较高，挠度变形小，与普通木模板相比具有较大的优势。综合比较可发现，在混凝土尺寸控制、外观质量的美观程度等方面大钢模板优势大于普通木模板。

4. 工人技术水平

大钢模板常用于北方，南方地区模板加固体系一般为普通木模板，北方区域工人对大钢模板的技术水平及实际应用相对较成熟，南方地区大钢模板应用较少，工人技术水平及实际应用经验相对欠缺。

5. 使用灵活性

大钢模板使用时必须按预定设计钢模模数施工；普通木模板使用较灵活，没有模数的限制，可以按要求加工。在施工过程中如发生设计变更或短墙肢数量较多，剪力墙异形截面变化导致的长度变化等，都会影响施工。综合分析普通木模板优势比较明显。

6. 周转次数、损耗及价格

大钢模板工厂预制化加工，损耗较小，周转次数较多，但综合单价高于普通木模板；普通木模板使用的次数相对少，在加工的过程中有一定损耗，但综合单价与大钢模板相比仍具有较大的优势。进行完循环回收折算后，木塑模板的价格优势比较明显。一次性投入方面，木塑模板比钢模板的投资少，并且在折算后的最终价格方面，又比胶合板、竹胶板、木板大幅度减少。其中，以PVC为基材的木塑模板的成本最低，其力学性能也完全满足建筑模板的要求。常见模板的经济指数分析见表1-1。

表 1 - 1   常见模板的经济指数

模板类型	规格（mm）	价格（元/块）	面积（m²）	周转次数（次）	单位面积价格（元/m²）	单次费用（元/m²）	折算价格（元/m²）
钢模板	—	—	—	50	167	3.34	3.34
钢框模板	—	—	—	35	130	3.71	3.71
竹胶板	1220×2440×(12~18)	90~150	2.98	4~6	30~50	7.33	7.33
木胶合板	915×1830×(12~18)	45~90	1.67	3~4	27~54	8.98	8.98
木模板	1220×2440×(9~20)	48~85	2.98	2~3	16~28	8.75	8.75
PE 基	—	—	0.48	25	110.4	4.42	2.94
PP 基	—	—	0.48	25	108.2	4.33	2.89
PVC 基	—	—	0.48	25	91.7	3.67	2.45
PS 基	—	—	0.48	25	123.98	4.96	3.31

7. 施工进度

根据施工经验普通木模板平均 $5.7m^2/$（人·工日），大钢模板平均 $3.4m^2/$（人·工日），大钢模板与普通木模板在投入同样的劳动力、同样的工程量下，普通木模板具有优势。

目前，国内混凝土施工的模板多使用木材、竹（木）胶合板作面板，但木材的大量使用不利于保护国家有限的森林资源，而且周转使用次数少的不耐用的木质模板在施工现场将会造成大量建筑垃圾，应引起重视。为符合环保的要求，应提倡"以钢代木"，即提倡采用轻质、高强、耐用的模板材料。

第二节 脱 模 剂

为了保证混凝土构件或制品具有设计所要求的表面质量，减轻拆模工作的劳动量，提高劳动生产率和减少模板的损耗，除了改进模板结构之外，常采用脱模剂（也称为隔离剂）来降低模板与混凝土之间的粘连力，这对形状复杂的制品尤为重要。

一、对脱模剂的技术要求

脱模剂应能有效减小混凝土与模板间的吸附力，并应有一定的成膜强度，且不应影响脱模后混凝土表面的后期装饰。为了保证混凝土脱模剂的质量，《混凝土制品用脱模剂》（JC/T 949—2005）对混凝土脱模剂性能提出了技术要求。

1. 基本要求

产品的安全性非常重要，脱模剂在使用过程中不应对操作者和周围环境造成危害，也不应对混凝土表面及混凝土性能造成危害，应无毒、无刺激性气味。

2. 匀质性

匀质性包括密度、黏度、pH 值、固体含量和稳定性等指标。

（1）密度。多数脱模剂的密度在 $1g/cm^3$ 以下，同一产品的密度与固体含量有一定的对应关系，在进行检测时测试密度比测试固体含量更简便。

（2）黏度。黏度指标表示脱模剂的可涂刷性能，通常有两种测定方法。一般采用《涂料黏度测定法》（GB 1723—1993）中使用的涂-4 黏度计法，也有采用《胶黏剂黏度的测定》

（GB/T 2794—1995）中规定的回转黏度来测试黏度，该方法比较复杂，一般单位不具备试验条件。

（3）pH 值。脱模剂 pH 值一般为 7～9，金属皂类的 pH 值稍低些，为 6～7。脱模剂原料一般都不含强碱或强酸，pH 值适中；皂化油类用碱皂化，pH 值稍高些，如果 pH 值太高，则可能是皂化不完全或碱超标，将影响稳定性和脱模效果。pH 值应为生产厂控制值±1，以防止质量波动。

（4）固体含量。固体或液体产品都含有一定水分，可以按含固量指标来表示水分的多少，称为固体含量。控制该指标是为了保证产品的均匀稳定。

（5）稳定性。固体脱模剂比较稳定，液体脱模剂（如乳化油类）在一定条件下会破乳。无论固体还是液体脱模剂稀释至使用浓度后均匀性都将有所下降，为保证使用时脱模剂的质量，要求原液脱模剂在 5～40℃下稀释至使用浓度的固体或液体脱模剂，在 24h 内无分层离析，能保持均匀状态，以此作为稳定性指标。

3. 施工性能

施工性能包括干燥成膜时间、脱模性能、耐水性能、对钢模板的锈蚀作用和极限使用温度等指标。

（1）干燥成膜时间。脱模剂涂刷在模板上，经过一定时间后在模板表面干燥成膜，成膜后再浇筑混凝土才能保证脱模效果。乳化油类、石蜡类及金属皂类脱模剂干燥成膜时间都不相同，但基本都为 10～50min。

（2）脱模性能。脱模性能是脱模剂施工性能的重要指标。脱模剂质量通过脱模效果的好坏来体现，仅以能顺利脱模、保持混凝土棱角完整无损、表面光滑还不够，应有定量指标，标准规定以混凝土黏附量指标评定。

（3）耐水性能。混凝土制品大多在室内生产，但也有些在露天生产。如果模板涂刷脱模剂后，被雨水浸湿，有可能影响脱模效果。耐水性能表示成膜后的耐水性，是混凝土制品露天生产时使用的脱模剂的必检指标。室内生产混凝土制品使用的脱模剂可不对耐水性能进行检验。

（4）对钢模板锈蚀作用。用于钢模的脱模剂应对钢模板无锈蚀危害。

（5）极限使用温度。脱模剂有一定的使用温度范围，比如乳化油类脱模剂在负温下会结冰，使脱模剂破乳。混凝土制品大多使用蒸汽养护，温度高达 90℃以上，有些脱模剂在这么高的温度下性能会发生变化，影响混凝土的质量。

二、脱模剂的脱模机理

混凝土制品的脱模是克服模板和混凝土之间的黏结力或自身内聚力的结果，脱模剂一般通过下列三种功能起到此种效果。

1. 机械润滑作用

纯油类脱模剂涂于模板后，在模板与混凝土之间起机械润滑作用，从而克服混凝土与模板之间的黏结力而达到脱模效果。

2. 隔离膜作用

含成膜剂的乳化油脱模剂、溶剂类脱模剂和树脂类脱模剂等，涂于模板后，迅速干燥成膜，在混凝土和模板之间起隔离作用而达到脱模效果。

3. 化学作用

含脂肪酸等化学活性成分的脱模剂,涂于模板上后,首先使模板具有憎水性,然后与模内新拌混凝土中的游离氢氧化钙或氢氧化铝等起皂化反应,生成具有物理隔离作用的非水溶性皂,既起到润滑作用,又能阻碍或延缓模板接触面上很薄一层混凝土凝固。拆模时混凝土和脱模剂之间的黏结力往往大于表面混凝土内聚力,从而达到脱模效果。

三、脱模剂的分类与性能

脱模剂按外观可分为固体粉末、溶液、乳液和膏体四种;按制备工艺可分为皂化类、乳化类、溶剂类及复合类;按作用效果可分为一抹一用型(涂刷一次可脱模一次)及长效型(涂刷一次可脱模数次);按主要原材料可分为油类(包括纯油类及其皂化—乳化后产品)、蜡和乳化蜡类、石油基类(通常混含有石蜡、有机硅树脂、合成树脂及非水溶性皂等成分)、化学活性类、树脂类等。现将我国常用的几类脱模剂及其性能阐述如下。

1. 纯油类脱模剂

纯油类脱模剂指矿物油、动物油(虫及植物油等),常用的有机油、柴油、煤油、牛油、猪油及棉籽油、茶油、菜油和蓖麻油。其特点如下:

(1)脱模性能好,使用方便,不受气温影响,不怕雨淋。

(2)对钢模无锈蚀作用,适用于各种材料制成的模板。

(3)纯油类脱模剂会使混凝土表面出现更多疵孔、色差和油迹,影响混凝土表面的装饰效果。

(4)过量后会渗入混凝土内污染钢筋,影响握裹力,同时会与游离碱起皂化反应而使混凝土表面粉化,降低混凝土耐久性。

(5)对操作者污染大。

2. 水质类脱模剂

水质类脱模剂系指用皂角、石灰水、滑石粉、脂肪酸钠皂、海藻酸钠等原料制成的脱模剂。其特点如下:

(1)配制简单,使用方便,货源充足,成本低。普遍用于预制构件的底模、胎模等,有较好的脱模性能。构件表面平整光洁无油污,不影响装饰效果。

(2)掺有滑石粉的脱模剂,粉尘大,劳动条件差。

(3)呈碱性的脱模剂(如海藻酸钠),长期使用会使钢模板锈蚀。

(4)水质类脱模剂涂刷后要避免雨水冲刷,雨季露天施工时慎用。

(5)负温下易冻结,不宜使用。

3. 乳化油类脱模剂

乳化油类脱模剂大都采用石油隔离润滑材料、乳化剂、成膜材料、稳定剂、防腐防锈剂及消泡剂等助剂乳化而成。可分为油包水型和水包油型。美国广泛使用前者,而我国则大量采用后者。其特点如下:

(1)制备简单,价格低廉,易施工(可涂刷或喷涂),易清模。

(2)脱模效果好,构件外观光洁,不影响装饰效果。

(3)模板不锈蚀,钢筋、混凝土表面及操作者不受污染。

(4)有一定耐雨淋能力,但不如纯油类和油包水型乳化油类脱模剂。

（5）负温下慎用。

4. 溶剂型脱模剂

溶剂型脱模剂由金属皂（如脂肪酸锆皂和癸酸锆等）或石蜡用溶剂（如汽油、煤油、苯、松节油和柴油等）溶制而成。其特点如下：

（1）适用于钢模、木模，冬夏使用皆宜。

（2）脱模效果好，有耐水冲刷能力。

（3）能源材料成本高。

（4）对混凝土表面有一定污染。

5. 纸浆废液类脱模剂

纸浆废液类脱模剂是用造纸产生的废液，少量水和机油调制而成，属亲水性表面活性剂，pH 值在 14 左右，黏性大，与水泥中氢氧化钙等碱性物质不发生反应。其特点如下：

（1）脱模效果好，容易清模，不影响装饰效果。

（2）利废，减少碱法造纸厂的污染。

（3）粗制纸浆废液（粗妥尔油）不溶物多，并有强烈刺激性臭味，精制妥尔油价格昂贵，不易推广。

6. 树脂类脱模剂

树脂类脱模剂是由甲基硅树脂、不饱和聚酯树脂、环氧树脂加上固化剂制成的脱模剂，具有如下特点：

（1）脱模效果好。

（2）涂一次可连续脱模 3～5 次，有的可达 10 次，如不饱和聚酯树脂和硅油脱模剂。

（3）价格昂贵。

（4）清模较为困难。

（5）有的产品有微毒。

第三节　模　板　的　施　工

一、作用于模板体系上的荷载

对作用于模板支架上荷载的研究是模板支架设计的基础，模板支架是否稳定在很大程度上取决于所承受的荷载，国内对模板支架设计荷载的依据是《混凝土结构工程施工规范》（GB 50666—2011），它规定了模板支架设计时应考虑的荷载类型、荷载分项系数、大小以及荷载组合原则，在设计模板及其支架时应考虑下列各项荷载：

（1）模板及其支架自重；

（2）新浇混凝土自重；

（3）钢筋自重；

（4）新浇混凝土对模板侧面产生的压力；

（5）施工人员及设备自重；

（6）混凝土下料产生的水平荷载；

（7）泵送混凝土或不均匀堆载等因素产生的附加水平荷载；

（8）风荷载。

模板及支架承载力计算的各项荷载可按表1-2确定，并应采用最不利的荷载基本组合进行设计。

表1-2　　　　　　　　　　　参与模板及支架承载力计算的各项荷载

	计算内容	参与荷载项
模板	底面模板的承载力	(1)~(3)、(5)
	侧面模板的承载力	(4)、(6)
支架	支架水平杆及节点的承载力	(1)~(3)、(5)
	立杆的承载力	(1)~(3)、(5)、(8)
	支架结构的整体稳定	(1)~(3)、(5)、(7)

二、混凝土对模板的侧压力

1. 侧压力

新浇混凝土对模板侧面的压力（简称混凝土侧压力），是入模后具有一定流动性的新浇混凝土在浇筑、振捣和自重的共同作用下，对限制其流动的侧模板所产生的压力。

我国在20世纪60年代，由水利部门首次在大坝混凝土施工中对混凝土侧压力进行了大量的试验研究，提出了大体积混凝土侧压力的计算公式；在70年代~80年代初期，相继进行了滑模、大模板、泵送混凝土等情况下的混凝土侧压力的测试，获得了大量试验数据，也分别提出了相应的计算公式，并相应确定和调整了纳入《混凝土结构工程施工及验收规范》的计算公式。

2. 混凝土侧压力与影响因素的关系

混凝土由拌和物到硬化体是混凝土内部两种作用的结果。第一种作用是水泥凝结硬化的结果，在良好条件下水泥可以在混凝土拌制后30min内开始凝结，这一作用可以延续数小时，第二种作用是混凝土骨料之间内摩擦力的发展，这种内摩擦力限制骨料彼此自由移动。干混凝土的内摩擦力较湿混凝土大，内摩擦力随着混凝土中的水分减少而增加。混凝土从塑性状态变为固体状态的速度，将明显地影响混凝土对模板的侧压力。

混凝土对模板的侧压力，主要由以下几个因素确定：

（1）侧压力随着混凝土浇筑速度的提高而增大。大多数研究者认为混凝土的最大侧压力F与浇筑速度v之间呈幂函数关系，即$F=kv^n$，但对n的取值则有1、$\frac{1}{2}$、$\frac{1}{3}$和$\frac{1}{4}$等多种，如图1-3所示。

（2）侧压力随混凝土温度的降低而增大。在一定的浇筑速度下，混凝土的侧压力与其温度成反比关系，如图1-4所示。这是因为混凝土的凝结时间随温度的降低而延长，从混凝土浇筑层面至最大压力处的高度（h）加大，h称为有效压头，并且$h=F/\gamma$，F为最大侧压力，γ为混凝土的重力密度（kN/m^3）。

（3）机械振捣比手工捣实的侧压力大。试验表明，机械振捣的混凝土侧压力比手工捣实约增大56%。

（4）侧压力随坍落度的增大而增大。当坍落度从70mm增大到120mm时，其最大侧压力约增加13%。

（5）侧压力受外加剂的影响明显。混凝土外加剂多对混凝土的凝结速度和稠度有调整作用，从而影响到混凝土的侧压力。

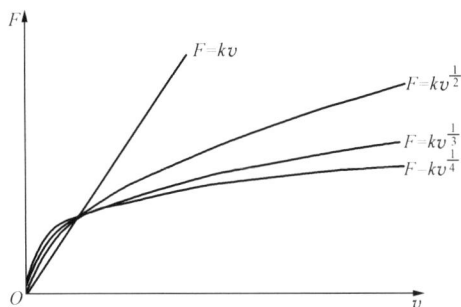

图 1-3 最大侧压力与浇筑速度的关系

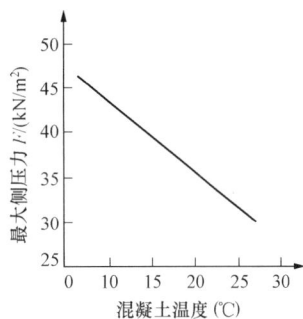

图 1-4 温度与混凝土侧压力关系

（6）侧压力随混凝土自重的增加而增加。除以上几个方面的影响以外，模板表面的粗糙程度、结构件尺寸，即是否产生内部拱效应也会影响其侧压力。但因工程中多采用表面较为光滑的钢模板、覆（复）面胶合板模板以及在机械振捣作用下，其拱效应难以形成或者作用甚小，因而可以忽略。

虽然不同水泥的初凝时间相差显著（1～4h），但在温度、配合比基本相同时，其配制的混凝土的初凝时间差别不大，故水泥品种对混凝土侧压力的影响也可忽略。

3. 混凝土侧压力的计算公式

侧压力是模板设计荷载中必须充分计算而又难以在施工中准确控制的参数，因此，需要了解有关试验的情况和不同计算公式之间的差异，以便可以根据工程的具体情况，在遵守我国现行相关标准规定的基础上，根据需要适当提高其侧压力的设计值，以确保施工的质量和安全要求。

（1）混凝土侧压力的分布。混凝土侧压力的测试一般采用压力盒，按每隔 $150\sim300\text{mm}$ 的间距设于侧模板上，并与模板表面齐平。虽结构类型、一次浇筑的高度和浇筑速度有所不同、甚至差别较大，但侧压力分布曲线的走势基本相同，即从浇筑面向下至最大侧压力处，基本遵循流体静压力的分布规律，达到最大值后，侧压力就随即逐渐减小或维持一段稳压高度后逐渐减小，压力图形对浇筑高度呈如图 1-5 所示的山形或梯台形分布。当将其图形简化为侧三角形或侧梯台形后，将从浇筑层面至最大压力处的高度 h 称为有效压头，并且 $h=F/\gamma$。

（2）我国标准对混凝土侧压力的计算公式。《钢筋混凝土工程施工及验收规范（2010版）》（GB 50204—2002）中对混凝土侧压力的计算是以流体静压力原理为基础，并综合考虑泵送和初凝时间等有关因素而建立的，计算公式为

$$F=0.22\gamma t_0 K_S K_w v^{\frac{1}{2}} \tag{1-1}$$

式中　γ——新浇混凝土的表观密度，kN/m^3；

t_0——根据有关资料用回归方程得到的混凝土的初凝时间，$t_0=\dfrac{200}{T+15}$（T 为混凝土温度）。

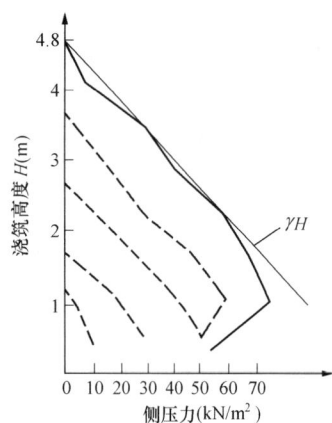

图 1-5　泵送混凝土侧压力分布图　　　　图 1-6　混凝土侧压力分布图示的简化曲线

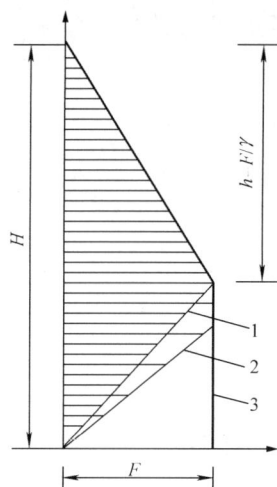

由于式（1-1）考虑了混凝土重力密度 γ 的影响，不仅适用于普通混凝土，而且重混凝土和轻骨料也可参照使用。按式（1-1）计算的新浇普通混凝土的最大侧压力值列于表 1-3中。从施工和经济综合考虑，混凝土的最大侧压力不宜超过 $90kN/m^2$，超过此限值时，应改变施工工艺。

表 1-3　　　　　　　　　　新浇普通混凝土的最大侧压力值

浇筑速度 v(m/s)	混凝土温度 T(℃)						
	5	10	15	20	25	30	35
0.3	28.92	23.14	19.28	16.52	14.46	12.86	11.57
0.6	40.90	32.72	27.27	23.37	20.45	18.18	16.36
0.9	50.09	40.07	33.39	28.62	25.05	22.67	20.40
1.2	57.84	46.27	38.56	33.05	28.92	25.71	23.14
1.5	64.67	51.73	43.11	36.95	32.33	28.75	25.87
1.8	70.84	56.67	47.23	40.48	35.42	31.49	28.34
2.1	76.51	62.21	51.01	43.72	38.26	34.01	30.61
2.4	81.80	65.44	54.53	46.74	40.90	36.36	32.72
2.7	86.76	69.41	57.84	49.57	43.38	38.57	34.70
3.0	91.45	73.16	60.97	52.26	45.73	40.65	36.58
3.5	98.79	79.03	65.90	56.41	49.39	43.86	39.52
4.0	105.60	84.48	70.40	60.34	52.80	46.94	42.24
4.5	111.99	89.59	74.70	63.95	55.99	49.72	44.80
5.0	118.05	94.45	78.71	67.46	59.03	52.48	47.23
5.5	123.82	99.05	82.59	70.70	61.91	54.97	49.53
6.0	129.33	103.47	86.22	73.90	64.67	57.49	51.73

注　本表按坍落度 5~9cm（K_S=1.0）和不掺外加剂（K_w=1.0）计算，使用时应另乘以 $\gamma/24$ 和 K_S、K_w。

三、模板的安装与拆除

在浇筑混凝土之前，应对模板工艺进行验收。进行模板安装和浇筑混凝土时，应对模板进行视察和维护，发生异常情况时，应按施工技术方案及时进行处理。浇筑后，模板应当尽快拆除，以达到使用次数最多，但拆模要等混凝土获得足够的强度后，以保证结构的稳定性并能承受静荷载及可能加在其上的任何施工荷载。

1. 模板的安装

根据《混凝土结构工程施工质量验收规范》（GB 50204—2002）的规定，模板安装应满足的要求有：

（1）模板的接缝处不应漏浆；在浇筑混凝土前，木模板应浇水润湿，但模板内不应有积水。

（2）模板与混凝土的接触面应清理干净并涂刷脱模剂，但不得采用影响结构性能或妨碍装饰工程施工的脱模剂。

（3）浇筑混凝土前，模板内的杂物应清理干净。

（4）对清水混凝土工程及装饰混凝土工程，应使用能达到设计效果的模板。

（5）对跨度不小于4m的现浇钢筋混凝土梁、板，其模板应按设计要求起拱；当设计无具体要求时，起拱高度宜为跨度的0.1%～0.3%。

（6）固定在模板上的预埋件、预留孔和预留洞（管、模）均不得遗漏，且应安装牢固，其偏差应符合表1-4的规定。

表1-4　　　　　　　　　　预埋件和预留孔、洞的允许偏差

项　　目		允许偏差（mm）
预埋钢板中心线位置		3
预埋管、预留孔中心线位置		3
插筋	中心线位置	5
	外露长度	+10,0
预埋螺栓	中心线位置	2
	外露长度	+10,0
预留洞	中心线位置	10
	尺　　寸	+10,0

（7）现浇混凝土结构板安装的偏差应符合表1-5的规定。

表1-5　　　　　　　　　现浇结构模板安装的允许偏差及检验方法

项　　目		允许偏差（mm）	检验方法
轴　线　位　置		5	钢尺检查
底模上表面标高		±5	水准仪或拉线、钢尺检查
截面内部尺寸	基　　础	±10	钢尺检查
	柱、墙、梁	+4，−5	钢尺检查
垂直度，当层高为	不大于5cm	6	经纬仪或吊线、钢尺检查
	大于5cm	8	经纬仪或吊线、钢尺检查
相邻两板表面高低差		2	钢尺检查
表　面　平　整　度		5	2cm靠尺和塞尺检查

（8）预制模板安装的偏差应符合表1-6的规定。

表1-6　　　　　　　　　预制构件模安装的允许偏差及检验方法

项目		允许偏差(mm)	检验方法
长度	板、梁	±5	钢尺量两角边,取其中较大值
	薄腹梁、桁架	±10	
	柱	0,-10	
	墙板	0,-5	
宽度	板、墙板	0,-5	钢尺量一端及中部,取其中较大值
	梁、薄腹梁、桁架、柱	+2,-5	
高(厚)度	板	+2,-3	钢尺量一端及中部,取其中较大值
	墙板	0,-5	
	梁、薄腹梁、桁架、柱	+2,-5	
侧向弯曲	梁、板、柱	$l/1000$,且≤15	拉线,钢尺量最大弯曲处
	墙板、薄腹梁、桁架	$l/1500$,且≤15	
板的表面平整度		3	2m靠尺和塞尺检查
相邻两板表面高度差		1	钢尺检查
对角线差	板	7	钢尺量两个对角线
	墙板	5	
翘曲	板、墙板	$l/1500$	调平尺在两端量测
设计起拱	薄腹梁、桁架、梁	±3	拉线,钢尺量跨中

注　l为构件长度,mm。

2. 模板的拆除

模板拆除时要保证混凝土已获得足够的强度,侧模拆除时的混凝土强度应能保证其表面及棱角不受损伤。在拆除模板时,要注意不应对楼层形成冲击荷载,对于已拆除的模板和支架宜分散堆放并及时清运。模板拆除时需满足的要求如下:

（1）底模及其支架拆除时的混凝土强度应符合模板设计要求;当设计无具体要求时,混凝土强度应符合表1-7的规定。

表1-7　　　　　　　　　底模拆除时的混凝土强度要求

构件类型	构件跨度(m)	达到设计的混凝土立方体抗压强度标准值的百分率(%)
板	≤2	≥50
	>2,≤8	≥75
	>8	≥100
梁、拱、壳	≤8	≥75
	>8	≥100
悬臂构件	—	≥100

（2）对后张法预应力混凝土结构构件,侧模宜在预应力张拉前拆除;底模支架的拆除应

按施工技术方案执行，当无具体要求时，不应在结构构件建立预应力前拆除。

（3）后浇带模板的拆除和支顶应按施工技术方案执行。

（4）侧模拆除时的混凝土强度应能保证其表面及棱角不受损伤。

（5）模板拆除时，不应对楼层形成冲击荷载。拆除的模板和支架宜分散堆放并及时清运。

四、钢模施工

钢模板装拆工艺为模板清理→刷涂脱模剂→弹好控制线→砂浆找平→安装角模→安装内模→安装对拉螺栓→安装外模→调节模板弧度→浇筑混凝土→拆模→模板清理→刷涂脱模剂→二次施工。

在施工中需注意的事项如下。

（1）涂刷脱模剂：在模板、阳角模板、穿墙螺杆等工作表面上均应刷涂脱模剂。

（2）安装模板顺序：按照先横后竖原则，将模板吊至在模板平面布置的位置，再用撬杆移动模板到墙位线上，用支撑架调节模板的垂直度、弧度，安装好对拉螺栓。

（3）内墙墙体浇筑时，在内模就位前，模板底部应粘贴海绵条，防止漏浆和烂根现象发生。

（4）模板的安装就位后，检查模板拼缝处是否严密，竖向边框是否垂直，为防止漏浆，底部若有空隙，应用海绵或橡胶条塞严，检查合格后，才能浇筑混凝土。

（5）平面模板之间连接时，先将两块模板对接处边框孔位边缘对齐，上、中、下用三个M16×40螺栓预紧，然后把模板连接板放入横龙骨中。

（6）阳角处在模板边框与角模边框孔位上安装螺栓拧紧。

钢模分组合钢模和大模板两种，两种施工工艺的特点不同。组合钢模具有组装灵活，通用性强，装拆方便，安装快捷，周转次数高，一般无需配备专用设备和很少需要专用加工件，材料可依靠自备或租赁解决，同时可大量节省木材以及施工工艺多为广大施工管理、作业人员所熟悉等优点，因而得到了广泛的应用。

但组合钢模也有如下一些较为明显的缺点：

1）钢模板的面板和背肋较薄，刚度较差、易变形损坏。

2）一般采用人工拆装方式，难以控制和避免因扔、摔和磕碰等造成的变形、开焊和其他损伤，且不易完美地修复（通过校正、组合、刮腻子和加覆面后变成较大规格组合模板的改制做法可以修复，但因投入过高而难以推广应用）。

3）使用新模板（或周转次数较少的模板）成型的混凝土表面过于光滑；而使用旧模板（即周转次数较多的模板）时，因其侧边和板面多有程度不同的变形，又会出现拼缝不严和板面不平、以致造成漏浆、跑浆和板面出棱等问题。

4）内外连杆一般都采用 $\phi48×3.5mm$ 钢管，当其设置间距过大或支架的承载能力与刚度不足时，会出现模板鼓胀、拼缝裂开等问题。

大模板施工具有速度快、机械化程度高、劳动强度低等显著优点，确保大模板具有足够的刚度（保证在周转使用中不变形）和接缝平整、紧密是其技术关键。大模板的一次投入较大，因此，必须科学地划分施工流水段，以期用最少的模板配置量达到施工的要求。

五、木模施工

木模板装拆工艺为现场加工、制作模板→模板配、排板→现场组拼模板→刷涂脱模剂→

弹好控制线→安装角模→安装内模→安装对拉螺栓→安装外模→调节模板弧度→浇筑混凝土→拆模→模板清理→刷涂脱模剂→二次施工。

1. 在施工中需注意的事项

（1）保证混凝土结构和构件各部分形状尺寸及相互位置的准确性。模板安装时，必须严格按模板设计平面布置图施工，所有立柱应垂直模板，相邻板面高差不得超过 2mm。所有节点必须逐个检查是否牢固、卡紧。

（2）要保证模板的强度和稳定性、刚度要求：

1）在基槽内壁与支撑接触处用模板垫设，保证模板有足够的强度。

2）在基础梁上部用 60mm×80mm 木档进行整体固定，保证模板有足够的稳定性。

3）在侧模板下方钉设木档脚，间距 1000mm（浇筑后拔除），以保证模板有足够的刚度。

（3）要保证构造简单、拆装方便，便于钢筋绑扎与安装和混凝土的浇筑养护。

（4）保证模板的接缝要严密，防止漏浆。

2. 木模板施工时需注意的安全事项

（1）模板支撑不得使用腐朽，扭裂等木材，顶撑要垂直，底端平整坚实，并加垫木，木楔要钉牢，并用横顺拉杆和剪刀撑拉牢。

（2）支模应按工序进行，模板没有固定前，不得进行下道工序，禁止利用拉杆，支撑攀登上下。

（3）支设 4.0m 以上的立柱模板四周必须顶牢，操作时要搭设工作站，4.0m 以下的可使用马凳操作，支设组立梁模板应设临时工作平台，不得站在柱模板上操作和梁模板上行走。

（4）拆除模板应经现场施工员同意，重要部位须经公司质安科专管人员同意，操作时应按顺序进行，严禁猛撬、硬砸或大面积撬落和拉倒。完工后不得留下松动和悬挂的模板，拆下的模板应及时运送到指定地点集中堆放，防止铁钉扎脚。

（5）拆模的下面不得站人，以防突然坠落伤人。

六、木塑模板施工

模板装拆工艺为（因模板高度＞墙高度，需二次弹线）弹好控制线→安装模板→卡扣连接→安装连接角模→调节模板弧度→安装对拉螺栓→弹好控制线→浇筑混凝土 →拆模→模板清理→二次施工。

在施工中需注意的事项如下：

（1）安装模板宜采用墙两侧模板同时安装。

（2）用同样方法安装其他模板到墙顶部，并将其用方钢卡或蝶形扣件与钩头螺栓和内钢楞固定，穿墙螺栓由内外钢楞中间插入，用螺母将蝶形扣件拧紧，使两侧模板成为一体。安装斜撑，调整模板垂直度、弧度。

（3）加固的主、次龙骨的间距可以选择 600mm×300mm 或者 450mm×450mm，不得随意增大加固钢管间距，以免不规范施工造成胀模。

七、胶合板施工

模板装拆工艺为现场加工、制作模板→模板配、排板→现场组拼模板→安装钢管横肋→穿对拉螺栓→支设钢管斜撑→调整模板的垂直度、平整度→加固模板→墙体混凝土的浇筑→

模板的二次校核→拆模→清理→码放模板。

在施工中需注意的事项如下：

（1）楼板混凝土施工时，在墙根部支设模板处分别用 4m 和 2m 刮杠刮平、并控制好墙体两侧的标高，标高偏差控制在 2mm，再用铁抹子找平，支模时加设海绵条，保证模板底部的平整、密实。

（2）为了更好地提高混凝土的宏观质量，防止拆模后支模棍钢筋头外露，在支模棍的两端加焊 30～50mm 短钢筋头，增大模板面板与支模棍之间的接触面积，减少对模板面的破坏。

（3）模板之间用螺栓连接，直线墙体用双钢管作背肋，用钢管和可调顶托作墙体模板斜撑。模板拼缝侧面粘贴海绵条，保证拼缝严密。

（4）调节斜撑上的可调顶托，用线坠和拉水平通线等方法来控制模板的垂直度和水平度。

（5）在模板上口放置与钢筋保护层同厚的通长木条，既能控制墙体钢筋保护层厚度，又能控制墙体混凝土的浇筑高度。

（6）混凝土浇筑完成后，必要时利用水平通线和斜撑对墙体的垂直度进行二次校核。

（7）木胶合板模板拆除时，先清除模板上的混凝土残渣，取下连接螺栓，清理干净，用专用的袋子收集。拆下模板，及时清理干净，对板面和竖边框角钢的清理应作为重点。模板上不得留下任何的混凝土和海绵条残渣。

（8）模板码放在间距为 600mm 的 100mm×100mm 垫木上。平放时，堆放的层数不超过 10 层。模板的堆放应选在不积水，尽量避免暴晒，便于运输的场地内。

（9）对在施工过程操作不当或正常消耗的模板，及时拆下面板，作为梁侧模和梁、板底模使用。

降低面板、楞木的损耗、提高其周转率，也是其工艺的重要要求，在设计和施工作业中应注意以下方面：

1）合理配模，减少裁制损耗；

2）尽量采用预制并整装整拆块体模板，减少拆装损耗，减缓面板和方板"由大改小"的进程；

3）设置留孔条板，避免对模板的不规则和多次钻孔；

4）尽量采用非钉接的拼接固定方式，减少钉接结合。

八、滑模施工工艺

滑模工艺是一种机械化程度较高的混凝土结构工程连续成型工艺，不仅适用于筒仓、水塔、烟囱、桥墩、竖井等连续型高耸实壁结构工程，而且也已在框架、板墙等主要结构的工业建筑与高层建筑中得到广泛的应用，并取得了良好的效果。

滑模装置由作业平台、模板、提升和施工监控系统 4 个部分组成。滑模的一般工艺流程包括支承杆安装→绑扎钢筋→滑模安装→围梁安装→提升架安装→作业台安装→千斤顶控制台油路安装→试提升调整→浇筑混凝土→滑升。

采用滑模施工的工程，一般应满足以下要求：

（1）工程的结构平面应简洁，各层构件沿平面投影应重合，且没有阻隔、影响滑升的突出构造。

（2）当工程平面面积较大、采用整体滑升有困难或者有分区施工流水安排时，可分区段进行滑模施工。

（3）直接安装设备的梁，当地脚螺栓的定位精度要求较高时，该梁则不宜采用滑模施工；对有设备安装要求的电梯井等小型筒壁结构，应适当放大其平面尺寸，一般每边放大不小于 50mm。

（4）尽量减少结构沿滑升方向截面（厚度）的变化。

（5）宜采用胀锚螺栓或锚枪钉等后设措施代替结构上的预埋件。必须采用预埋件时，应准确定位、可靠固定、且不得凸出混凝土表面。

九、提模和爬模工艺

提模为使用自身提升设备（升板机或液压千斤顶等），将已先行与混凝土面脱离的模板同承力杆、提升架和作业平台等一起提升、实现连续循环升高施工作业要求的整体自升模板体系。

爬升模板是利用自身爬升设备、在模板或支架交替附着（于墙体结构）的情况下实现自下而上逐层爬升的模板体系，一般用于外墙施工。

提模、爬模与滑模一起，并称为高层建筑和高耸构筑物施工中的三大整体自升模板体系，其整体性的作业平台、模板和提升架（爬架），承力架以及提升设备及控制系统等，都基本类似，所不同的只有以下四点：

（1）自升方式。分别为提升、爬升和滑升。

（2）模面状态（模板与混凝土表面的相对状态）。提模和爬模为脱离；滑模为接触。

（3）板面斜度。滑模的板面安装形成一定的"下宽上窄"斜度，提模和爬模则不需要。

（4）提升设备。提模以升板机为主；滑模以液压千斤顶为主；而爬模则可根据爬升的构造和荷载情况选用使用的提升设备，包括液压千斤顶、电葫芦以及其他液压和卷扬提升设备。

十、台模—飞模工艺

台模是用于浇筑楼层混凝土工程的，包括模板、支撑、水平移动和起吊构造的专用成套模具，形如台桌或桌模。又由于它在整体降模、脱离（楼板混凝土）并被水平推出后、直接吊至上一楼层就位使用，无需落地，因此又叫飞模。

台模—飞模最适合用于采用无梁楼盖的高层和多层建筑，但通过台模的变换组合和折转、折叠板件的使用，也可用于阳台、梁板、乃至板柱楼层结构的施工，成为其技术发展的主要方面。

第四节　模板工艺的经济性

混凝土结构的模板费用，可能大于混凝土或钢筋费用；在某些情况下，还可能大于混凝土和钢筋费用总和。因此，必须寻求一切实用的方法，以减少模板费用。模板工艺的经济性应当从结构设计就开始考虑，并贯穿于模板选材、设计、安装、拆除、保管及重复使用等环节。

一、设计混凝土结构时模板工艺的经济性

模板工艺中所用的材料，有标准尺寸可供选用，如果在选择各种结构构件尺寸时能够切

实可行的采用材料的标准尺寸而无需重新加工，则会降低模板费用。

设计时应当考虑下列降低模板工艺费用的方法：

（1）在结构设计时，要考虑模板材料及模板制作、安装和拆除方法。设计人员能轻而易举地绘出复杂的表面、结构构件的连接及其他详图，但模板工艺的制作、安装和拆除可能是浪费的。

（2）柱子从基础到屋顶采用同一尺寸，如果这点做不到的话，则柱子应尽量在几个楼层上保留同一尺寸。这可使梁模板和柱模板重复使用而无须变动。

（3）整个建筑物内柱子的间距在可能的情况下保持一致，如果不能，则使柱子在各楼层保持同一位置可以降低模板费用。

（4）为了减少或消除将大梁模板重新加工并装进柱模板的情况，应保证柱子与柱支撑的大梁取同一宽度。

（5）每个楼层上的梁取同一高度，选择梁高时要使梁的侧模板能采用标准尺寸的木材或胶合板而无须锯开。

混凝土结构设计首先要满足使用要求，其次才应考虑模板工艺的经济性。但是，对于这类结构，为了取得经济效果，稍微修改设计而无损于结构用途也是可行的。

二、制作、安装和拆除模板时的经济性

模板费用包括材料费、人工费、制作和搬运模板所需的设备使用费三个项目，减少上述项目总费用的任何措施，都会降低成本。由于购买商品混凝土，混凝土费用一般不变，即使有节约，为数也很小，而模板工艺却能够影响实际的经济效果。因为模板往往包含复杂的受力情况，模板应当按工程结构所要求的设计方法进行设计。如果模板设计的过于保守，则会造成不必要的浪费；反过来，如果模板设计的不足，则可能破坏，也会造成很大浪费。

使模板工艺达到经济的方法如下：

（1）以最少的材料用量满足所需的强度。

（2）应考虑拆模次序和方法。

（3）如果用木模板，考虑采用能满足强度和刚度要求的最低等级的木材；当木材与混凝土接触时，其表面状况也应满足要求。

（4）只要有可能，就采用预拼板。

（5）采用最大的预制拼板，但以在工地上能用人工或设备搬动为限。

（6）采用胶合板代替模板作为侧板和面板，这种大尺寸的板装拆快，重复使用率高。

（7）制作、安装和拆除模板时最大限度地推广标准化方法。

（8）当模板和其他部件例如基础、柱、墙及楼板模板用的部件要多次重复使用时，为了便于辨认，可在其上明显作出标记或编号。

（9）使用木模板和胶合板时，采用能满足强度和刚度要求的最细和最少的钉子。例如，楼板模板或墙侧板采用胶合板时，需用的钉子比采用木板时少。

（10）采用双头钉作为临时连接，以方便拆模时拔掉。

（11）模板拼接如需清理、上油，可在重复使用之间隙进行。模板要小心存放，以防变形和损伤。

（12）如果木材的外伸部分不造成妨碍的话，可将长度大的、未经锯割的木材用于墙、纵梁及其他部位。例如，墙模板的衬档超过侧板通常是可以的。

（13）当模板需要重复使用时，为了使重复使用次数最多，只要模板有可能安全地拆除，就立即进行拆模。

（14）对制作和安装模板所需的时间和动作进行研究，可能会找出增加生产率和减少费用的方法。

三、模板工艺的经济性与结构总经济之间的关系

有些工程的施工说明中要求混凝土表面光滑，对于这些工程如果采用木模时可采用模板内衬（如薄胶合板、热处理硬质纤维板）可以得到良好的经济效果。虽然这会增加模板费用，但可减少或免除表面的修饰费用，在浇筑混凝土之间用一些油灰或其他适当的混合物嵌缝，可以减少或消除在内衬接头处的混凝土表面上有时出现的细棱。

四、施工安排与模板工艺经济性的关系

在进行建筑物施工安排前应当进行模板工艺的设计，包括模板装置的结构和构造设计、模板装置的设置和装拆设计以及模板装置的使用和周转设计。周密安排建筑物施工作业进度和模板供应计划，能保证模板工艺的经济效果最好，也能使人工效率最高，两者都会减少模板工艺费用。对于相同的结构构件，一旦养护时间已满足拆模要求，其模板就应迅速地拆除并转移。

复 习 思 考 题

1. 模板有哪些类型？各有何特点？适用范围怎样？
2. 简述组合钢模及大模板的特点。
3. 简述模板拆除时间的确定及拆模顺序。

第二章 钢 筋 工 艺

钢筋工艺主要包括钢筋加工工艺、钢筋配料与代换、预应力混凝土中的钢筋张拉工艺等。其中钢筋加工工艺的任务是生产自用钢筋半成品，有的还生产钢筋制品，主要包括钢筋冷加工工艺和钢筋连接工艺；预应力混凝土钢筋张拉工艺是通过对钢筋施加预应力，可改善混凝土构件在正常使用条件下的工作性能和提高强度，主要包括机械张拉工艺（先张法、后张法）和电热张拉工艺等工艺方法。

第一节 钢筋冷加工工艺

钢材的冷、热加工是以再结晶温度为分界，在再结晶温度以下的加工称为冷加工，再结晶温度是使冷变形金属在规定时间内发生规定程度再结晶的最低温度。通常，钢筋的冷加工，如冷拉、冷拔、冷轧、冷扭、刻痕等，是在低于再结晶温度的常温下进行的。冷加工后的钢筋，由于塑性变形致使强度和硬度相应提高，而塑性和韧性下降，即发生了冷加工强化。

为了提高钢筋的强度和节约钢筋，预制构件厂和工程中常采用冷拉、冷拔及冷轧等方法对钢筋进行冷加工处理。

一、钢筋冷加工原理

（一）钢筋冷加工对晶体组织的影响

以钢筋冷拉为例，若将钢筋先拉至超过屈服强度（如图 2-1 中的 K 点），然后卸掉载荷，应力—应变曲线沿 KO' 回到 O' 点，则产生塑性变形（或残余变形）OO'。再立即拉伸时，应力—应变曲线则沿着 $O'KDE$ 变化，其屈服点 K 高于冷拉前的屈服点（B 点），此即冷拉强化。若卸掉荷载后经过时效处理后再张拉时，则曲线沿 $O'K'D'E'$ 上升，屈服点提高到 K' 点。钢筋获得新的屈服强度，弹性极限也相应提高，屈服阶段较前缩短，伸长率减小，塑性降低，即为时效现象。时效产生的原因是钢筋内部存在残余应力，晶格产生滑移，而畸变的晶面又不稳定，钢筋强度随晶面滑移的稳定而增加。

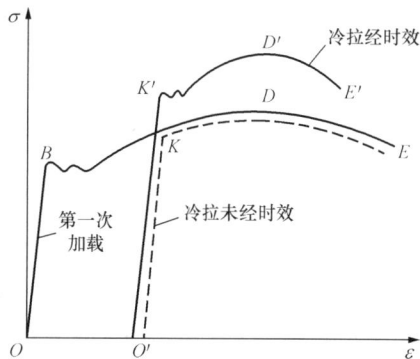

图 2-1 钢筋的冷加工原理（冷拉）

将冷处理后的钢筋在常温下存放 15～20 天或在一定温度（100～200℃）下存放很短时间，则其强度会得到进一步提高，这一现象称为时效（前者为自然时效，后者为人工时效），并将该过程称为时效处理。

钢筋经冷加工处理后力学性能的变化可解释如下：钢筋宏观力学性能与其晶体结构有密切关系。钢筋在外力作用下，晶格易沿原子密集面产生相对滑移，尤其是 α-铁晶格中导致滑移的面是较多的，这是钢筋塑性变形能力较大的原因。但晶格中存在许多缺陷，如点缺陷的空位和间隙原子，线缺陷的刃型位错和晶粒间的面缺陷晶界面（见图2-2）等。这些缺陷的存在使晶格在受力滑移时，不是整个滑移面上全部原子一起移动，而是缺陷处局部移动（图2-3所示的位错移动），这是钢筋实际强度远比理论强度低的原因。另外，缺陷造成晶格畸变，对滑移起阻碍的作用，故晶格在滑移以后，由于缺陷增多使继续滑移较为困难，因而提高了强度，但塑性和韧性则降低。

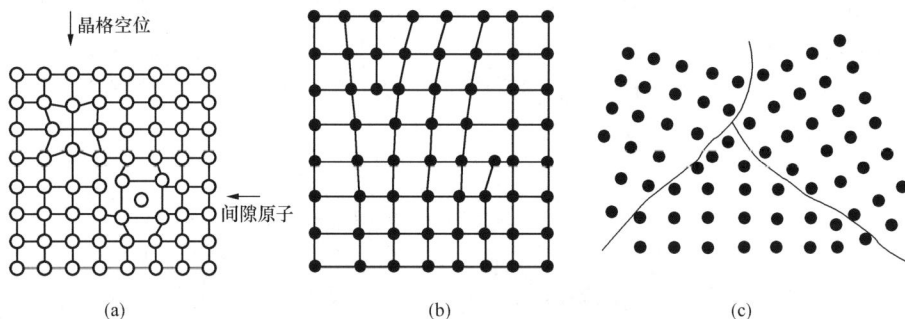

图2-2　晶格缺陷示意

（a）点缺陷空位和间隙原子；（b）线缺陷刃型位错；（c）面缺陷晶界面

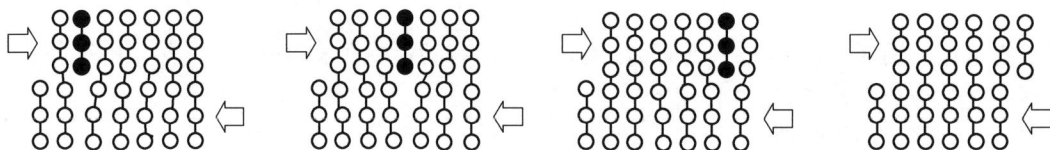

图2-3　晶体的位错移动及滑移现象

此外，嵌溶于α-铁晶格中的氮原子有向晶格缺陷处移动、集中，甚至呈氮化物析出的倾向。当钢筋在使用中受到反复振动，或在冷加工变形后，使氮原子的移动和集中加快，造成缺陷处氮原子富集，使晶格畸变加剧，因而强度提高，塑性和韧性降低，这也是时效现象产生的主要原因之一。

（二）加热对冷加工钢筋组织和性能的影响

钢筋经过冷加工后，因其内部晶粒破碎，晶格扭曲，并吸收了一部分变形能，使内部能量增加，所以其内部组织处于一种不稳定状态。凡是经过塑性变形后的钢筋，均有恢复到变形前组织状态的倾向。在室温下，由于钢的原子扩散能力不足，这种不稳定状态能维持相当长时间而不发生明显的变化；但加热可增强原子扩散能力，故使冷加工后的金属发生下列的组织和性能变化。

1. 回复

当温度不高时（一般在400℃以下），原子扩散能力比较低，不能引起显微组织的变化，但晶格的畸变大大减小，从而使内应力明显下降。同时，钢筋的某些性能有一定程度的恢复，例如强度、硬度略有下降，塑性略有提高。所以，常利用回复现象将冷加工钢筋在较低温度下加热，进行"消除应力退火"处理。

2. 再结晶

当温度继续升高时，由于原子活动能力增加，钢筋的显微组织发生明显变化，由破碎、拉长或压扁的晶粒变为均匀细小的等轴晶粒，这一变化也是形核及长大过程。冷加工金属在加热过程中出现形核及长大并重新改组为新晶粒的过程称为再结晶。再结晶后，钢筋的强度和硬度显著下降，塑性明显提高，所有机械及物理性能均恢复到变形前的数值。

经多次冷加工的钢筋需要通过中间退火处理，以消除加工硬化后形状组织上的变化。如果在再结晶退火时加热温度过高或加热时间过长，则再结晶后的晶粒继续长大，此时不仅其强度下降，而且塑性和韧性也降低，应予以避免。

二、钢筋的冷加工种类与工艺控制

(一) 冷拉工艺

1. 冷拉控制

钢筋冷拉控制可用控制应力或控制冷拉率两种方法。控制应力时，其控制值见表 2-1。冷拉后检查钢筋冷拉率，如果超过表 2-1 规定的数值时，则应进行力学性能测试。冷拉钢筋作预应力筋时，则宜采用控制应力的方法。

表 2-1　　　　　　　　　　　钢筋冷拉控制应力和最大冷拉率

钢筋级别		冷拉控制应力(MPa)	最大冷拉率(%)
HPB300 级($d \leqslant 12\text{mm}$)		280	10.0
HRB335 级	($d \leqslant 25\text{mm}$)	450	5.5
	$d = 28 \sim 40\text{mm}$	430	
HRB400 级($d = 8 \sim 40\text{mm}$)		500	5.0
HRB500 级($d = 10 \sim 28\text{mm}$)		700	4.0

控制冷拉率时，冷拉率控制值必须由试验确定。如钢筋强度偏高，平均冷拉率低于 1% 时，仍按 1% 进行冷拉。考虑到按平均冷拉率冷拉后的抗拉强度标准偏差，应按控制应力增加 30MPa，测定冷拉率时钢筋的冷拉应力应符合表 2-2 的规定。

表 2-2　　　　　　　　　　　测定冷拉率时钢筋的冷拉应力

钢筋级别		冷拉应力(MPa)
HPB300 级($d \leqslant 12\text{mm}$)		310
HRB335 级	($d \leqslant 25\text{mm}$)	480
	$d = 28 \sim 40\text{mm}$	460
HRB400 级($d = 8 \sim 40\text{mm}$)		530
HRB500 级($d = 10 \sim 28\text{mm}$)		730

不同炉批的钢筋，不宜用控制冷拉率的方法进行冷拉。多根连接的钢筋，用控制应力的方法进行冷拉时，其控制应力和每根的冷拉率均应符合表 2-1 的规定；当用控制冷拉率方法进行冷拉时，实际冷拉率按总长计，但多根钢筋中每根钢筋冷拉率不得超过表 2-1 的规定。

2. 冷拉设备

钢筋冷拉设备有两种，一种是采用卷扬机带动滑轮组作为冷拉动力的机械式冷拉工艺，如图 2-4 所示；另一种是采用长行程 (1500mm 以上) 的专用液压千斤顶和高压油泵的液压冷拉工艺。

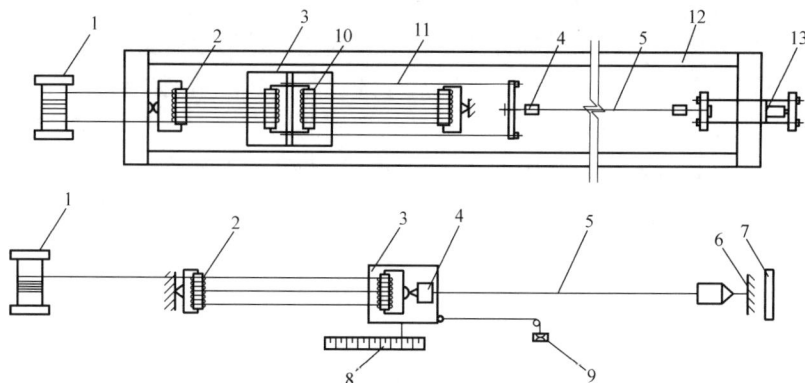

图 2-4　冷拉设备

1—卷扬机；2—滑轮组；3—冷拉小车；4—夹具；5—被冷拉的钢筋；6—地锚；7—防护壁；
8—标尺；9—回程荷重架；10—回程滑轮组；11—传力架；12—冷拉槽；13—液压千斤顶

　　机械式冷拉工艺的冷拉设备主要由拉力设备、承力结构、回程装置、测量设备和钢筋夹具等组成。拉力设备为卷扬机和滑轮组，多用 30～50kN 的慢速卷扬机，通过滑轮组增加牵引力。设备的冷拉能力要大于所需的最大拉力，所需的最大拉力等于进行冷拉的最大直径钢筋截面积乘以冷拉控制应力，同时还要考虑滑轮与地面的摩擦阻力及回程装置的阻力。设备的冷拉能力按式（2-1）计算

$$Q = \frac{S}{K'} - F \qquad (2-1)$$

　　其中

$$K' = \frac{f^{n-1}(f-1)}{f^n - 1} \qquad (2-2)$$

式中　Q——设备冷拉能力，kN；

　　　　S——卷扬机拉力，kN；

　　　　F——设备阻力，包括冷拉小车与地面的摩擦力和回程装置的阻力等，可实测确定，kN；

　　　K'——滑轮组的省力系数，见表 2-3；

　　　　f——单个滑轮的阻力系数，如对青铜轴承的滑轮，$f = 1.04$；

　　　　n——滑轮组的工作线数。

表 2-3　　　　　　　　　　　　滑轮组省力系数 K'

滑轮门数	3		4		5	
工作线数 n	6	7	8	9	10	11
省力系数 K'	0.184	0.160	0.142	0.129	0.119	0.110
滑轮门数	6		7		8	
工作线数 n	12	13	14	15	16	17
省力系数 K'	0.103	0.096	0.091	0.087	0.082	0.080

　　承力结构可采用地锚，冷拉力大时宜采用钢筋混凝土冷拉槽，回程装置可用荷重架回程

或卷扬机滑轮组回程。测力设备常用液压千斤顶或用装有传感器和示力仪的电子秤。电子秤或液压千斤顶设备在张拉端定滑轮组，如图 2-5 所示。

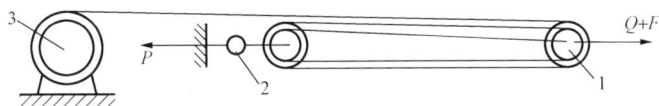

图 2-5 设备能力计算简图
1—滑轮组；2—电子秤传感器；3—卷扬机

3. 钢筋冷拉工艺过程及注意事项

（1）钢筋冷拉前，应对测力器和各项冷拉数据进行检验和复核，以确保冷拉钢筋质量。

（2）钢筋冷拉速度不宜过快，待拉到规定控制应力或冷拉率后，须静停 2～3min，然后再行放松，以免造成钢筋回缩值过大。

（3）钢筋应先拉直（约为冷拉应力的 10%），然后量其长度，再行冷拉。

（4）预应力钢筋如需焊接，则应先对焊后冷拉，以免因焊接而降低冷拉后的强度。如焊接接头被拉断，可重新焊接后再冷拉，但一般不超过 2 次。

（5）钢筋在负温下进行冷拉时，其环境温度不得低于−20℃。当采用冷拉率控制法进行钢筋冷拉时，冷拉率的确定与常温条件相同，当采用应力控制法进行钢筋冷拉时，冷拉应力应较常温提高 30MPa。

（6）冷拉线两端必须装置防护设施。冷拉时严禁在冷拉线两端站人，或跨越、触动正在冷拉的钢筋。

（7）钢筋冷拉后，宜进行时效处理后再使用。

（二）钢筋冷拔

冷拔是使直径为 6～10mm 的光圆钢筋强力通过钨合金的拔丝模进行强力冷拔。钢筋通过拔丝模时，受到拉伸—压缩兼有的作用（见图 2-6），使钢筋内部晶格变形而产生塑性变形，因而抗拉强度提高（可提高 50%～70%），而塑性降低，呈现硬钢性质。光圆钢筋经冷拔后称为冷拔低碳钢丝。

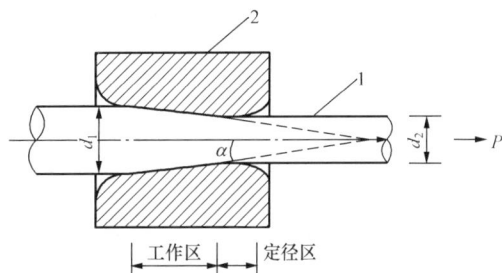

图 2-6 钢筋冷拔示意
1—钢筋；2—拔丝模

钢筋冷拔的工艺过程是轧头→剥壳→通过润滑剂进入拔丝模。如钢筋需连接则应冷拔前用对焊连接。

钢筋表面常有一硬渣层，易损坏拔丝模，并使钢筋表面产生沟纹，因而冷拔前要剥除渣壳，方法是使钢筋通过 3～6 个上下排列的辊子以剥除渣壳。润滑剂常用石灰、动植物油、肥皂、白蜡和水按一定配比制成。

钢筋冷拔所用的拔丝机有立式（见图 2-7）和卧式两种，其鼓筒直径一般为 500mm。冷拔速度为 0.2～0.3m/s，如速度过大则易导致钢筋断裂。

影响冷拔低碳钢丝质量的主要因素是原材料的质量和冷拔总压缩率。总压缩率越大，则抗拉强度提高越多，但塑性降低也越多。总压缩率不宜过大，直径 5mm 的冷拔低碳钢丝宜

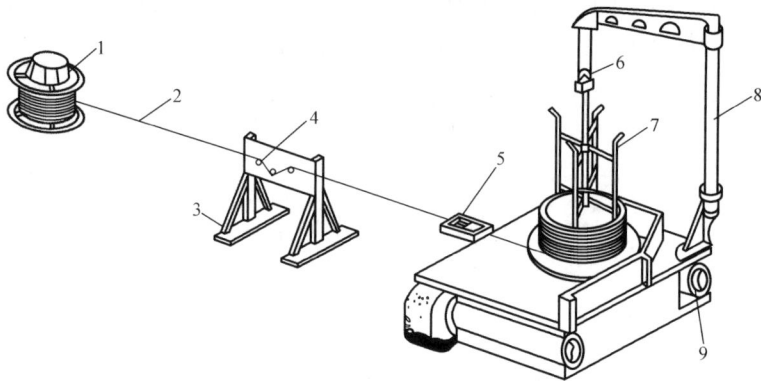

图 2-7 立式单鼓筒冷拔机
1—盘圆架；2—钢筋；3—剥壳装置；4—槽轮；5—拔丝模；
6—滑轮；7—绕丝筒；8—支架；9—电动机

用 8mm 的盘条拔制；直径 4mm 和 4mm 以下者，宜采用 6mm 盘条钢筋拔制。

冷拔低碳钢丝有时是经过多次冷拔而成，不一定是一次冷拔就达到总压缩率。每次冷拔的压缩率不宜过大，否则拔丝机的功率要大，拔丝模容易损坏，且钢丝容易断裂。一般后道钢丝和前道的直径之比以 1:1.5 为宜。如由直径为 8mm 拔成 5mm，拔丝过程可为 $\phi 8 \rightarrow \phi 7 \rightarrow \phi 6.3 \rightarrow \phi 5.7 \rightarrow \phi 5$。拔丝次数亦不应过多，否则易使钢丝变脆。

冷拔总压缩率可按式（2-3）计算

$$\beta = \frac{d_0^2 - d^2}{d_0^2} \times 100\% \qquad (2-3)$$

式中　d_0——原材料钢筋直径，mm；
　　　d——成品钢丝直径，mm。

第二节　钢筋连接工艺

常用的钢筋连接工艺包括绑扎连接、焊接连接和机械连接。其中绑扎连接仅起连接和固定钢筋位置的作用，当钢筋较粗时，需要增加接头钢筋长度，且绑扎接头的刚度不如焊接接头和机械连接接头，所以在本书中仅详细讲解焊接连接和机械连接两种工艺。

一、钢筋焊接的种类与工艺

采用焊接代替绑扎连接，可节约钢材，改善结构受力性能，提高工效，降低成本。钢筋常用的焊接工艺有闪光对焊、电弧焊、电渣压力焊和电阻点焊等，此外，还有预埋件钢筋和钢板的埋弧压力焊及钢筋气压焊等。

钢筋的焊接效果与钢材的可焊性有关。在相同的焊接工艺条件下，能获得良好焊接质量的钢材，称为在这种工艺条件下的可焊性好，相反则称在这种工艺条件下可焊性差，钢筋的可焊性与其含碳量和合金元素的含量有关。含碳量增加则可焊性降低，含锰量增加也会影响其焊接性能，而含适量的钛则可改善焊接性能。

钢筋的焊接性能还与焊接工艺有关，即使较难焊接的钢材，若能采用适宜的焊接工艺，也可获得良好的焊接质量。因此改善焊接工艺是提高焊接质量的有效措施之一。

（一）闪光对焊

闪光对焊被广泛应用于钢筋接长及预应力钢筋与螺丝端杆的焊接。热轧钢筋的接长宜优先采用闪光对焊，如不可能采用闪光对焊时才采用电弧焊。钢筋闪光对焊的原理如图 2-8 所示，是利用对焊机使两段钢筋接触，通过低电压的强电流，使钢筋加热到一定温度变软后，进行轴向加压顶锻，形成对焊接头。钢筋闪光对焊工艺可分为连续闪光焊、预热闪光焊、闪光—预热—闪光焊三种。

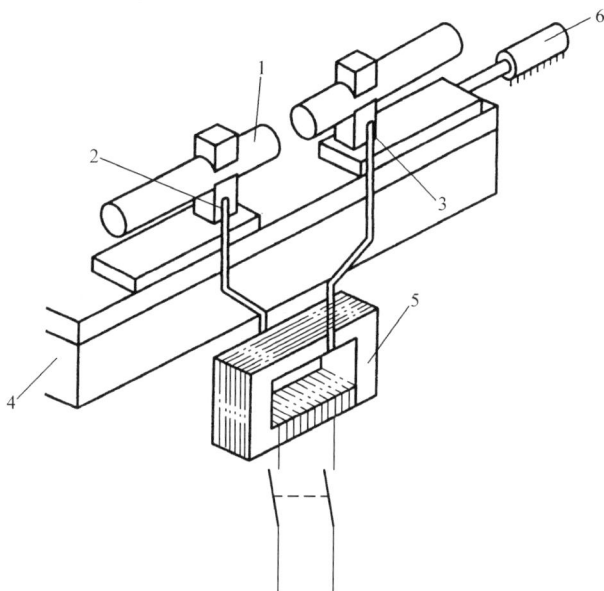

图 2-8 钢筋闪光对焊原理

1—焊接的钢筋；2—固定电极；3—可动电极；4—机座；5—变压器；6—手动顶压机构

1. 连续闪光焊

连续闪光焊焊接工艺过程如图 2-9（a）所示。钢筋夹紧在电动机钳口上后，闭合电源，使两根钢筋面轻微接触。由于钢筋端部不平，开始只有一点或数点接触，接触面小而电流密度和接触电阻很大，接触点很快熔化并产生金属飞溅，形成闪光现象。闪光开始后慢慢移动钢筋，使之形成连续闪光过程，同时接头也被加热。待接头烧平，闪去杂质和钢筋表面的氧化膜，白热熔化后，随即施加轴向压力进行顶锻，再进行无电顶锻，使两根钢筋焊接牢固。连续闪光焊宜焊接直径 22mm 以内的 HPB300、HRB335、HRB400 级钢筋和直径 16mm 以内的 HRB500 级钢筋。

2. 预热闪光焊

预热闪光焊是在连续闪光焊前增加一次预热过程，以扩大焊接热影响区，其工艺过程包括预热、闪光和顶锻过程，如图 2-9（b）所示。施焊时先闭合电源，然后使两钢筋端面交替地接触和分开，这时钢筋端面的间隙中即发出连续的闪光，而形成预热过程。当钢筋达到预热温度后进入闪光阶段，随后顶锻而成。预热闪光焊宜焊接直径大于 25mm，且端面较平整的钢筋。

3. 闪光—预热—闪光焊

闪光—预热—闪光焊是在预热闪光焊前再增加一次闪光过程，如图 2-9（c）所示。目的是使不平整的钢筋端面熔化变得平整，并使预热均匀。该工艺适宜焊接直径大于 25mm，且端面不平整的钢筋。

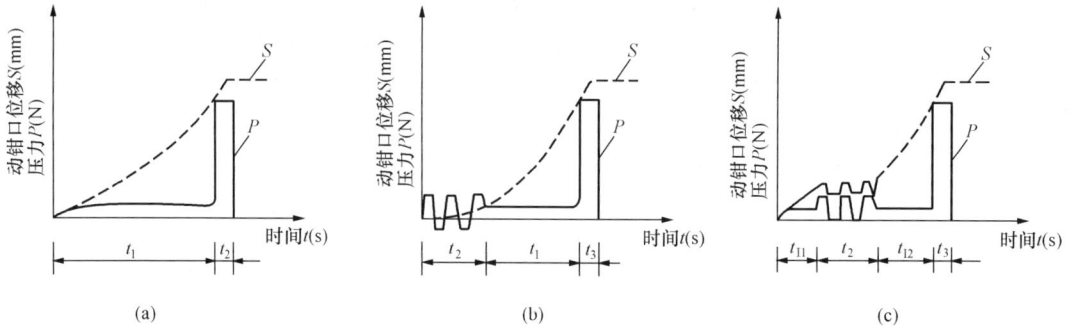

图 2-9　钢筋闪光对焊工艺过程

t_1—闪光时间；t_{11}—一次闪光时间；t_{12}—二次闪光时间；t_2—预热时间；t_3—顶锻时间

钢筋进行闪光焊后，除对接头进行外观检查外，还应按照《钢筋焊接及验收规程》（JGJ 18—2012）进行验收。

（二）电弧焊

电弧焊是利用弧焊机与焊件之间发生高温电弧，使焊条和电弧燃烧范围内的焊件熔化，待其凝固后便形成焊缝或接头。电弧焊被广泛用于钢筋焊接、钢筋骨架焊接、装配式结构接头的焊接、钢筋与钢板的焊接及各种钢结构焊接等。

钢筋电弧焊的形式如图 2-10 所示，其类型有搭接焊接头（双面焊缝和单面焊缝）、帮条焊接头（双面焊缝和单面焊缝）、坡口焊接头（立焊和平焊）等。

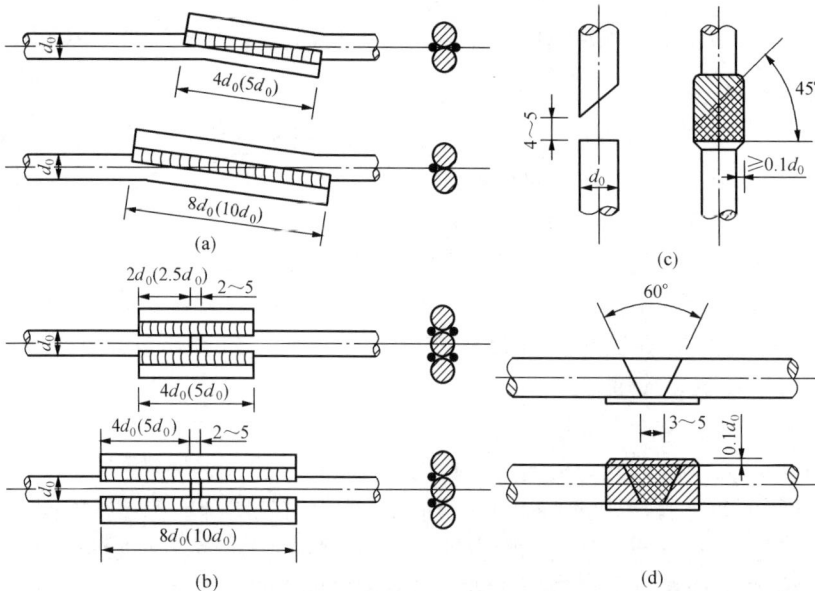

图 2-10　钢筋电弧焊接头型式

（a）搭接焊接头（双面、单面）；（b）帮条焊接头（双面、单面）；（c）坡口焊接头（平焊）；（d）坡口焊接头（立焊）

电弧焊机有直流与交流之分，常见的为交流电弧焊机。焊条的种类很多，如结 42×、结 50× 等，钢筋焊接应根据钢材等级和焊接接头形式选择焊条。焊条表面涂有药皮，它可保证电弧稳定，使焊缝避免氧化，并产生熔渣覆盖焊缝以减缓冷却速度。符号× 表示没有规定药皮类型，酸性或碱性焊条均可使用。但对重要结构的钢筋焊接，宜采用低氢型碱性焊条进行焊接。焊接电流和焊条直径根据钢筋级别、直径、接头形式和焊接位置进行选择。

（三）电渣压力焊

电渣压力焊在建筑施工中多用于现浇混凝土结构构件内竖向或斜向（倾斜度在 4∶1 范围内）钢筋的焊接接长，有自动与手工电渣压力焊之分。与电弧焊比较，该焊接工艺工效高、成本低。

如图 2-11 所示，焊接时先将钢筋端部约 120mm 范围内的锈迹除尽，将夹具夹牢在下部钢筋上，并将上部钢筋扶直夹牢于活动电极中，自动电渣压力焊还在上下钢筋间放引弧用的钢丝圈等。再装上焊剂盒（直径 90～100mm）并装满焊剂，接通电路，用手柄使电弧引燃（引弧）。然后稳定一段时间，使之形成渣池并使钢筋熔化（稳弧），随着钢筋的熔化，手柄使上部钢筋缓缓下送。当稳弧达到规定时间后，在断电的同时用手进行加压顶锻，以排除夹渣和气泡，形成接头。待冷却一定时间后，即拆除药盒，回收焊药，拆除夹具和清除焊渣。引弧、稳弧、顶锻三个过程连续进行，时间约为 1min。

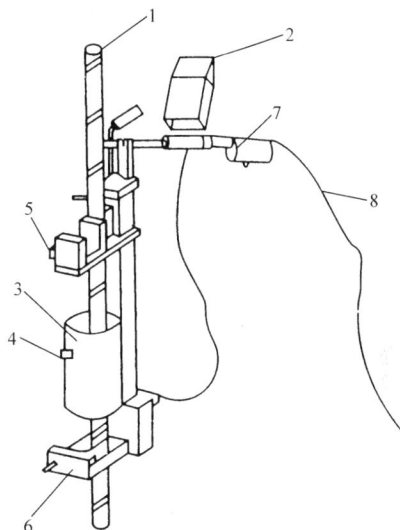

图 2-11 电渣压力焊示意
1—钢筋；2—监控仪表；3—焊剂盒；
4—焊剂盒扣环；5—活动夹具；
6—固定夹具；7—手柄；8—控制电缆

（四）电阻点焊

电阻点焊主要用于钢筋交叉连接，如用来焊接钢筋网片、钢筋骨架等。其生产效率高，节约材料，应用广泛。

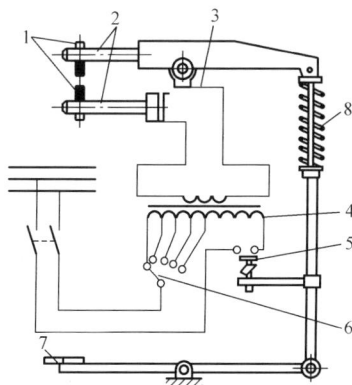

图 2-12 点焊机工作原理图
1—电极；2—电极臂；3—变压器的次级线圈；
4—变压器的初级线圈；5—断路器；
6—变压器的调节开关；7—踏板；8—压紧机构

电阻点焊的工作原理是：当钢筋交叉点焊时，接触点处的接触电阻较大，在接触的瞬间，电流产生的全部热量都集中在一点上，因而使钢筋受热而熔化，同时在电极加压下使焊点钢筋得到熔合。点焊机的工作原理如图 2-12 所示。

常用的点焊机有单点点焊机、多点点焊机（一次可焊数点，用于焊接宽大的钢筋网片）、悬挂式点焊机（可焊钢筋骨架或钢筋网片）、手提式点焊机（用于施工现场）。

电阻点焊的主要焊接参数为电流强度、通电时间、电极压力和焊点压入深度等，应根据钢筋级别、直径及焊机性能合理选择。

（五）气压焊

钢筋气压焊是以乙炔和氧气燃烧的高温火焰加热钢筋的结合端部，不待钢筋熔融使其在塑性状态下加压结合。钢筋气压焊设备轻巧，操作比较简便，施工效率高，耗费材料少，价格便宜。焊接后的接头可以达到与母材相同的强度。适合于 HPB300 和 HRB335 级热轧钢筋，直径相差不大于 7mm 的不同直径钢筋及各种方向布置的钢筋的现场焊接。气压焊的设备包括供气装置、加热器、加压器和压接器等，如图 2-13 所示。

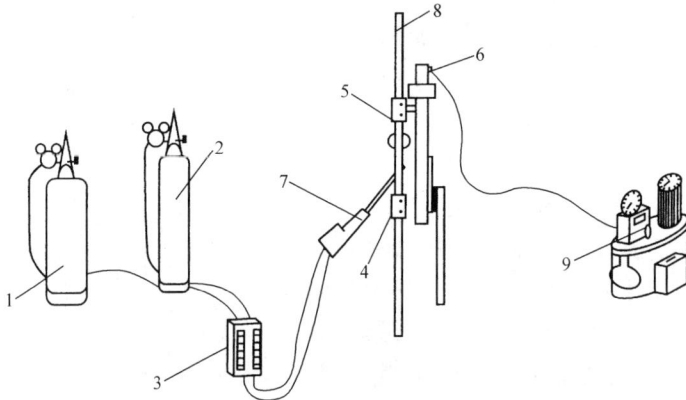

图 2-13　气压焊装置示意图

1—乙炔；2—氧气；3—流量计；4—固定卡具；5—活动卡具；6—压接器；
7—加热器和焊枪；8—被焊钢筋；9—加压油泵

气压焊用气是氧气和乙炔的混合气体，氧气的纯度在 99.5％ 以上，乙炔气体纯度在 98％ 以上。氧气的工作压力为 0.6～0.7MPa，乙炔的工作压力为 0.05～0.1MPa，氧气和乙炔分别储存在氧气瓶和乙炔瓶内。

二、钢筋机械连接种类与工艺

目前钢筋机械连接方式主要有套筒挤压连接法、锥螺纹连接法、镦粗直螺纹连接和滚轧直螺纹连接法等。

1. 套筒挤压连接法

钢筋套筒挤压连接法是采用挤压机压模，沿钢筋轴线冷挤压专用金属套筒，把插入套筒里的两根热轧带肋钢筋用加压机在侧向加压数道，套筒塑性变形后即与带肋钢筋紧密啮合，达到连接的目的，如图 2-14 所示。

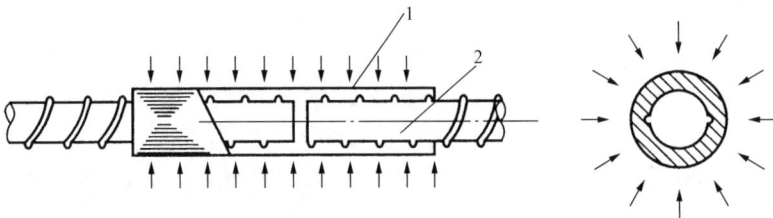

图 2-14　钢筋套筒挤压连接工艺示意

1—钢套筒；2—被连接钢筋

套筒挤压连接的优点是强度高，质量稳定可靠；安全，无明火，不受天气影响；适应性强，可用于垂直、水平、倾斜、高空、水下等各方位的钢筋连接。还特别适用于不可焊接钢筋、进口钢筋的连接。挤压连接法的主要缺点是设备移动不便，连接速度较慢。

2. 锥螺纹套筒连接法

锥螺纹套筒连接法是用锥形螺纹套筒，将两根钢筋端头对接在一起，利用螺纹的机械啮合力传递拉力或压力，所用的设备主要是套丝机，通常安装在现场对钢筋端头进行套丝。套完锥形丝扣的钢筋用塑料帽保护，防止搬运过程中受损。套筒一般在工厂内加工，连接钢筋时利用测力扳手拧紧套筒至规定力矩值即完成钢筋的对接。

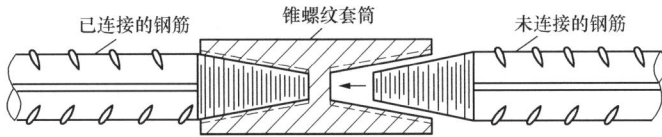

图 2-15 锥螺纹套筒连接示意

锥螺纹连接现场操作工序简单，速度快，应用范围广，不受气候影响。但锥螺纹连接接头破坏都发生在接头处，现场加工的锥螺纹质量差，漏拧或拧紧力矩不准、丝扣松动等对接头强度和变形均造成较大影响。

3. 镦粗直螺纹套筒连接法

镦粗直螺纹套筒连接法分冷镦粗直螺纹连接和热镦粗直螺纹连接两种，其原理均是先把钢筋端部镦粗（见图 2-16）。然后再加工成直螺纹，最后用套筒进行钢筋对接。

由于镦粗段钢筋套丝后的净截面仍大于钢筋原截面，即螺纹不削弱钢筋截面，从而确保

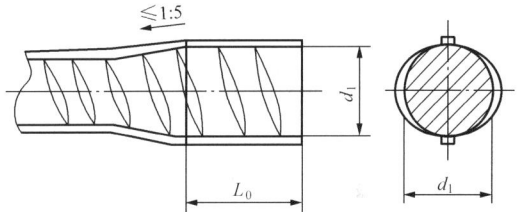

图 2-16 镦粗头示意

接头强度大于母材强度。直螺纹不存在扭紧力矩对接头性能的影响，从而提高了连接的可靠性，也加快了施工速度。直螺纹接头比套筒挤压接头节省钢材 70%，比锥螺纹接头节省钢材 35%。

4. 滚轧直螺纹套筒连接法

钢筋滚轧直螺纹套筒连接法是利用金属材料塑性变形后冷作硬化增强金属材料强度的特性，使接头与母材等强的连接方法。钢筋滚轧时相当于冷加工操作，可确保接头强度不低于母材强度，能充分发挥钢筋母材的强度和性能。连接示意如图 2-17 所示。

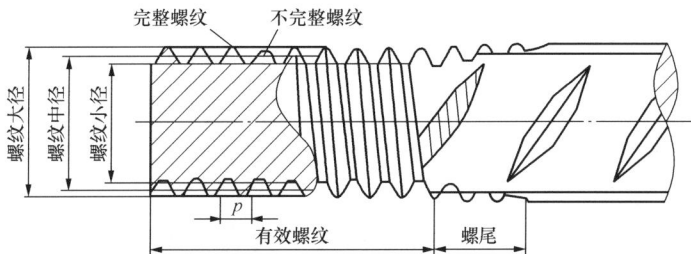

图 2-17 钢筋滚轧直螺纹套筒连接示意

与镦粗直螺纹套筒连接相比，尽管接头处钢筋的截面积不似镦粗直螺纹钢筋大于钢筋截面积，但连接试件仍可达到拉伸时断于母材，且延性好。连接快速方便，适用性强。

第三节 钢筋的配料与代换

一、钢筋配料

钢筋配料是根据构件配筋图计算构件各钢筋的直线下料长度、总根数及钢筋总质量，然后编制钢筋配料单，作为备料加工的依据。

为使钢筋满足设计要求的形状和尺寸，需要对钢筋进行弯折，而弯折后的钢筋各段的长度总和并不等于其在直线状态下的长度，所以就需要对钢筋的剪切下料长度予以计算。各种钢筋的下料长度可按式（2-4）进行计算，即

$$钢筋下料长度 L = 外包尺寸 + 钢筋末端弯钩或弯折增长值 -$$
$$钢筋中间部位弯折的量度差值 \qquad (2-4)$$

1. 下料长度 L

钢筋在直线状态下剪切下料，剪切前量得的直线状态下长度，称为下料长度 L。

2. 外包尺寸

外包尺寸是指钢筋外缘之间的长度，结构施工图中所指钢筋长度和施工中量度钢筋所得的长度均视为钢筋的外包尺寸，如图 2-18 所示。

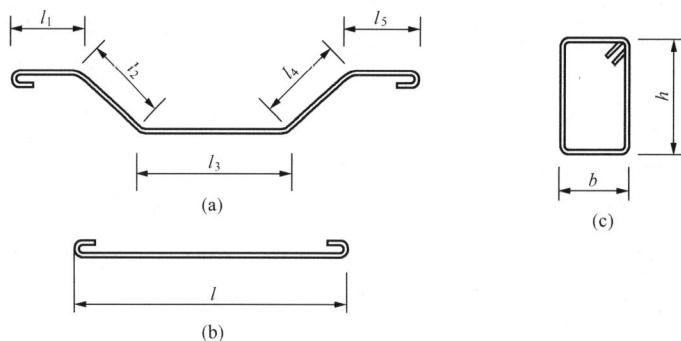

图 2-18 钢筋外包尺寸

(a) $L_1 = l_1 + l_2 + l_3 + l_4 + l_5$；(b) $L_2 = l$；(c) $L_3 = 2(b+h)$

3. 弯钩增长值

光圆钢筋为了增加其与混凝土的锚固能力，一般将其两端做成180°弯钩。因其韧性较好，圆弧弯曲直径（D）应大于或等于钢筋直径（d）的2.5倍，平直段部分长度不小于钢筋直径的3倍；用于轻骨料混凝土结构时，其弯曲直径（D）应大于或等于钢筋直径（d）的3.5倍。带肋钢筋一般不做弯钩，只是为了满足锚固长度的要求，末端常做成90°或135°弯折，弯折增长值的计算简图如图 2-19 所示，其计算值为：180°弯钩 $6.25d$，90°弯折 $3.5d$，135°弯折 $4.9d$。

在以上各弯钩（弯折）增长值的计算规定中，均已包含弯钩本身的量度差值，按上述规则计算钢筋下料长度时，末端弯钩不必再考虑弯折量度差值。

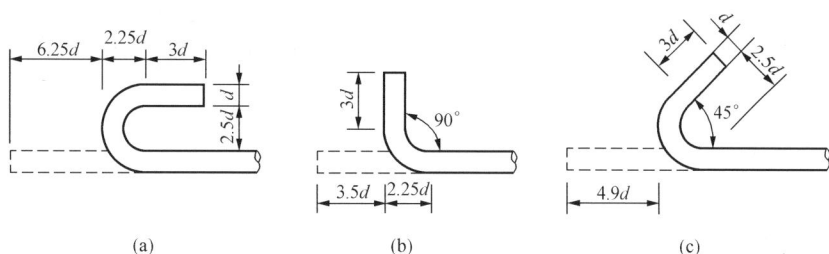

图 2-19 钢筋弯钩计算简图

(a) 180°弯钩；(b) 钢筋末端 90°弯折；(c) 钢筋末端 135°弯折

4. 钢筋中间部位弯折处的量度差值

钢筋弯折后，外边缘伸长，内边缘缩短，而中心线既不伸长也不缩短。但钢筋长度的度量方法是指外包尺寸，因此钢筋弯曲后，存在一个量度差值，计算下料长度时必须加以扣除。否则势必形成下料太长，或浪费甚至返工。

钢筋弯曲量度差值列于表 2-4 中。

表 2-4 钢 筋 弯 曲 量 度 差 值

钢筋弯曲角度	30°	45°	60°	90°	135°
钢筋弯曲量度差值	0.35d	0.5d	0.85d	2d	2.5d

5. 箍筋弯钩增长值

箍筋的末端应制作弯钩，弯钩形式应符合设计要求。当设计无具体要求时，用 HPB300 级钢筋或冷拔低碳钢丝制作的箍筋，其弯钩的弯曲直径应大于受力钢筋直径，且不小于箍筋直径的 2.5 倍；弯钩平直部分的长度，对一般结构不宜小于箍筋直径的 5 倍，对有抗震要求的结构不应小于箍筋直径的 10 倍。箍筋的弯钩形式，如设计无要求时，可按图 2-20 (a)、(b) 加工；对于重要结构、有抗震要求和弯扭的结构，应按图 2-20 (c) 加工。

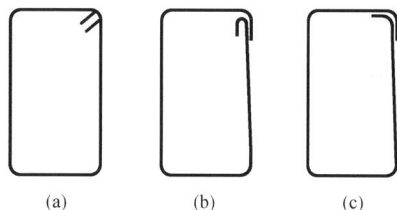

图 2-20 钢筋弯钩计算简图
(a) 135°/135°；(b) 90°/180°；(c) 90°/90°

箍筋调整值见表 2-5。

表 2-5 箍 筋 调 整 值

箍筋量度方法	箍筋直径(mm)			
	4～5	6	8	10～12
量外包尺寸	40	50	60	70
量内皮尺寸	80	100	120	150～170

二、钢筋代换

在施工中如遇到钢筋品种或规格与设计要求不符时，在征得设计单位同意后，可按下列原则进行代换。

1. 等强度代换

当构件配筋受强度控制时，按代换前后强度相等的原则进行代换，称为等强度代换。代换时应满足式（2-5）的要求

$$A_{s2} f_{y2} \geq A_{s1} f_{y1} \qquad (2-5)$$

即

$$n_2 \cdot \frac{\pi d_2^2}{4} \cdot f_{y2} \geq n_1 \cdot \frac{\pi d_1^2}{4} \cdot f_{y1} \qquad (2-6)$$

$$n_2 \geq \frac{n_1 d_1^2 f_{y1}}{\pi d_2^2 f_{y2}} \qquad (2-7)$$

式中 n_2——代换钢筋根数；

      n_1——原设计钢筋根数；

      d_2——代换钢筋直径，mm；

      d_1——原设计钢筋直径，mm；

      f_{y2}——代换后钢筋设计强度值，MPa；

      f_{y1}——原设计钢筋设计强度值，MPa；

      A_{s2}——代换后钢筋总截面积，mm^2；

      A_{s1}——原设计钢筋总截面积，mm^2。

2. 等面积代换

当构件按最小配筋率配筋时，或同牌号钢筋之间的代换，按代换前后面积相等的原则进行，称为等面积代换。代换时应满足式（2-8）的要求

$$A_{s2} \geq A_{s1} \qquad (2-8)$$

即

$$n_2 \geq n_1 \cdot \frac{d_1^2}{d_2^2} \qquad (2-9)$$

钢筋代换后，有时由于受力钢筋直径加大或根数增多而需要增加排数，则构件截面的有效高度 h_0 减少，截面强度降低，所以常需要对截面强度进行复核。

此外，钢筋代换必须充分了解设计意图和代换材料的性能，并严格遵守《混凝土结构设计规范》（GB 50010—2010）的各项规定。

第四节　预应力混凝土工艺

一、预应力混凝土的基本原理和特点

1. 预应力混凝土的基本原理

预加应力指在某种材料中造成一种应力状态或应变状态，使它能更好地完成预定的功能。最常用的方法是由预加应力在混凝土中造成压应力，以部分抵消或全部抵消结构使用过程中本会出现的拉应力。此外，还可以抵消动力作用（如打桩或机械振动）引起的拉应力或拉应变，抵消温度应力（如在压力容器中）、收缩、直接受拉（如在拉杆中）及受剪（斜向受拉）引起的拉应力或拉应变。

预加应力（预压）的方法通常是张拉位于结构内的预应力筋，然后将其锚定。预应力筋（力筋）的材料目前普遍采用高强度钢，但力筋不一定要位于混凝土之内，它们可以位于混凝土截面之处（如在斜拉桥中），也可位于梯形箱梁的箱形空室之内。

预加应力并不形成固定不变的应力状态及变形，应力和应变都是随时间变化的。混凝土和钢材，二者在持续应力作用下，都要出现塑性变形。温度升高，则上述变形将增大；温度降低，则塑性变形减小。

预应力混凝土的生产工艺方法，按开始张拉预应力钢筋的时间可分为先张法、后张法和自张法。在混凝土硬化之前张拉钢筋的称为先张法；在混凝土已硬化至一定强度之后再张拉钢筋的称为后张法；在硬化过程中张拉的称为自张法。按建立预应力的手段则可分为机械张拉法、电热张拉法及化学张拉法，前两种方法既可用于先张法，也可用于后张法，而化学张拉法则仅用于自张法。

2. 预应力混凝土的特点

现代预应力混凝土是用高强度钢材和中高强度等级的混凝土，用现代设计概念和方法，经先进的生产工艺制作的高效预应力混凝土。它具有下列突出的优点：

（1）改善使用阶段的性能。受拉和受弯构件中采用预应力混凝土，可延缓混凝土裂缝的出现并降低较高荷载水平时的裂缝开展宽度；采用预应力混凝土，也能降低甚至消除使用荷载下混凝土的挠度，因此可建造大跨混凝土结构。

（2）提高构件的受剪承载力。纵向预应力的施加可延缓混凝土构件中斜裂缝的形成，提高构件的受剪承载力。

（3）改善构件卸载后的弹性恢复能力。预应力构件上的荷载一旦卸去，预应力就会使混凝土裂缝在一定程度上闭合，改善构件的弹性恢复能力。

（4）提高耐疲劳强度。预应力的作用可降低钢筋的应力循环幅度。

（5）可充分利用高强度钢材。采用预应力混凝土技术，不仅可以控制结构使用性能，而且能充分利用钢材的高强度，大大节约钢材，减少构件截面尺寸和混凝土用量，减轻结构自重。同时，采用大跨度预应力混凝土结构可增加建筑使用面积，降低层高，提高结构的综合经济效益。

（6）可调整结构内力。将预应力筋对混凝土结构的作用作为平衡全部和部分外荷载的反向荷载，成为调整结构内力和变形的手段。

预应力混凝土由于结构使用性能好、开裂风险小、刚度大、耐久性好等优点，已被广泛应用于大跨度和大空间建筑、高层建筑、高耸结构、桥梁工程、地下结构、海洋结构、压力容器及跑道路面结构等领域。

二、预应力混凝土工艺对材料的要求

1. 对混凝土材料的要求

预应力混凝土结构要求采用中、高强度等级的混凝土，根据《混凝土结构设计规范》（GB 50010—2010），预应力混凝土结构所用的混凝土，其强度等级不宜低于C40，且不应低于C30。

预应力混凝土强度等级的选择与结构构件的跨度、使用条件、施工方法及钢材种类等因素有关。通常，应尽量选用高强度等级的混凝土，因为高强混凝土的弹性模量高，在同样的应力情况下，所产生的弹性变形和徐变变形小；高强混凝土的收缩值也较小。因此，高强混凝土不仅强度高，与钢筋的黏结力强，而且预应力损失也小。为了获得性能良好的预应力混凝土材料，对其组成材料有相应的要求，具体如下：

（1）骨料。为了配制出高强混凝土，有效地利用预加应力，粗骨料的最大粒径不宜超过

20mm。粗骨料中不可含有过量的泥和泥粉，因为泥粉会使混凝土产生较大的徐变和收缩等体积的变化，增加预应力损失。

预应力混凝土中，碎石和卵石均可使用。水灰比较低时，采用卵石可使混凝土具有良好的和易性，混凝土易浇筑密实。对于高强度混凝土，则宜采用粒形与级配较好的碎石作骨料。

用于预应力混凝土的骨料必须进行碱活性检验，以防碱—骨料反应引起膨胀开裂。用于有硫酸盐侵蚀环境中的预应力混凝土的骨料，在硫酸盐环境中必须保持稳定而不膨胀。

（2）水泥和其他胶凝材料。预应力混凝土通常选用早期强度高、收缩小的水泥，普遍采用的是普通硅酸盐水泥。

低热水泥是大体积混凝土工程（如大坝等）所用的水泥，其水化进展缓慢，强度增长慢，不宜用于预应力混凝土工程中。

火山灰质材料（天然火山灰、粉煤灰、矿渣微粉、硅灰）能与游离的石灰类材料（氢氧化钙、石膏）起化学作用。因此，可在实验基础上，采用上述火山灰材料取代一定比例的水泥。

（3）水。拌和用水中所含的氯离子、硫酸盐等有害杂质不能超标，且对强度和凝结时间不能产生显著危害。

夏季浇筑混凝土时，水可用碎冰的形式加入。这样可降低新拌混凝土的温度，降低水化过程中出现的最高温度并减小温度变形量。在天气酷热时，采用注入液态氮的方法可进一步降低拌和物的温度。天气寒冷时，可将拌和用水预热，使混凝土拌和物的温度高于冰的熔点，但加入拌和物的水温不应高于 80℃（水泥为 42.5 级以下）或 60℃（水泥为 42.5、42.5R 级以上）。

（4）外加剂。近年来，高效减水剂（或称为超塑化剂）已成为配制高强混凝土不可缺少的组分之一。由于高效减水剂的应用，配制高强混凝土时可采用低水胶比，同时保证新拌混凝土良好的工作性，混凝土易于浇筑密实。

为减少坍落度损失，通常采用缓凝型高效减水剂。为了尽早对混凝土施加预应力，缩短工期，可则采用早强型外加剂。在寒冷冬季施工时，通常要考虑使用早强外加剂。预应力混凝土中禁止使用含氯盐的外加剂，因为在氯离子作用下预应力筋表面的钝化膜遭到破坏，易引起预应力筋的锈蚀。

当混凝土结构处于经常经受反复冻融的环境中时，必须采用引气剂，以提高混凝土的抗冻性。

（5）灌浆材料。灌浆是后张预应力生产工艺中重要的环节之一。在后张预应力结构构件中，一般在钢筋张拉完毕之后，需向预留孔道内压注水泥浆或水泥砂浆。灌浆可起到以下作用：

1）将预应力筋封闭在碱性环境中，防止其锈蚀；

2）填充套管，以避免水进入；

3）在预应力筋和结构混凝土之间提供黏结力。

灌浆用水泥浆应符合下列规定：

1）采用普通灌浆工艺时，稠度宜控制在 12～20s，采用真空灌浆工艺时，稠度宜控制在 18～25s；

2）水灰比不大于 0.45；

3）3h 自由泌水率宜为 0，且不应大于 1%，泌水应在 24h 内全部被水泥浆吸收；

4）24h 自由膨胀率，采用普通灌浆工艺时不应大于 6%，采用真空灌浆工艺时不应大于 3%；

5）水泥中氯离子含量不应超过水泥质量的 0.06%；

6）28 天标准养护试件（边长 70.7mm 的立方体）抗压强度不应低于 30MPa。

2. 对钢筋的要求

预应力混凝土结构中的钢筋分为预应力钢筋和非预应力钢筋，对其各自的要求如下：

（1）预应力钢筋。根据预应力混凝土自身的要求，预应力钢筋需满足下列要求：

1）强度高。结构构件中混凝土预压应力的大小取决于钢筋的张拉应力的大小。考虑到构件在制作及使用过程中将出现各种预应力损失，因此只有采用高强钢筋才可能建立较高的预应力值，以达到预期的效果。

2）具有一定的延性。为了避免结构构件发生脆性破坏，要求预应力钢筋在拉断时具有一定的伸长率。当构件处于低温或受到冲击荷载作用时，更应注意对钢筋塑性和抗冲击韧性的要求。

3）与混凝土之间有较好的黏结力。先张法构件的预应力主要是依靠钢筋和混凝土之间的黏结力来完成的。同时，后张法构件也要求水泥浆与钢筋之间有良好的黏结力以保证共同工作。为此，当采用光面高强钢丝时，表面应经刻痕或压波等处理措施，或将钢丝扭绞成钢绞线。

4）防止锈蚀。锈蚀可能有损于预应力筋的延性，也会减少预应力筋的截面并因而降低预应力拉力值和极限拉力值，因而应采取合理措施保证预应力筋不被锈蚀。

（2）非预应力筋。非预应力筋在预应力混凝土工程中很重要，其作用为抵抗次生的拉应力，以及围箍受高度预压的混凝土局部区域。非预应力筋还起抵抗横向剪力及扭转剪力的作用，可以用作附加的主要受力筋，以增大构件的极限承载能力，或者控制构件的性能。使用中对其要求如下：

1）安装、定位及绑扎规范。预应力混凝土构件中的非预应力筋通常由间距相同的许多小直径钢筋组成，又因所用混凝土拌和物需浇筑进去，有时还要进行强有力的振捣，小直径钢筋往往在上述过程中受磕碰而移位，这对混凝土最终性能将产生影响。

2）非预应力受压粗钢筋端面须平整。非预应力粗钢筋不但可以用来传递拉力，还可以传递压力。大直径受压粗钢筋端部及其接头处如不平整，会出现承压破坏或冲剪破坏，因此须将钢筋端面铣平，以便于传力。

三、先张法预应力混凝土工艺

（一）先张法预应力混凝土工艺的原理

先张法预应力混凝土施工是在浇筑混凝土前张拉预应力筋，并将张拉的预应力筋临时固定在台座或钢模上，然后浇筑混凝土。待混凝土达到一定强度（一般不低于设计强度标准值的 75%）后，保证预应力筋与混凝土有足够的黏结力时，放张预应力筋，借助于混凝土与预应力筋的黏结，使混凝土产生预压应力。

预应力混凝土构件先张法施工如图 2-21 所示。图 2-21（a）为预应力张拉时的情况，预应力筋一端用锚固夹具固定在台座上，另一端用张拉机械张拉后也用锚固夹具固定在台座的横梁上。图 2-21 (b) 为混凝土浇筑及养护阶段，这时只有预应力筋承受应力，混凝土尚未充分硬化而没有应力或应力极低。图 2-21 (c) 为放松预应力筋后的情况，由于预应力筋和混凝土之间存在黏结力，故在预应力筋弹性回缩时使混凝土产生预压应力。

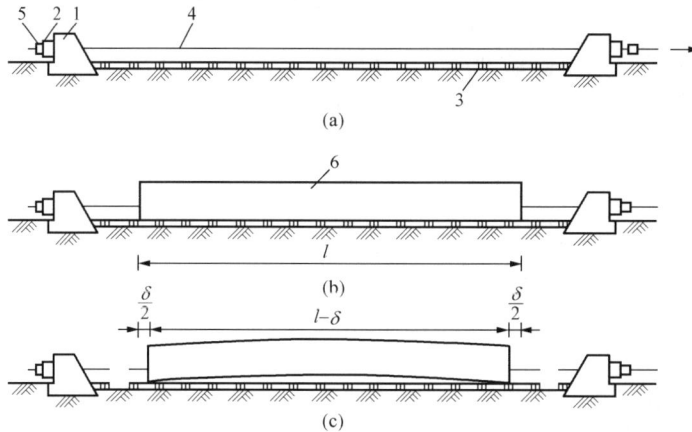

图 2-21　先张法施工示意

(a) 张拉、固定预应力筋；(b) 浇筑、养护混凝土构件；(c) 切断预应力筋

1—台座承力结构；2—横梁；3—台面；4—预应力筋；5—锚固夹具；6—混凝土构件

先张法中常用的预应力筋有钢丝和钢筋两类。先张法生产预应力混凝土构件时，可采用台座法或机组流水法。但由于台座或钢模承受预应力筋的张拉能力受到限制，并考虑到构件的运输条件，因此先张法施工仅适用于在构件厂生产中、小型预应力混凝土构件（如楼板、屋面板、中小型吊车梁等）。

（二）张拉机具

1. 台座

台座是先张法施工的主要设备之一，它承受着预应力筋的全部张拉力。因此，台座应有足够的强度、刚度和稳定性。台座按构造形式分墩式和槽式两类。选用时根据构件种类、张拉力大小和施工条件而定。

（1）墩式台座。墩式台座由台墩、台面和横梁等组成，如图 2-22 所示。台墩是墩式台座的主要受力结构，台墩依靠其自重和土压力平衡张拉力所产生的倾覆力矩，依靠土的反力和摩阻力平衡张拉力所产生的水平滑移，因此台墩要求结构体型大、埋设较深。为了改善台墩的受力状况，常采用台墩与台面共同工作的做法以减小台墩自重和埋深。

台面是预应力混凝土构件成型的胎模。它是用素土夯实后铺碎砖垫层，再浇筑 50～80mm 厚的 C15～C20 混凝土面层组成的。台面要求平整、光滑，沿其纵向设 0.3% 的排水坡度，每隔 10～20m 设置宽 30～50mm 的温度伸缩缝。为防止台面出现裂缝，台面宜做成预应力混凝土结构。

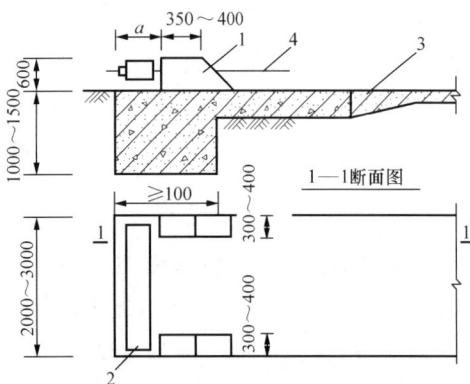

图 2-22　墩式台座

1—台座；2—横梁；3—台面；4—预应力筋

横梁是锚固夹具并临时固定预应力筋的支座，常采用型钢或钢筋混凝土制作而成。横梁的挠度要求小于 2mm，并不得产生翘曲。

墩式台座的长度通常为 100～150m，故又称长线台座。墩式台座张拉一次可生产多根预应力混凝土构件，这样不仅减少了张拉和临时固定的工作量，而且也减少了由于预应力筋滑移和横梁变形引起的预应力损失。

（2）槽式台座。生产吊车梁、屋架、箱梁时，因为张拉力和倾覆力矩都较大，所以一般采用槽式台座。由于它具有通长的钢筋混凝土压杆，因此可承受较大的张拉力和倾覆力矩。压杆上加砌砖墙，加盖后可进行蒸汽养护，为方便混凝土运输和蒸汽养护（见图 2 - 23），槽式台座一般低于地面。

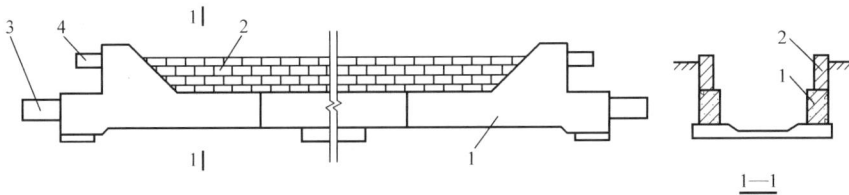

图 2 - 23　槽式台座
1—钢筋混凝土端柱；2—砖墙；3—下横梁；4—上横梁

2. 锚具和夹具

锚具和夹具是先张法施工时为保持预应力筋的张拉力并将其固定在台座（或钢模）上所用的临时性工具，要求其工作可靠、构造简单、使用方便、成本低廉，并能多次重复使用。

（1）镦头锚具。它是利用预应力钢筋末端镦粗加以固定的，镦头卡在锚固板上。冷拔低碳钢丝可采用冷镦法（即在常温下镦粗）或热镦法（用通电加热挤压镦头）加工，而碳素钢丝只能用冷镦法加工，粗钢筋需用热镦头机镦粗。这种镦头锚具用于预应力筋的锚固端，如图 2 - 24 所示。

（2）圆套筒三片式夹具。圆套筒三片式夹具由夹片与套筒组成，如图 2 - 25 所示。套筒与夹片均采用 45 号钢，套筒热处理硬度为 HRC35～HRC40，夹片为 HRC40～HRC45。

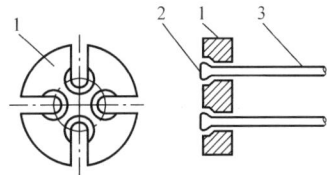

图 2 - 24　固定端镦头锚具
1—锚固板；2—镦粗头；3—预应力筋

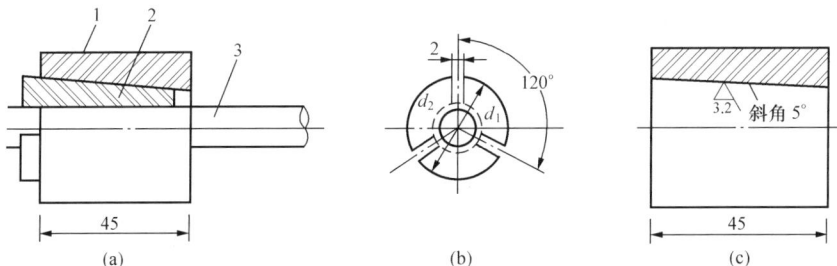

图 2 - 25　圆套筒三片式夹具
(a) 装配图；(b) 夹片；(c) 套筒
1—套筒；2—夹片；3—预应力筋

（3）锥销夹具。锥销夹具适用于夹持直径 3～5mm 的冷拔低碳钢丝和碳素钢丝。锥销夹具由套筒和锚塞组成，如图 2-26 所示。冷拔低碳钢丝用的夹具均采用 45 号钢，套筒不调质，锚塞经热处理后的硬度为 HRC40～HRC45。碳素钢丝用的夹具、套筒采用 45 号钢，调质，锚塞采用倒齿形，热处理硬度为 HRC55～HRC58。

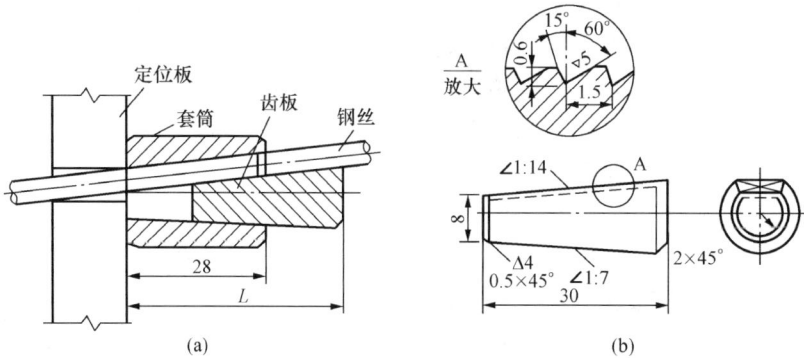

图 2-26 锥销夹具

(a) 装配图；(b) 锚塞

对于先张法，夹具的静载锚固性能应由预应力筋—锚具和夹具组装件静载试验测定的夹具效率系数 η_g 确定，试验结果应满足锚具和夹具效率系数大于或等于 0.92 的要求。锚具和夹具的效率系数应按式（2-10）计算

$$\eta_g = \frac{F_{gpu}}{F_{pm}} \qquad (2-10)$$

式中 F_{gpu}——预应力筋—锚具和夹具组装件的实测极限拉力，kN；

F_{pm}——预应力筋的实际平均极限抗拉力，kN。

另外，锚具和夹具还应具有下列性能：

1）在预应力锚具和夹具组装件达到实测极限拉力时，全部零件均不得出现裂缝或破坏；

2）应有良好的自锚性能，所谓自锚是指锚具或夹具借助预应力筋的张拉力，就能把预应力筋锚固住而不需要施加外力；

3）应有良好的松锚性能，需要大力敲击才能松开的夹具，必须证明其对预应力筋的锚固没有影响，且对操作人员的安全不造成危险时才能采用。

3. 张拉机械

张拉预应力筋的机械，要求工作可靠、操作简单、能以稳定的速率加荷。先张法施工中，常用的张拉机械有电动螺杆张拉机、穿心式千斤顶和电动卷扬张拉机组。

（1）电动螺杆张拉机。电动螺杆张拉机既可以张拉预应力筋，也可以张拉预应力钢丝。由张拉螺杆、电动机、变速箱、测力装置、拉力架、承力架的张拉夹具等组成。最大张拉力为 300～600kN，张拉行程为 800mm，张拉速度 2m/min，自重 400kg。为了便于工作和转移，常将其装置在带轮的小车上。

（2）穿心式千斤顶。以 YC-20 型穿心式千斤顶为例说明先张法所用的千斤顶。YC-20 型穿心式千斤顶适用于张拉直径为 12～20mm 的单根预应力钢筋。由夹具、油缸和弹性顶压头组成；最大张拉力为 200kN，张拉行程为 200mm，自重 19kg。

采用千斤顶张拉预应力筋，预应力筋的张拉力主要由油压表读数反映。油压表的读数表示千斤顶内活塞上单位面积的油压力。理论上油压表读数乘以活塞面积，即为张拉力的值。但是由于活塞与油缸之间存在摩擦力，使得实际张拉力比理论计算的张拉力小。为了准确地获得实际张拉力，应采用试验校正的方法，测定千斤顶的实际拉力与油压表读数之间的关系，制成表格或曲线，供施工时使用。

另外，先张法施工中也可以采用电动卷扬机张拉预应力筋。由于其张拉能力有限，且弹簧测力精度较差，一般是在缺少其他张拉机械时才采用。

（三）先张法施工工艺

先张法预应力混凝土构件在台座上生产时，其工艺流程一般如图 2-27 所示。

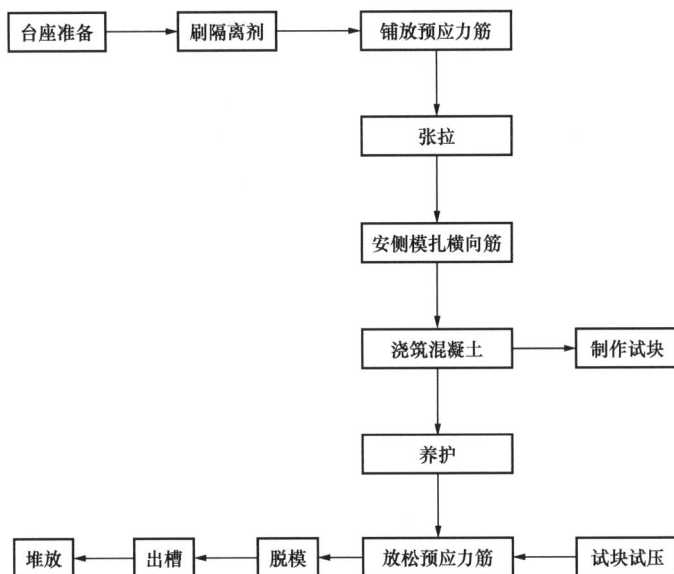

图 2-27 先张法施工工艺流程图

1. 预应力筋的铺设

长线台座台面（或胎模）在铺放钢丝前应涂脱模剂。脱模剂不应污染钢丝，以免影响钢丝与混凝土的黏结。如果预应力筋遭受污染，应使用适当的溶剂加以清洗。在生产过程中，应防止雨水冲刷掉台面上的脱模剂。

预应力钢丝宜用牵引车铺设，如遇钢丝需要接长，可借助于钢丝拼接器用 20～22 号镀锌钢丝密排绑扎。绑扎长度：对冷拔低碳钢丝不得小于 $40d$；对刻痕钢丝不得小于 $80d$，钢丝搭接长度应比绑扎长度长 $10d$。

预应力钢筋铺设时，钢筋之间的连接或钢筋与螺杆之间的连接，可采用连接器。

2. 预应力筋的张拉

预应力筋的张拉应根据设计要求采用合适的张拉方法、张拉顺序及张拉程序进行，并应有可靠的质量保证措施和安全技术措施。

（1）张拉控制应力。预应力筋的张拉控制应力应符合设计及专项施工方案的要求。当施工中需要超张拉时，调整后的控制应力 σ_{con} 应符合表 2-6 的规定。

表 2-6 张拉控制应力限值

钢筋种类	张拉控制应力
消除应力钢丝、钢绞线	$\leqslant 0.80 f_{ptk}$
中强度预应力钢丝	$\leqslant 0.75 f_{ptk}$
预应力螺纹钢筋	$\leqslant 0.90 f_{ptk}$

注 f_{ptk} 为预应力筋极限强度标准值。

（2）张拉程序。预应力筋的张拉程序有超张拉和一次张拉两种。超张拉是指张拉应力超过规范规定的控制应力值。用超张拉方法时，预应力筋可按下列两种张拉程序之一进行：$0 \rightarrow 1.05 \sigma_{con}$（持载 2min）$\rightarrow \sigma_{con}$ 或 $0 \rightarrow 1.03 \sigma_{con}$。

第一种张拉程序中，超张拉 5％并持荷 2min，其目的是为了在高应力状态下加速预应力筋松弛的早期发展，以减少应力松弛引起的预应力损失。第二种张拉程序中，超张拉 3％，其目的是为了弥补预应力筋的松弛损失；这种张拉程序施工简便，一般多被采用。以上两种超张拉程序是等效的，可根据构件类型、预应力筋与锚具种类、张拉方法、施工速度等选用。采用第一种张拉程序时，千斤顶回油至稍低于 σ_{con}，再进油至 σ_{con}，以建立准确的预应力值。

（3）预应力筋伸长值的检验。张拉预应力筋可单根进行，也可多根成组同时进行。同时张拉多根预应力筋时，应预先调整初应力，使其相互之间的应力一致。预应力筋张拉锚固后，对设计位置的偏差不得大于 5mm，也不得大于截面短边长度的 4％。

用应力控制方法张拉时应校核预应力筋的伸长值。如实际伸长值比计算伸长值大 10％或小 5％，应暂停张拉，查明原因并采取措施予以调整后方可继续张拉。预应力筋的计算伸长值 Δl（mm）可按式（2-11）计算

$$\Delta l = \frac{F_p l}{A_p E_s} \tag{2-11}$$

式中　F_p——预应力筋的平均张拉力，直线筋取张拉端的拉力；两端张拉的曲线筋，取张拉端的拉力与跨中扣除孔道摩阻损失后拉力的平均值，kN；

l——预应力筋的长度，mm；

A_p——预应力筋的截面面积，mm^2；

E_s——预应力筋的弹性模量，kN/mm^2。

预应力筋的实际伸长值，宜在初应力约为 $10\% \sigma_{con}$ 时开始量测，但必须加上初应力以下的推算伸长值。通过伸长值的检验，可以综合反映张拉力是否足够，以及预应力筋是否有异常现象等。

3. 混凝土的浇筑和养护

预应力筋张拉完毕后即浇筑混凝土，混凝土的浇筑应一次完成，不允许留设施工缝。混凝土的水用量和水泥用量必须严格控制，以减少混凝土由于收缩和徐变而引起的预应力损失。预应力混凝土构件浇筑时必须振捣密实（特别是在构件的端部），以保证预应力筋和混凝土之间的黏结力。

混凝土可采用自然养护或蒸汽养护。但应注意，在台座上用蒸汽养护时，温度升高后预应力筋膨胀而台座的长度并无变化，因而预应力筋应力减小，这就是温差引起的预应力损失。为了减少这种温差预应力损失，应保证混凝土在达到一定强度之前，温差不能过大（一

般不超过 20℃），故在台座上用蒸汽养护时，其最高允许温度应根据设计要求的允许温差（张拉钢筋的温度与台座温度的差）经计算确定。当混凝土强度养护至 7.0MPa（粗钢筋配筋）或 10.0MPa（钢丝、钢绞线配筋）以上时，则可不受设计要求的温差限制，按一般构件的蒸汽养护规定进行。这种养护方法被称为二次升温养护法。当采用机组流水法用钢模制作构件，并进行蒸汽养护时，因为钢模和预应力筋同样伸缩，所以不存在因温差而引起的预应力损失，因此可以采用一般加热养护制度。

4. 预应力筋的放张

预应力筋放张过程是预应力的传递过程，是先张法构件能否获得良好质量的一个重要生产过程。应根据放张要求，确定合理的放张顺序、放张方法及相应的技术措施。

预应力筋放张时，混凝土应符合设计要求；当设计无要求时，不得低于设计的混凝土强度标准值的 75%。对于重叠生产的构件，要求最上一层构件的混凝土强度不低于设计强度标准值的 75% 时方可进行预应力筋的放张。过早放张预应力筋会引起较大的预应力损失或产生预应力钢丝滑动。预应力混凝土构件在预应力筋放张前要对混凝土试块进行试压，以确定混凝土的实际强度。

（1）放张顺序。预应力筋的放张顺序应符合设计要求；当设计无要求时，应符合下列规定：

1）对承受轴心预压力的构件（如压杆、桩）等所有预应力筋应同时放张；

2）对承受偏心预压力的构件，应先同时放张预压力较小区域的预应力筋，再同时放张预压力较大区域的预应力筋；

3）当不能按上述规定放张时，应分阶段、对称、相互交错地放张，以防止放张过程中构件发生翘曲、裂纹或预应力筋断裂等现象；

4）放张后预应力筋的切断顺序，宜由放张端开始，逐次切向另一端。

（2）放张方法。对配筋不多的钢丝，放张可采用剪切、割断或熔断的方法逐根放张，并应自中间向两侧进行，这样可减少回弹量，利于脱模。

对配筋较多的预应力钢丝，放张应同时进行，不得采用逐根放张的方法，以防止最后的预应力钢丝因应力增加过大而断裂或使构件端部开裂，放张的方法可用放张横梁来实现。横梁可用千斤顶或预先设置在横梁支点处的放张装置（楔块或砂箱）来放张，如图 2-28 和 2-29 所示。

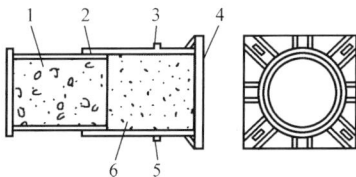

图 2-28 砂箱
1—活塞；2—钢套箱；3—进砂口；
4—钢套箱底板；5—出砂口；6—砂子

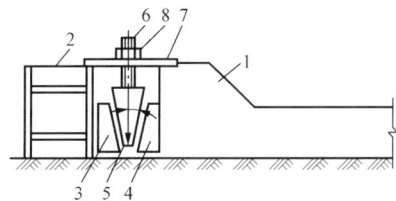

图 2-29 楔块放张
1—台座；2—横梁；3、4—钢块；5—钢楔块；
6—螺杆；7—承力板；8—螺母

采用砂箱放张方法张拉预应力筋时，箱内砂被压实，承受横梁的反力，预应力筋放张时，将出砂口打开，砂慢慢流出，从而使整批预应力筋徐徐放张。此放张方法能控制放张速度，工作可靠、施工方便，可用于张拉力大于 1000kN 的情况。

采用楔块放张时，旋转螺母使螺杆向上运动，带动楔块向上移动，钢块间距变小，横梁向台座方向移动，从而同时放张预应力筋。楔块放张一般用于张拉力不大于 30kN 的情况。

当构件的预应力筋为钢筋时，放张应缓慢进行。对配筋不多的钢筋，可采用逐根加热熔断或借助预先设置在钢筋锚固端的楔块等工具进行单根放张。对配筋较多的预应力钢筋，所有钢筋应同时放张，可采用楔块或砂箱等装置进行缓慢放张。

四、后张法预应力混凝土工艺

（一）后张法预应力混凝土工艺的原理

后张法施工是在浇筑混凝土构件时，在放置预应力筋的位置处预留孔道，待混凝土强度达到设计规定的数值后，将预应力筋穿入孔道中并进行张拉，然后用锚具将预应力筋锚固在构件上，最后进行孔道灌浆。预应力筋承受的张拉力通过锚具传递给混凝土构件，使混凝土产生预压应力。

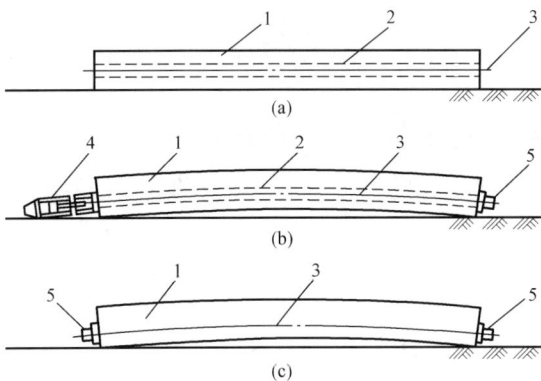

图 2 - 30　后张法施工示意图

（a）制作混凝土构件；（b）张拉预应力筋；（c）锚固和孔道灌浆
1—混凝土构件；2—预留孔道；3—预应力筋；4—千斤顶；5—锚具

如图 2 - 30 所示为预应力混凝土构件后张法施工示意图。图 2 - 30（a）为制作混凝土构件并在达到规定的强度后，穿入预应力筋进行张拉。图 2 - 30（b）为预应力筋的张拉，用张拉机械直接在构件上进行张拉，混凝土同时完成弹性压缩。图 2 - 30（c）为预应力筋的锚固和孔道灌浆，预应力筋的张拉力通过构件两端的锚具，传递给混凝土构件，使其产生预压应力，最后进行孔道灌浆。

后张法施工由于直接在混凝土构件上进行张拉，故不需要固定的台座设备、不受地点限制，适用于在施工现场生产大型预应力混凝土构件，特别是大跨度构件。

后张法施工还可作为一种预制构件的拼装手段，大型构件可以预制成小型块体，运至施工现场后，通过预加应力的手段拼装成整体预应力结构。但后张法施工工序较多，工艺复杂，锚具作为预应力筋的组成部分，将永远留置在构件上不能重复使用。

（二）设备与机具

1. 锚具

锚具是后张法结构或构件中为保持预应力筋的张拉力，并将其传递到混凝土上所用的永久性锚固装置。锚具的种类很多，各有一定的适用范围。

（1）螺丝端杆锚具。螺丝端杆锚具适用于锚固直径不大于 36mm 的冷拉 HRB335 和 HRB400 级钢筋。它是由螺丝端杆、螺母和垫板组成，如图 2 - 31 所示。螺丝端杆采用 45 号钢制作，螺母和垫板采用 Q235 钢制作。螺丝端杆的长度一般为 320mm，当预应力构件长度大于 24m 时，可根据实际情况增加螺丝端杆的长度，螺丝端杆的直径按预应力钢筋的直径对应选取。螺丝端杆与预应力钢筋的焊接，应在预应力钢筋冷拉前进行。螺丝端杆与预应力筋焊接后，同张拉机械相连进行张拉，最后拧紧螺母即完成对预应力钢筋的锚固。

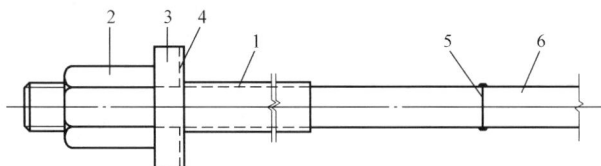

图 2-31　螺丝端杆锚具
1—螺丝端杆；2—螺母；3、4—垫板；5—对接焊头；6—预应力钢筋

（2）帮条锚具。帮条锚具可作为冷轧带肋钢筋固定端锚具，它是由帮条和衬板组成，如图 2-32 所示。帮条采用与预应力筋同级别的钢筋，衬板采用普通低碳钢钢板。帮条的焊接可在预应力筋冷拉前或冷拉后进行。

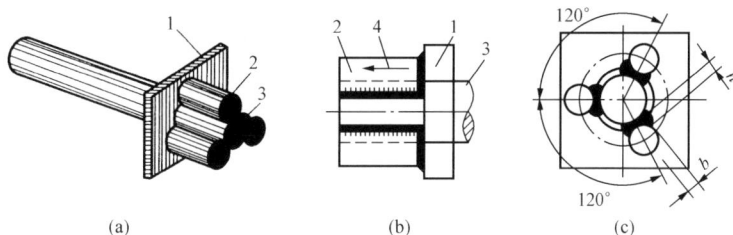

图 2-32　帮条锚具
1—衬板；2—帮条；3—预应力筋；4—施焊方向

（3）锥形螺杆锚具。锥形螺杆锚具适用于锚固 14～28 根 ϕ^s5 钢丝束。由锥形螺杆、套筒、螺母和垫板组成，如图 2-33 所示。锥形螺杆和套筒均采用 45 号钢制成，螺母和垫板采用 Q235 钢制成。

当采用锥形螺杆锚具时，锚具的组装是个重要环节。首先将钢丝放在锥形螺杆的锥体部分，使钢丝均匀、整齐地贴紧锥体；然后套上套筒，用锤将套筒均匀地打紧；最后用拉伸机使锥形螺杆的锥体部分进入套筒并使套筒发生变形从而使钢丝和锥形锚具的套筒、端杆锚成一个整体。这个过程为预顶，预顶的张拉力为预应力筋张拉控制应力的 1.05 倍。锥形螺杆锚具其外径较大，为了减小构件孔道直

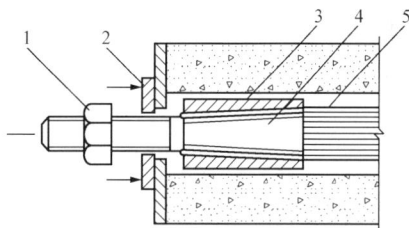

图 2-33　锥形螺杆锚具
1—螺母；2—垫板；3—套筒；
4—锥形螺杆；5—预应力钢丝束

径，一般仅在构件两端扩大孔道。因此，预应力钢丝束只能预先组装一端的锚具，而另一端则在钢丝束穿过孔道后，在现场组装。

（4）镦头锚具。镦头锚具适用于锚固任意根数的 ϕ^s5 和 ϕ^s7 钢丝束。

张拉端采用 A 型镦头锚具，由锚环和螺母组成，如图 2-34 所示。锚环采用 45 号钢制作，调质热处理后的硬度为 HRC25～HRC30，锚环的内外壁均有丝扣，内丝扣用于连接张拉螺杆，外丝扣用于拧紧螺母锚固预应力筋，锚固环四周钻孔，以固定钢丝的镦头。螺母采用 30 号钢或 45 号钢制作。

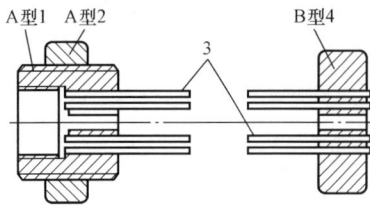

图 2 - 34 镦头锚具

1—锚环；2—螺母；

3—钢丝束；4—锚板

固定端采用 B 型镦头锚具，由锚板组成，如图 2 - 34 所示。锚板采用 45 号钢制作，调质热处理后的硬度 HRC25～HRC30，锚板四周钻孔，以固定钢丝的镦头。ϕ^s 5 钢丝镦粗头的直径为 7～7.5mm，高度为 4.8～5.3mm，头型不应偏歪。

（5）钢质锥形锚具。钢质锥形锚具适用于锚固 6～30 根 ϕ^s5 或 12～24 根 ϕ^s7 钢丝束。它是由锚环和锚塞组成，如图 2 - 35 所示。锚环采用 45 号钢制成，经调质热处理后硬度为 HRC22～HRC25；锚塞采用 45 号钢，热处理后硬度为 HRC55～HRC58。锚塞表面刻有细齿槽，以防止被夹紧的预应力钢丝滑动。

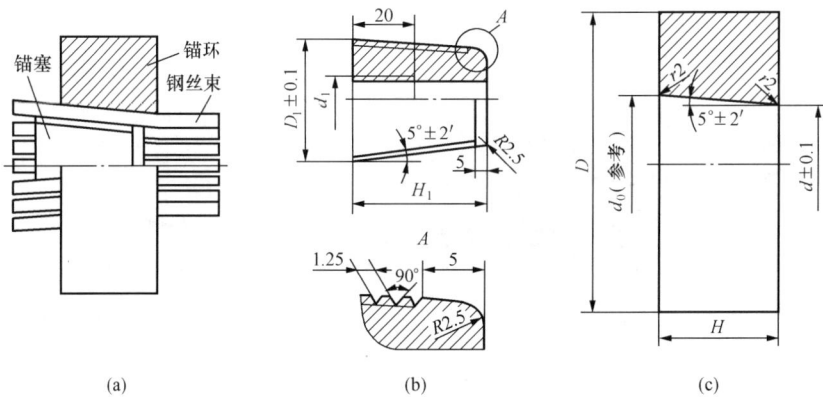

图 2 - 35 钢质锥形锚具

(a) 装配图；(b) 锚塞；(c) 锚环

（6）KT－Z 型锚具。KT－Z 型锚具（又称可锻铸铁锥形锚具），适用于锚固直径 12mm 的螺纹钢筋束或钢绞线束。它是由锚环和锚塞组成，如图 2 - 36 所示，均用 KT37 - 12 或 KT35 - 10 可锻铸铁铸造成型。加工时锚塞槽口应平整清洁，铸件表面不允许有夹砂、气孔、蜂窝、毛刺。为保证铸造质量几何尺寸准确，宜用金属模型进行翻砂。

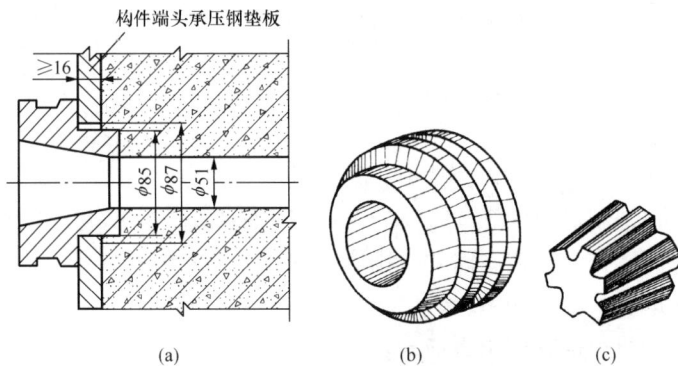

图 2 - 36 KT－Z 型锚具

(a) 装配图；(b) 锚环；(c) 锚塞

（7）JM 型锚具。JM 型锚具适用于锚固 3～6 根直径 12mm 钢筋束和 4～6 根直径 12mm 钢绞线束。它是由锚环和夹片组成，如图 2 - 37 所示。锚环与夹片均采用 45 号钢制成，夹片经热处理后，硬度为 HRC48～HRC52，锚环经热处理后，硬度 HRC32～HRC37。JM 型锚具具有良好的锚固性能，预应力筋滑移量比较小，施工方便，但其机械加工量大，成本较高。

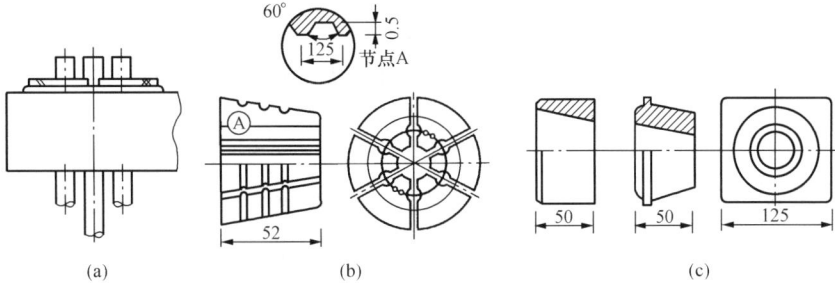

图 2-37 JM 型锚具

(a) 装配图；(b) 夹片；(c) 锚板

(8) 单孔夹片锚具。单孔夹片锚具适用于锚固 ϕ12.7 和 ϕ15.2 钢绞线，也可用作先张法的夹具。单孔夹片锚具由锚环与夹片组成，如图 2-38 所示。夹片的种类很多，按片数可分为三片式与两片式；按开缝形式可分为直开缝与斜开缝。

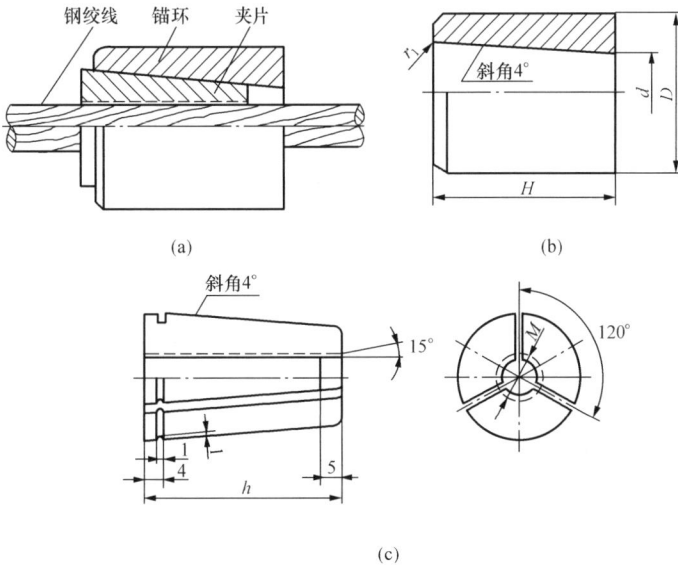

图 2-38 单孔夹片锚具

(a) 组装图；(b) 锚环；(c) 夹片

(9) 多孔夹片锚固体系。多孔夹片锚固体系（也称为群锚），是在一块多孔的锚板上利用每个锥形孔上装一副夹片夹持一根钢筋或钢绞线的一种楔紧式锚具。这种锚具在现代预应力混凝土工程中被广泛应用，主要的产品有 XM 型、QM 型、QVM 型、BS 型等。

以 XM 型锚具为例来说明多孔夹片锚固体系的工作原理。图 2-39 为 XM 型锚具，该锚具适宜于锚固 3～37 根 ϕ15 钢绞线束或 3～12 根 $7\phi^s5$ 钢丝束，其特点是每根钢绞线都是分

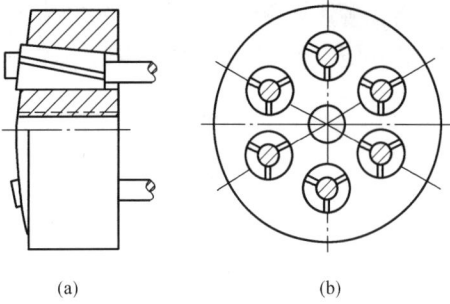

图 2-39　XM 型锚具

(a) 装配图；(b) 锚板

开锚固的，任何一根钢绞线的锚固失效（如钢绞线拉断、夹片破裂等），均不会引起整束锚固的失效。

XM 型锚具由锚板和夹片组成。锚板尺寸由锚孔数确定，锚孔沿锚板圆周排列，中心线倾角 1：20，与锚板顶面垂直。夹片为 120° 均分斜开缝三片式，开缝沿轴向的偏转角与钢绞线的扭角相反。

XM 型锚具可用作工具锚和工作锚。当用作工具锚时，可在夹片和锚板之间抹一层固体润滑剂（如石蜡、石墨等），以利于夹片松脱。用于工作锚时，具有连续反复张拉的功能，可用行程不大的千斤顶张拉任意长度的钢绞线。

（10）精轧螺纹钢筋锚具。精轧螺纹钢筋锚具由垫板和螺母组成，是一种利用与该钢筋螺纹匹配的特制螺母锚固的支承式锚具。适用于锚固直径 25mm 和 32mm 的高强度精轧螺纹钢筋。

螺母分为平面螺母和锥面螺母两种，垫板也相应地分为平面垫板与锥面垫板两种，如图 2-40 所示。锥面螺母通过锥体与锥孔的配合，可保证预应力筋的正确对中；开缝的作用是增强螺母对预应力筋的夹持能力。

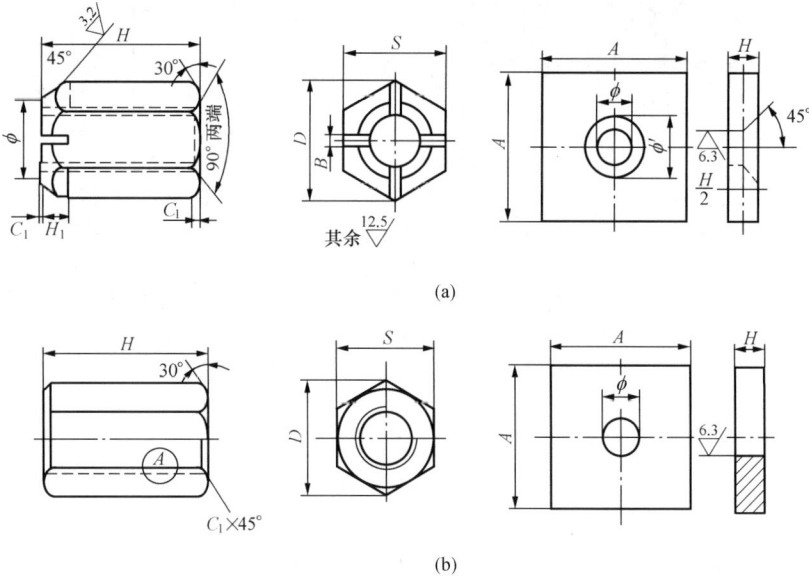

图 2-40　精轧螺纹钢筋锚具

（a）锥面螺母与垫板；（b）平面螺母与垫板

2. 张拉设备

后张法施工中，常用的张拉机械有拉杆式千斤顶、穿心式千斤顶和锥锚式千斤顶，下面对它们的工作原理和特点分别予以叙述。

（1）拉杆式千斤顶。拉杆式千斤顶是利用单活塞杆张拉预应力筋的单作用千斤顶，是国内最早生产的液压张拉千斤顶，适用于张拉以螺丝端杆锚具为张拉端锚具的单根钢筋、张拉以锥形螺杆锚具为张拉端锚具的钢丝束、张拉以 DM5A 型镦头锚具为张拉端锚具的钢丝束。拉杆式千斤顶构造简单、操作方便，应用范围较广。其张拉力有 400、600kN 和 800kN 三级，张拉行程为 150mm。

拉杆式千斤顶的构造如图 2-41 所示。张拉预应力筋时，首先使连接器与预应力筋的螺丝端杆相连接，顶杆支承在构件端部的预埋钢板上。高压油进入主缸后，则推动主缸活塞向左移动，并带动拉杆和连接器及螺丝端杆同时向左移动，对预应力筋进行张拉。达到张拉力时，拧紧预应力筋的螺母，将预应力筋锚固在构件的端部。高压油再进入副缸，推动副缸使主缸活塞和拉杆向右移动，使其恢复初始位置。此时主缸的高压油流回高压油泵中，则完成了一次张拉过程。

(2) YC-60 型穿心式千斤顶。YC-60 型穿心式千斤顶适用于张拉各种形式的预应力筋，是目前我国预应力混凝土施工中应用最广泛的一种张拉机械。YC-60 型穿心式千斤顶主要用于张拉以 JM 型锚具为张拉端锚具的钢筋束或钢绞线束。YC-60 型穿心式千斤顶如加装撑脚、张拉杆和连接器后，则可以张拉以螺丝端杆锚具为张拉端锚具的单根钢筋，张拉以锥形螺杆锚具和 DM5A 型镦头锚具为张拉端锚具的钢丝束。YC-60 型穿心式千斤顶增设顶压分束器，还可以张拉以 KT-Z 型锚具为张拉端锚具的钢筋束或钢绞线束。

YC-60 型穿心式千斤顶沿千斤顶的轴线有一直通的穿心孔道，供穿过预应力筋之用。沿千斤顶的径向分内外两层工作油缸。外层为张拉油缸，工作时张拉预应力筋；内层为顶压油缸，工作时进行锚具的顶压锚固，如图 2-42 所示。YC-60 型穿心式千斤顶既能张拉预应力筋，又能顶压锚具锚固预应力筋，故又称为穿心式双作用千斤顶。

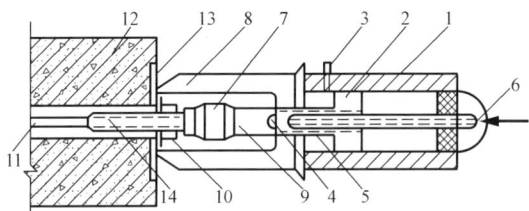

图 2-41 拉杆式千斤顶的构造示意
1—主缸；2—主缸活塞；3—主缸进油孔；4—副缸；
5—副缸活塞；6—副缸进油孔；7—连接器；8—传力架；
9—拉杆；10—螺母；11—预应力筋；12—混凝土构件；
13—预埋钢板；14—螺丝端杆

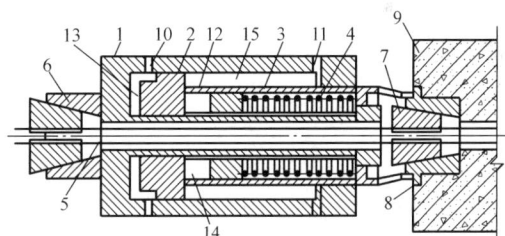

图 2-42 YC-60 型穿心式千斤顶的构造及工作示意
1—张拉油缸；2—顶压油缸；3—顶压活塞；4—回程弹簧；
5—预应力筋；6—工具锚；7—楔块；8—锚环；9—构件；
10—张拉缸油嘴；11—顶压缸油嘴；12—油孔；13—张拉工作室；
14—顶压工作油室；15—张拉回程油室

YC-60 型穿心式千斤顶的张拉力为 600kN，张拉行程为 200mm，YC-60 型穿心式千斤顶的工作过程分为张拉、顶压和回程三个过程。

1) 张拉：当张拉油缸油嘴进油、顶压油缸油嘴回油时，顶压油缸、连接套和撑套联成一体右移顶住锚环，而张拉油缸、端盖螺母及楔块和穿心套联成一体，带动工具锚向左移动，从而张拉预应力筋。

2) 顶压：在保持张拉力稳定的条件下顶压缸油嘴进油，则顶压活塞、保护套和顶压头联成一体右移,将锚塞或夹片强力推入锚环内,锚固预应力筋。

3)回程:张拉锚固完毕后张拉缸油嘴回油、顶压缸油嘴进油,使张拉油缸在液压作用下回程。当张拉缸油嘴、顶压缸油嘴同时回油时,顶压活塞在弹簧力的作用下回油复位。

(3)锥锚式双作用千斤顶。锥锚式双作用千斤顶适用于张拉以 KT - Z 型锚具为张拉端锚具的钢筋束或钢绞线束,张拉以钢质锥形锚具为张拉端锚具的钢丝束。锥锚式双作用千斤顶如图 2 - 43 所示,主缸及主缸活塞用于张拉预应力筋,主缸前端缸体上有卡环和销片,用以锚固预应力筋,主缸活塞为一中空筒状活塞,中空部分设有拉力弹簧。副缸和副缸活塞作用于顶压锚塞,将预应力筋锚固在构件的端部,其处设有复位弹簧。锥锚式双千斤顶的张拉力为 300kN 和 600kN,张拉行程为 300mm。

锥锚式双作用千斤顶工作过程分为张拉、顶压和回程三个过程。

1)张拉:首先将预应力筋固定在锥形卡环上,然后主缸油嘴进油,主缸向左移动,张拉预应力筋。

2)顶压:张拉完成后,主缸稳压,副缸进油,则副缸活塞及顶压头向右移动,将锚塞推入锚环而锚固预应力筋。

3)回程:顶锚完成后,主副缸同时回油,主缸及副缸活塞在弹簧力的作用下复位,最后放松模块即可拆下千斤顶。

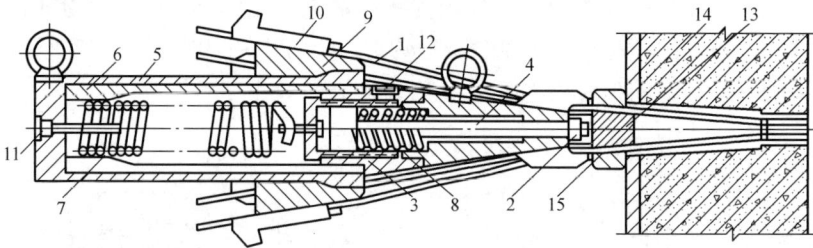

图 2 - 43 锥锚式双作用千斤顶构造及工作示意

1—预应力筋;2—顶压头;3—副缸;4—副缸活塞;5—主缸;6—主缸活塞;7—主缸拉力弹簧;8—副缸压力弹簧;
9—锥形卡环;10—模块;11—主缸油嘴;12—副缸油嘴;13—锚塞;14—构件;15—锚环

(三)预应力筋的制作

1.单根粗钢筋的制作

(1)当预应力筋两端采用螺杆锚具[见图 2 - 44(a)]时,其成品全长 L_1(包括螺杆全长)为

$$L_1 = l + 2l_2 \tag{2-12}$$

式中 l——构件孔道长度,mm;

l_2——螺杆伸出构件外的长度,按下式计算:张拉端,$l_2 = 2H + h + 5mm$;锚固端,$l_2 = H + h + 10mm$,其中 H 为螺母高度,h 为垫板厚度,mm。

预应力筋钢筋部分的成品长度 L_0 为

$$L_0 = L_1 - 2l_1 \tag{2-13}$$

式中 l_1——螺杆长度,mm。

预应力筋钢筋部分的下料长度为

$$L_1 = L_0 + nl_0 = l + 2l_2 - 2l_1 + nl_0 \qquad (2-14)$$

式中　l_0——每个对焊接头的压缩长度，根据对焊时所需要的闪光留量和顶锻留量而定，mm；

　　　n——对焊接头的数量（包括钢筋与螺杆的对接接头）。

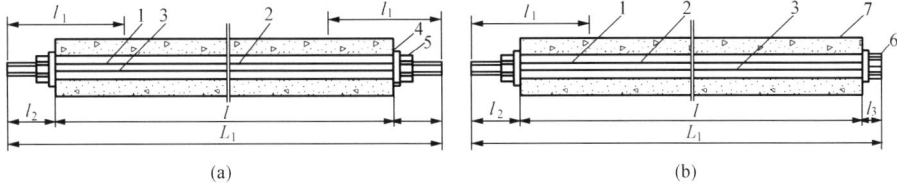

图 2-44　单根钢筋下料长度计算示意

(a) 两端用螺杆锚具；(b) 一端用螺栓端杆锚具

1—螺杆；2—预应力筋；3—对接接头；4—垫板；5—螺母；6—帮条锚具；7—混凝土构件

（2）当预应力筋一端用螺杆，另一端用帮条（或镦头）锚具［见图 2-44（b）］时，

$$L_1 = l + l_2 + l_3 \qquad (2-15)$$

$$L_0 = L_1 - l_1 \qquad (2-16)$$

$$L_1 = L_0 + nl_0 = l + l_2 + l_3 - l_1 \qquad (2-17)$$

式中　l_3——镦头或帮条锚具长度（包括垫板厚度 h），mm。

为保证质量，冷拉宜采用控制应力的方法。若在一批钢筋中冷拉率分散性较大时，应尽可能把冷拉率相近的钢筋对焊在一起，以保证钢筋冷拉应力的均匀性。

2. 预应力钢丝束下料长度

（1）采用钢质锥形锚具，以锥锚式液压千斤顶张拉（见图 2-45）时，钢丝的下料长度 L 为

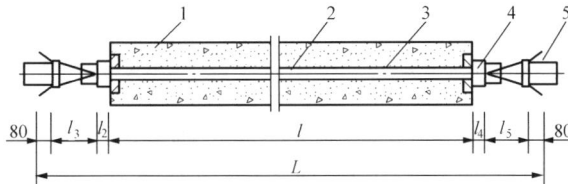

图 2-45　采用钢质锥形锚具时钢丝下料长度计算简图

1—混凝土构件；2—孔道；3—钢丝束；4—钢质锥形锚具；5—锥锚式液压千斤顶

两端张拉　　　　　　　　　$L = l + 2(l_4 + l_5 + 80) \qquad (2-18)$

一端张拉　　　　　　　　　$L = l + 2(l_4 + 80) + l_5 \qquad (2-19)$

式中　l_4——锚环厚度，mm；

　　　l_5——液压千斤顶分丝头至卡盘外端距离，mm。

（2）采用镦头锚具，以拉杆式或穿心式液压千斤顶在构件上张拉（见图 2-46）时，钢丝的下料长度 L 为

两端张拉　　　　　　　$L = l + 2h_1 + 2b - (H_1 - H) - \Delta L - c \qquad (2-20)$

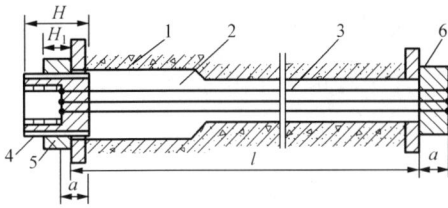

图 2-46　采用镦头锚具时钢丝
下料长度计算简图

1—混凝土构件；2—孔道；3—钢丝束；
4—锚环；5—螺母；6—锚板

一端张拉

$$L=l+2h_1+2b-0.5(H_1-H)-\Delta L-c \qquad (2-21)$$

式中　h_1——锚环底部厚度或锚板厚度，mm；

　　　　b——钢丝镦头留量，mm；

　　　　H_1——锚环高度，mm；

　　　　ΔL——钢丝束张拉伸长值，是 L 的函数，mm；

　　　　c——张拉时构件混凝土的弹性压缩值，轴压构件易于计算，其他不易计算者可估算或实测，mm。

（3）采用锥形螺杆锚具，以拉杆式液压千斤顶在构件上张拉（见图 2-47），钢丝的下料长度 L 为

$$L=l+2l_2-2l_1+2(l_6+a) \qquad (2-22)$$

式中　l_6——锥形螺杆锚具的套筒长度，mm；

　　　　a——钢丝伸出套筒的长度，取 $a=20$mm。

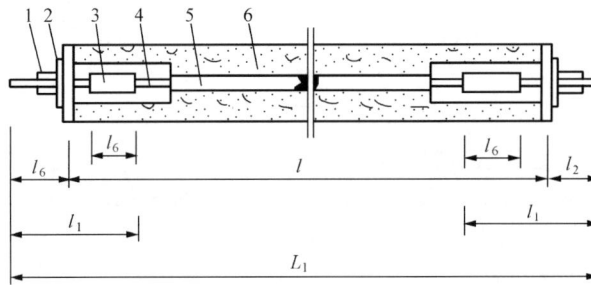

图 2-47　采用锥形螺杆锚具时钢丝下料长度计算简图
1—螺母；2—垫板；3—锥形螺杆锚具；4—钢丝束；5—孔道；6—混凝土构件

3. 钢筋束或钢绞线束的下料长度

当采用夹片式锚具，以穿心式液压千斤顶在构件上张拉（见图 2-48）时，钢筋束或钢绞线束的下料长度 L 为

两端张拉　　　　　　　$L=l+2(l_7+l_8+l_9+100) \qquad (2-23)$

一端张拉　　　　　　　$L=l+2(l_7+100)+l_8+l_9 \qquad (2-24)$

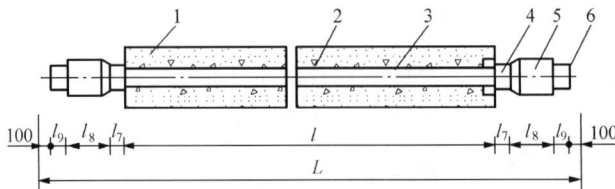

图 2-48　钢筋束下料长度计算示意
1—混凝土构件；2—孔道；3—钢筋束；4—夹片式工作锚；5—穿心式千斤顶；6—夹片式工作锚

式中 l_7——夹片式工作锚厚度，mm；

l_8——穿心式千斤顶长度，mm；

l_9——夹片式工作锚厚度，mm。

4. 下料

钢筋束、热处理钢筋和钢绞线是成盘供应的，长度较长，不需对焊接长。其制作工序为开盘、下料和编束。矫直回火钢丝放开后是直的，可直接下料。采用镦头锚具时，同一束中各根钢丝下料长度的相对差值，应不大于钢丝束长度的 1/5000，且不得大于 5mm。为了达到这一要求，钢丝下料可用钢管限位法或牵引索在拉紧状态下进行。

钢绞线在出厂前经过低温回火处理，因此在进场后无须预拉。钢绞线下料前应在切割口两侧各 50mm 处用 20 号铁丝绑扎牢固，以免切割后松散。

钢丝、钢绞线、热处理钢筋宜采用砂轮锯或切断机切断，不得采用电弧切割。用砂轮切割机下料具有操作方便、效率高、切口规则无毛头等优点，尤其适合于现场使用。

（四）后张法预应力混凝土的施工工艺

后张法预应力混凝土构件的制作工艺流程如图 2-49 所示。下面主要介绍孔道的留设、预应力筋的张拉和孔道灌浆等内容。

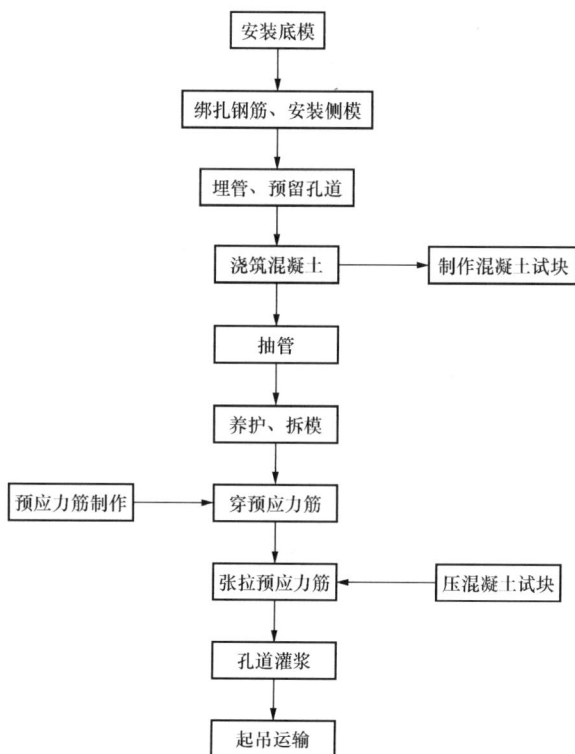

图 2-49 后张法施工工艺流程图

1. 孔道的留设

孔道留设是后张法预应力混凝土构件制作中的关键工序之一。预留孔道的尺寸与位置应正确、孔道应平顺；端部的预埋垫板应垂直于孔道中心线并用螺栓或钉子固定在模板上，以防止浇筑混凝土时发生移动，孔道的直径一般应比预应力筋的外径（包括钢筋对焊接头的外径或需穿入孔道的锚具外径）大 10～15mm，以利于预应力筋穿入。孔道留设的方法有钢管抽芯法、胶管抽芯法和预埋波纹管法等。

（1）钢管抽芯法。钢管抽芯法适用于留设直线孔道。钢管抽芯法是预先将钢管敷设在模板的孔道位置上，在混凝土浇筑后每隔一定时间慢慢转动钢管，以防止钢管与混凝土黏住，待混凝土初凝后、终凝前抽出钢管形成孔道。选用的钢管要求平直、表面光滑、敷设位置准确。钢管用钢筋井字架固定，间距不宜大于 1.0m，每根钢管的长度一般不超过 15m 以利于转动和抽管。钢管两端应各伸出构件外 0.5m 左右，较长的构件可采用两根钢管，中间用套管连接，如图 2-50 所示。

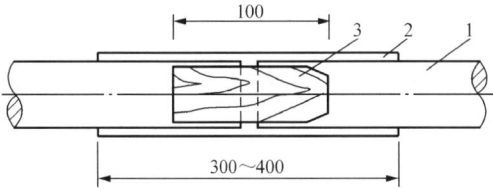

图 2-50 钢管连接方式

1—钢管；2—镀锌薄钢板套管；3—硬木塞

准确地掌握抽管时间很重要，抽管时间与水泥品种、气温和养护条件有关。抽管宜在混凝土初凝后、终凝前进行，以用手指按压混凝土表面不显指纹时为宜。抽管过早，会造成坍孔事故；太晚则混凝土与钢管黏结牢固，抽管困难，甚至抽不出来。常温下抽管时间约为混凝土浇筑后 3～5h。抽管顺序宜先上后下地进行。抽管方法可用人工或卷扬机，抽管时必须速度均匀、边抽边转并与孔道保持在一条直线上。抽管后应及时检查孔道情况，并做好孔道清理工作，以防止以后穿筋困难。

（2）胶管抽芯法。胶管抽芯法可用于留设直线、曲线或折线孔道。胶管有 5 层或 7 层夹布胶管和钢丝网橡皮管两种。前者质软，必须在管内充气或充水后才能使用；后者质硬，且有一定的弹性，预留孔道时与钢管一样使用，所不同的是浇筑混凝土后不需转动，抽管时可利用其具有一定弹性的特点，胶管在拉力作用下断面缩小，即可把管抽出。

胶管用钢筋井字架固定，间距不宜大于 0.5m 且曲线孔道处应适当加密。对于充水或充气的胶管，在浇筑混凝土前胶管中应充入压力为 0.6～0.8MPa 的压缩空气或压力水，此时胶管直径可增大（约 3mm）。当抽管时放出压缩空气或压力水，胶管孔径缩小，与混凝土脱开，随即抽出胶管，形成孔道。胶管抽芯法预留孔道，混凝土浇筑后不需要旋转胶管时间，一般控制在 200h·℃，抽管时应先上后下、先曲后直。

（3）预埋波纹管法。孔道的留设除采用钢管或胶管抽拔成孔外，也可采用预埋波纹管的方法成孔，波纹管直接埋设在构件中而不再抽出。波纹管应密封良好并有一定的轴向刚度，接头应严密，不得漏浆。固定波纹管的钢筋井字架间距不宜大于 0.8m。波纹管全称为镀锌双波纹金属软管，是由镀锌薄钢带经压波后卷成，具有质量小、刚度好、弯折方便、连接容易、与混凝土黏结性能好等优点，可制作成各种形状的孔道，并可省去抽管工序。

在留设孔道的同时，还要在设计规定的位置留设灌浆孔和排气孔。灌浆孔的间距为：预埋波纹管不宜大于 30m，抽芯成形孔道不宜大于 12m。曲线孔道的曲线波峰部位，宜设置排气孔。留设灌浆孔或排气孔时，可用木塞或镀锌钢管成孔。孔道成形后，应立即逐孔检查，发现堵塞，应及时疏通。

2. 预应力筋的张拉

（1）一般规定。预应力筋张拉时，结构的混凝土强度应符合设计要求；当设计无要求时，不应低于设计强度标准值的 75%，以确保在张拉过程中混凝土不至于受压而破坏。对于块体拼装的预应力构件，立缝处混凝土或砂浆的强度如无设计要求时，不应低于混凝土设计强度标准值的 40% 且不得低于 15MPa，以防止在张拉预应力筋时压裂混凝土块体或使混凝土产生过大的弹性压缩。安装张拉设备时，直线预应力筋应使张拉力的作用线与孔道中心线重合；曲线预应力筋应使张拉力的作用线与孔道中心线末端的切线重合。预应力筋张拉、锚固完毕，如需要割去锚具外露出的预应力筋时，则留在锚具外的预应力筋长度不得小于 30mm。锚具应用封端混凝土保护，如需长期外露应采取措施防止锈蚀。

后张法预应力筋的张拉控制应力，按《混凝土结构设计规范》（GB 50010—2010）的规定选取，见表 2-6。后张法预应力筋的张拉程序与先张法相同，既可以采用超张拉法，也可以采用一次张拉法。

（2）张拉方法。为了减少预应力筋与孔道摩擦引起的损失，预应力筋张拉端的设置，应符合设计要求；当设计无要求时，应符合下列规定：

1）抽芯成形孔道：曲线预应力筋和长度大于 24m 的直线预应力筋，应在两端张拉；长度小于或等于 30m 的直线预应力筋可在一端张拉。

2）预埋波纹管孔道：曲线预应力筋和长度大于 30m 的直线预应力筋，宜在两端张拉；长度小于或等于 30m 的直线预应力筋可在一端张拉。

同一截面中有多根一端张拉的预应力筋时，张拉端宜分别设置在结构的两端。当两端同时张拉同一根预应力筋时，为了减少预应力损失，宜先在一端锚固，再在另一端补足张拉力后进行锚固。

（3）张拉顺序。预应力筋的张拉顺序应符合设计要求，当设计无具体要求时，可采用分批、分阶段对称张拉。应使混凝土产生超应力、构件不扭转与侧弯结构不变位等。因此，对称张拉是一项重要原则。同时，还要考虑到尽量减少张拉机械的移动次数。

对配有多根预应力筋的预应力混凝土构件，由于不可能同时一次张拉，应分批、对称的进行张拉。分批张拉时，应计算分批张拉的弹性回缩造成的预应力损失值，分别加到先张拉预应力筋的张拉控制应力内，或采用同一张拉值逐根复位补足。

对于平卧重叠浇筑的预应力混凝土构件，上层构件重量产生的水平摩阻力会阻止下层构件在预应力筋张拉时产生的混凝土弹性压缩的自由变形，待上层构件起吊后，因为摩阻力影响消失，则混凝土弹性压缩的自由变形恢复而引起预应力损失。所以，对于平卧重叠浇筑的构件，宜先上后下逐层进行张拉。为了减少上下层之间因摩阻力引起的预应力损失，可逐层加大张拉力。但底层张拉力，当采用钢丝、钢绞线、热处理钢筋时，不宜比顶层张拉力大 5%；当采用冷拉带肋钢筋时，不宜比顶层张拉力大 9%。当隔离层效果较好时可采用同一张拉值。

（4）预应力值的校核和伸长值的确定。预应力筋张拉之前，应按设计张拉控制应力和施工所需的超张拉要求计算总张拉力。可以用式（2-25）计算

$$N_p = (1+P)(\sigma_{con} + \sigma_p)A_p \qquad (2-25)$$

式中 N_p——预应力筋总张拉力，kN；

P——超张拉百分率，%；

σ_{con}——张拉控制应力，kN/mm^2；

A_p——同一批张拉的预应力筋面积，mm^2；

σ_p——分批张拉时，考虑后批张拉对先批张拉的混凝土产生弹性回缩影响所增加的
　　　应力值（对后批张拉时，该项为零，仅一批张拉时，该项也为零）。

预应力筋张拉时，应尽量减少张拉机具的摩阻力，摩阻力的数值应由试验确定，将其加在预应力筋的总张拉力中去，然后折算成油压表读数值，作为施工时的控制数值。

为了了解预应力值建立的可靠性，需对预应力筋的应力及损失进行检验和测定，以便在张拉时补足和调整预应力值。检验应力损失最方便的方法是将钢筋张拉 24h 后，未进行孔道灌浆以前，重复张拉一次，测读前后两次应力值之差，即为钢筋应力损失（并非全部损失，但已完成很大部分）。

预应力筋张拉时，通过伸长值的校核，综合反映张拉力是否足够，孔道摩阻损失是否偏大，以及预应力筋是否有异常现象。

用应力控制方法张拉时，还应测定预应力筋的实际伸长值，以对预应力筋的预应力值进行校核。预应力筋实际伸长值的测定方法与先张法相同。

3. 孔道灌浆

预应力筋张拉锚固后，孔道应及时灌浆以防止预应力筋锈蚀，增加结构的整体性和耐久性。

灌浆时，宜先灌注下层孔道，后灌注上层孔道。灌浆应连续进行，直至排气管排出的浆体稠度与注浆孔处相同且无气泡后，再顺浆体流动方向依次封闭排气孔；待全部出浆口封闭后，宜继续加压 0.5～0.7MPa，并稳压 1～2min 后封闭灌浆口。

当浆体泌水较大时，宜进行二次灌浆和对泌水孔进行重力补浆。因故中途停止灌浆时，应用压力水将未灌注完孔道内已注入的水泥浆冲洗干净。

采用真空辅助灌浆时，孔道内抽真空负压宜稳定保持为 0.08～0.10MPa。

五、无黏结预应力混凝土工艺

（一）无黏结预应力混凝土工艺的原理

在后张法预应力混凝土中，预应力筋分为有黏结和无黏结两种。有黏结预应力是后张法的常规做法，张拉后通过灌浆使预应力筋与混凝土黏结。无黏结预应力混凝土是近年来发展起来的新技术，其做法是在预应力筋表面刷润滑剂并包塑料带（管）后如同普通钢筋一样先铺设在支好的模板内，然后浇筑混凝土，待混凝土达到设计要求的强度后进行预应力筋的张拉锚固。这种预应力混凝土工艺的优点是不需要预留孔道和灌浆、施工简单、张拉时摩阻力较小、预应力筋易弯成多跨曲线形状等。但预应力筋强度不能充分发挥（一般要降低10%～20%），对锚具的要求也较高。

无黏结预应力筋是指施加预应力后沿全长与周围混凝土不黏结的预应力筋，它由预应力钢材、防腐润滑层和保护套层（如塑料外包层）组成，如图 2-51 所示。

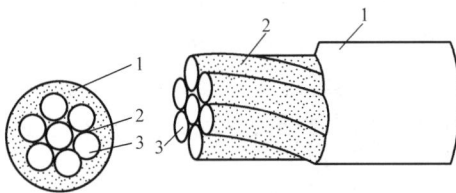

图 2-51　无黏结预应力筋
1—塑料外包层；2—防腐润滑脂；
3—钢绞线（或碳素钢丝束）

（二）无黏结预应力筋的制作

无黏结预应力筋的制作，一般采有挤压涂层工艺。挤压涂层工艺制作无黏结预应力筋的工艺流程图如图2-52所示。挤压涂层工艺主要是无黏结筋通过涂油装置出油后，涂油无黏结筋通过塑料挤压机涂刷塑料薄膜，再经冷却筒槽成型塑料套管。这种挤压涂层工艺的特点效率高、质量好、设备性能稳定。

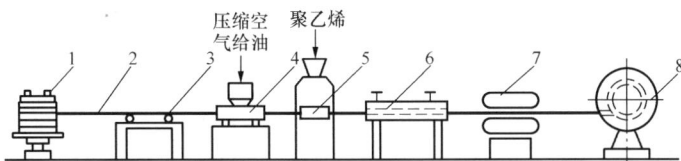

图 2-52 挤压涂层工艺流程图

1—放线盘；2—钢绞线；3—滚动支架；4—给油装置；5—塑料挤出机；

6—水冷装置；7—牵引机；8—收线装置

（三）无黏结预应力混凝土的锚具与端部处理

无黏结预应力构件中，锚具是把无黏结筋的张拉力传递给混凝土的工具。无黏结预应力筋的锚具不仅受力比有黏结预应力筋的锚具大，而且承受的是重复荷载。因而对无黏结预应力筋的锚具应有更高的要求。

我国主要采用高强钢丝和钢绞线作为无黏结筋。无黏结预应力筋根据设计需要，可在构件中配置较短的预应力筋，其一端锚固在构件端头作为拉张端，而另一端则直接埋入构件中形成有黏结的锚头。钢绞线无黏结筋的张拉端可采用 XM 型夹片式锚具，埋入端宜采用压花式埋入锚具。钢丝束无黏结筋的张拉端可采用镦头锚具，埋入端宜采用锚板式埋入锚具。

1. 锚板式埋入锚具

采用无黏结钢丝束时，钢丝束在埋入端宜采用锚板式埋入锚具，并用螺旋筋加强，如图2-53所示。施工中如端头无结构配筋时，需要配置构造钢筋使埋入端锚板与混凝土之间有可靠的锚固性能。

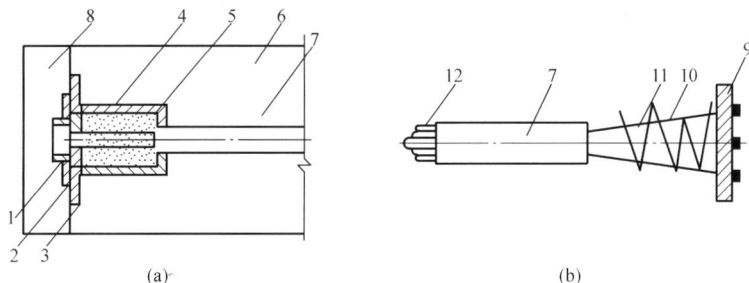

图 2-53 锚板式埋入锚具与端部处理

（a）张拉端；（b）锚固端

1—锚环；2—螺母；3—预埋件；4—塑料套管；5—防腐润滑脂；6—构件；7—软塑料管；

8—C30混凝土封头；9—锚板；10—钢丝；11—螺旋钢筋；12—钢丝束

2. 压花式埋入锚具与端部处理

采用无黏结钢绞线时，钢绞线在埋入端宜采用压花式埋入锚具，将其放置在设计位置，如图 2-54 所示。这种做法的关键是张拉前埋入端的混凝土强度等级应大于 C30 才能形成可靠的黏结式锚头。

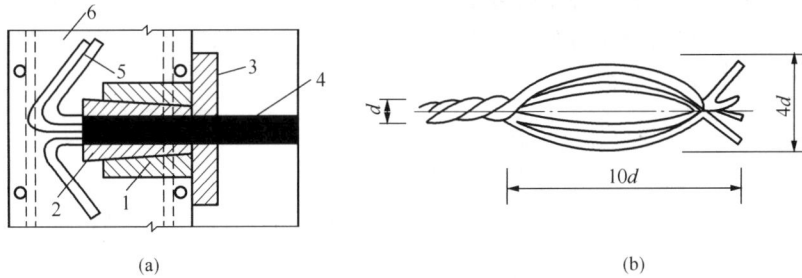

图 2-54　压花式埋入锚具与端部处理

（a）张拉端；（b）锚固端

1—锚环；2—夹片；3—预埋件；4—软塑料管；5—散开打弯钢丝；6—圈梁

（四）无黏结预应力混凝土的施工工艺

在无黏结预应力混凝土的施工中，重要工序是无黏结预应力筋的铺设、张拉及端部锚头处理。无黏结预应力筋是以专用防腐润滑脂（或防腐沥青）作涂料层，由聚乙烯（或聚丙烯）塑料作外包层的钢绞线或碳素钢丝束制作而成。

1. 无黏结预应力筋的铺设

无黏结预应力筋使用前应逐根进行检查外包层的完好程度。对有轻微破损者，可包塑料带补好；对破损严重者应予以报废。铺设双向配筋的无黏结预应力筋，应先铺设标高较低的钢丝束，再铺设标高较高的钢丝束，以避免两个方向的钢丝束相互穿插。钢丝束的曲率可用铁马凳（或其他构造设施）控制，铁马凳间隔不宜大于 2m。钢丝束就位后，标高及水平位置经调整、检查无误后，用铅丝与非预应力钢筋绑扎牢固，防止钢丝束在浇筑混凝土施工过程中位移。

2. 无黏结预应力筋的张拉

无黏结预应力筋的张拉与后张法有黏结预应力钢丝束张拉相似。张拉程序一般采用 0→$1.03\sigma_{con}$。由于无黏结预应力筋一般为曲线配筋，故应采用两端同对张拉方式。无黏结预应力筋的张拉顺序应根据其铺设顺序进行，先铺设的先张拉，后铺设的后张拉。

无黏结预应力筋配置在预应力平板结构中往往很长，如何减少其摩擦阻力损失值是一个重要的问题。影响摩擦阻力损失值的主要因素是润滑介质、外包层和预应力筋截面形式。其中，润滑介质和外包层的摩阻损失值对一定的预应力而言是个定值，相对较稳定；而截面形式则影响较大，不同截面形式其离散性是不同的。但如果能保证截面形状在全部长度内一致，则其摩擦阻力损失值就能在一个很小的范围内波动。否则，因局部阻塞就有可能导致其损失值无法预测。故预应力筋的制作质量必须设法保证。摩擦阻力损失值可用标准测力计或传感器等测力装置进行测定。成束无黏结筋正式张拉前，宜先用液压千斤顶往复抽动 1～2 次，以降低张拉摩擦损失。

无黏结筋张拉过程中，当有个别钢丝发生滑脱或断裂时，可相应降低张拉力。但滑脱或断裂的根数不应超过结构同一截面钢丝总根数的 2%。对于多跨双向连续板，其同一截面应按每跨计算。

3. 锚头处理

锚头端部处理方法取决于无黏结筋与锚具种类。在无黏结预应力筋采用钢丝束镦头锚具时，其张拉端头处理如图 2-54（a）所示。其中，塑料套筒供钢丝束张拉时锚环从混凝土中拉出来，较塑料管是用来保护无黏结筋钢丝束端部因穿锚具而损坏的塑料管。无黏结钢丝束的锚头防腐处理应特别重视。当锚环被拉出来后，塑料套筒内产生空隙，必须用油枪通过锚环的注油孔向套筒内注满防腐油脂，灌油后将外露锚具封闭好，避免长期与大气接触造成锈蚀。无黏结钢丝束的锚固端可采用扩大头的镦头锚板设置在构件内，如图 2-55（a）所示，并用螺旋状钢筋加强。若施工中端头无结构配筋时，需要配置构造钢筋，使锚固端锚板与混凝土之间有可靠锚固性能。

六、电热张拉预应力混凝土工艺

（一）电热张拉工艺的原理

电热法施工是利用钢筋热胀冷缩的原理来实现的。电热张拉预应力筋时，采用低电压强电流通过钢筋，钢筋通电后电能转化成热能使钢筋受热而产生纵向伸长，待预应力筋伸长值达到规定长度时，切断电源并立即锚固。此后由于钢筋冷却收缩，从使混凝土构件产生预压应力，这种方法称为电热法。

电热法施工具有设备简单、操作方便、施工安全、便于高空作业等优点；同时对冷拉钢筋起到电热时效的作用并且电热张拉时与孔道不存在摩擦损失，对曲线和环状配筋尤为适用。因此，电热法成为施加预应力的一种有效施工方法。但电热法具有耗电量大，用钢筋伸长值难以准确控制预应力值等缺点。

电热法既适用于制作先张法构件，又适用于制作后张法构件。当采用电热法生产后张法构件时，既可以制作有黏结的预应力构件，也可以制作无黏结预应力构件。采用冷拉钢筋预应力筋的结构，可采用电热法张拉，但对严格要求不出现裂缝的结构不宜采用电热张拉；采用波纹管或其他金属管作留孔道的结构，不得采用电热法张拉。圆形结构（如水池、油罐），由于电热张拉过程中钢筋自由伸长，其摩擦损失小，故仍可采用电热法施工。

（二）钢筋伸长值的计算

电热法是利用控制钢筋伸长值来建立预应力值的。因此，正确计算钢筋的伸长值是电热法施工的关键。构件按电热法张拉工艺设计时，在设计中已经考虑了由于预应力筋放张而产生的混凝土弹性压缩对预应力筋有效应力值的影响，因此，在计算钢筋电热伸长时只需考虑电热张拉工艺的特点。预应力筋在电热张拉过程中，由于钢筋不直以及钢筋在高温和应力状态下的塑性变形将产生预应力损失。因此，预应力筋电热所需的伸长值 ΔL（mm）可按式（2-26）计算

$$\Delta L = \frac{\sigma_{con} + 30}{E_s} \cdot l \qquad (2-26)$$

式中　σ_{con}——张拉控制应力值。可按先张法的规定采用；对电热后张法构件，为提高构件抗裂性能，可适当提高，但电热后建立的预应力也得大于表 2-6 中后张法规定的数值；

　　　l——电热前钢筋的总长度，mm；

　　　E_s——电热后钢筋的弹性模量，当条件允许时，可由试验确定，MPa；

　　　30——由于钢筋不直和热塑变形而产生的附加预应力损失值，MPa。

对抗裂性能要求较高的构件，成批生产前应检查所建立的预应力值，其偏差不应大于相应阶段应力值的 10％或小于 5％，并根据实际建立预应力值的复核结果，对伸长值进行必要的调整。

（三）电热设备的选择

1. 变压器

变压器可选用低压变压器或弧焊机，一次电压为 220～380V，二次电压为 30～65V。

2. 导线和夹具的选择

从电源接至变压器的导线称为一次导线，一般采用普通绝缘硬铜线。从变压器接至预应力筋的导线称为二次导线，导线选择是指二次导线的选择。导线越短越好，一般不超过30m。导线的截面积由二次电流的大小确定，铜线的控制电流密度不超过 $5A/mm^2$，以确保导线温度限制在 50℃以下。

夹具是供二次导线与预应力钢筋连接用的工具。对夹具的要求是：导电性能好、接头电阻小；与钢筋接触紧密，接触面积不小于钢筋截面面积的 1.2 倍；构造简单、便于装拆。

（四）电热法施工工艺

电热法施工工艺流程如图 2-55 所示。

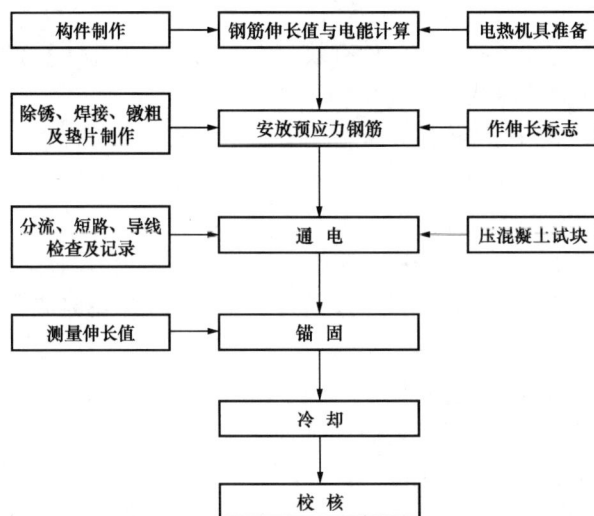

图 2-55　电热法（后张法）施工工艺流程

电热法张拉的预应力筋锚具，一般采用螺栓端杆锚具、帮条锚具或镦头锚具并配合 U 形垫板使用。在通电张拉预应力钢筋前，应用绝缘纸垫在预应力钢筋与预埋铁件之间做好绝缘处理，防止通电后发生分流和短路现象。分流现象是指电流不能集中在预应力筋上而分流到构件的其他部分；短路现象系指电流不能通过预应力筋的全长而半途折回的现象。构件预留孔道内非预内力筋外露或绑扎钢筋的铁丝外露是产生分流的常见原因，因此采用电热张拉工艺时构件预留孔道的质量必须保证。

电热张拉预应力值是由电热伸长来确定。因此，预应力筋穿入孔道并做好绝缘处理后，必须打紧螺母以减少垫板松动和钢筋不直的影响。拧紧螺母后，量出螺栓在螺母外的外露长度，作为测定电热伸长的基数。预应力筋通电后就开始伸长，当达到规定电热伸长值后，切断电源、拧紧螺母，电热张拉即告完成。

预应力筋电热张拉过程中，应随时采用钳形电流表测定电流，用半导体测温计或变色测温笔测定钢筋温度并做好记录。冷拉钢筋作为预应力筋的电热张拉，其反复电热张拉次数不宜超过 3 次，因为反复电热次数过多，冷拉钢筋将失去增强效应，导致钢筋强度的降低。电热张拉完毕后，预应力筋在冷却过程中逐步建立应力。为了保证电热张拉伸长控制应力的精确性，应在电热张拉完毕，钢筋冷却以后，用千斤顶校核预应力值。校核时的预应力值偏差不应大于相应阶段预应力值的 10% 或小于 5%。

七、预应力的损失与控制

由于原材料性质与制作方法的一些原因，预应力筋中的应力会逐步减小，要经过相当长的时间才能稳定下来。由于结构中的预压应力是通过张拉预应力筋获得的，因此凡能使预应力筋产生缩短的因素，都将造成预应力损失。引起预应力损失的常见原因如下。

1. 台座和锚具的变形

台座的位移、变形及倾角均将引起预应力损失。因此台座应具有足够的强度、刚度及稳定性。而锚具垫板与制品间的挤压变形，钢筋与锚具的相对位移及松动等也将造成应力损失，所以锚具尺寸应该精准，并具有足够的强度、刚度和支承面积，受力变形小，锚具可靠且尽量少用钢垫板。

2. 摩阻力的影响

采用后张法时，钢筋与孔道的摩阻力、锥形锚具内的预应力钢丝与锚具的摩阻力等均能引起应力损失。

(1) 孔道摩阻应力损失。其数值与孔道长度、弯曲度、光滑度、尺寸精度及钢筋外形等有关。摩阻力与张拉力反向作用，使钢筋应力自张拉端向锚固端逐渐减小。钢筋对曲线孔道壁还产生横向压力，可使摩阻力更大。

为减少摩阻应力损失，孔道直径应比钢筋、对焊接头或传入孔道锚具的外径大 10~15mm。孔道力求平直、光滑，严禁堵塞和变形位移；曲线孔道及长度大于 24m 的直线孔道，应从两端同时张拉：或一端张拉后再从另一端补足预应力值，或从一端重复张拉 2~3 次：一端张拉多根预应力筋时，应将张拉端交替设于制品的两端，其平均应力将使孔道摩阻应力损失减少 50%，采用超张拉的张拉制度也可有效减少孔道摩阻应力损失。

(2) 锥形锚具锚口摩阻应力损失。该预应力损失是由钢筋在锥形孔小口的弯折而产生摩阻力 F 引起的，其数值与张拉力 P、锚圈锥角 α 及钢筋与锚口的摩擦系数 f 有关，见式 (2-27)，即

$$F = f P \tan \alpha \qquad (2-27)$$

锚口摩阻应力损失则与摩阻力成正比，一般取预应力筋张拉力的 2%~5%。实践中，可实测确定锚口应力损失。除考虑超张拉力外，还应将该项损失计入总张拉力中。

3. 热养护时温差的影响

先张法采用热养护加速台座周转时，混凝土尚未硬化而未与钢筋黏结，钢筋即受热伸长，而两端台座则未受热并固定不动，以致引起钢筋松动。混凝土硬化并与钢筋黏结后钢筋应力无法恢复到原张拉值。钢筋线膨胀系数为 $0.00001 \Delta t E_g = 20 \Delta t$，可见，温差越大，损失也越大。模外张拉制品热养护时，通常无此项损失。

采用二次升温制度，可减少温差应力损失。即先升温至 20℃，待混凝土强度达 7.5～10.0MPa 时，再按规定继续升温养护。

4. 预应力筋的应力松弛

钢材受力后，在固定长度下应力随时间而降低的现象称为应力松弛。钢筋张拉锚固后，松弛将引起应力损失。松弛损失值与钢筋品种、延续时间及控制应力有关。钢筋的松弛损失小于碳素钢丝、冷拔钢丝及钢绞线。松弛的发展特征是先快后慢。1h 约为 50％，24h 约为 80％，1000h 接近于终值，张拉力控制应力越高，应力松弛造成的应力损失也越大。

超张拉和反复张拉是减少松弛应力损失的有效措施，该项损失可减少 40％～60％ 的应力损失。如 24h 后再补足张拉控制应力，则效果更佳。

5. 混凝土的收缩和徐变

在环境温度及湿度的作用下，混凝土体积随时间的减缩称为收缩。干燥过程中，毛孔水蒸发使混凝土在微管压力作用下而收缩，凝胶水和层间水的蒸发，也相应使凝胶体颗粒靠近而造成收缩。因而原料品种、性质及混凝土配合比均将影响收缩的大小。混凝土密实度越高、收缩越小。水泥强度等级高，用量大，水灰比大，加水量多，均使收缩值增大。

徐变则是混凝土在长期恒定荷载下，随时间而增大的塑性变形。其起源主要在于水泥石凝胶体结构中的吸附水和层间水在应力作用下的迁移变化。应力越大，其迁移变形的速度越大，徐变也就越大；混凝土强度低、密度小、毛细管通道阻力小，则徐变就变大，反之亦然。因此，水泥用量多，水灰比大，骨料弹性模量小时，徐变均增大。

在预压力作用下，收缩及徐变均使制品长度缩短，预应力筋也随之回缩，以致造成预应力损失。一般先张拉法的该项损失大于后张法的。

为减少收缩和徐变引起的预应力损失，必须加强混凝土的选材、配制、密实成型和养护等工艺的质量控制。

6. 环形制品的螺旋式预应力筋

螺旋式预应力筋挤压混凝土，使其直径减少，并引起预应力损失。其损失值与制品直径 D 成反比，当 $D>3\text{m}$ 时，预应力基本上无损失。

复 习 思 考 题

1. 简述钢筋的冷加工原理和冷加工方式，并说明冷加工后钢筋的性能改变。
2. 钢筋的焊接工艺和机械连接工艺种类有哪些？各自的工艺特点是什么？
3. 钢筋代换的基本原则有哪些？
4. 预应力混凝土对原材料的要求有哪些？
5. 简述先张法预应力混凝土的工艺原理、张拉机具及各工序的关键点。
6. 简述后张法预应力混凝土的工艺原理、张拉机具及各工序的关键点。
7. 简述电热张拉预应力混凝土的工艺原理。
8. 影响混凝土预应力损失的因素有哪些？应如何控制以减少预应力损失？

第三章　混凝土的搅拌工艺

搅拌是指将两种或两种以上不同的物料，经器械搅动而达到相互分散均匀的过程。

由于混凝土由胶凝材料、粗骨料、细骨料、水等多种材料组成，各原材料的物理性能差异较大，如搅拌不好则会导致各原材料分布不均，对混凝土的强度和耐久性等均将产生较大的负面影响。此外，搅拌对混凝土拌和物而言，还可起到一定的塑化和强化作用。

第一节　混凝土搅拌的基本理论

一、混凝土搅拌的任务

搅拌的主要任务是使混凝土拌和物最终达到规定的均匀度。因此，各种各样搅拌机的主要作用均是使物料在搅拌机内产生剪切、对流及扩散的循环运动，在物料位置的频繁迁移中达到各组分的均匀分布。

对混凝土而言，在搅拌过程中完成的主要任务有：

（1）使各组分均匀分布，达到宏观和微观上的匀质；

（2）破坏水泥颗粒团聚现象，并使各颗粒的表面均被水浸润；

（3）破坏水泥颗粒表面的初始水化物薄膜包裹层，使水泥颗粒可以不断水化；

（4）因为骨料表面常覆盖一薄层灰尘和黏土，有碍于骨料与水泥石之间过渡区的质量，所以通过搅拌使物料颗粒间产生多次碰撞和互相摩擦，以减少灰尘薄膜的影响；

（5）提高混凝土拌和物中各原材料参与运动的次数和运动轨迹的交叉频率，以加速拌和物达到匀质化。

二、混凝土搅拌的过程

混凝土的搅拌过程大致可人为地分为三个阶段。

第一阶段：拌和物处于一个从干拌到湿拌的过渡状态，此时拌和物各组分还处于极不均匀的分布状态，因为稠度不相同，所以内聚力也不相同。水泥浆填充入骨料空隙后，增加了骨料颗粒之间的摩擦力，通过搅拌工具的剪切作用使颗粒进行位置交换。

第二阶段：拌和物的稳定性得到了巩固。

第三阶段：骨料开始或多或少地从拌和物中分离出来，骨料的位置交换作用越强，离析现象也就越严重。另外，随着时间延长而增加的磨损使得骨料总表面积增加，拌和物变得干稠。也就是说，拌和物的和易性在此阶段之后开始变差。

三、混凝土的搅拌理论

常用的搅拌机械使混凝土搅拌均匀的机理有重力搅拌机理、剪切搅拌机理及对流搅拌机理。

1. 重力搅拌机理

当物料刚投入到搅拌机中时，其相互之间的接触面最小，随着搅拌筒或搅拌叶片的旋转（视搅拌机类型而异），将物料提升到一定的高度，然后由于物料的重力作用而自由落下达到相互混合的目的，称为重力搅拌机理。

物料的运动轨迹，有上部物料颗粒克服与搅拌筒的黏结力作抛物线自由下落的轨迹，也有下部物料表面颗粒克服与物料的黏结力作直线滑动和螺旋线滚动的轨迹。由于下落的时间、落点的远近及滚动的距离不同，使物料之间产生相互的穿插、翻拌等作用而达到搅拌均匀的目的。

2. 剪切搅拌机理

在外力作用下，使物料作无滚动的相对位移而达到搅拌均匀的机理，称为剪切搅拌机理。

物料被搅拌叶片带动，强制式地作环向、径向、竖向等运动，以增加剪切位移，直至拌和物被搅拌均匀。

3. 对流搅拌机理

在外力作用下，使物料产生以对流作用为主的搅拌机理，称为对流搅拌机理。

在筒壁内侧无直立板的圆筒形搅拌筒内，由于颗粒运动的速度和轨迹不同，使物料发生混合作用，此时接近搅拌叶片的物料被混合得最充分，而筒底则易形成死角。为了避免筒底死角的形成，可在筒壁内侧设置直立挡板，这样不但可以形成竖向对流，而且在两个相邻直立挡板间的扇形区域内沿筒底平面还可形成局部环流。

四、影响混凝土搅拌质量的因素

影响混凝土搅拌质量的因素主要有材料因素、设备因素及工艺因素。

1. 材料因素

液相材料的黏度、密度及表面张力是影响搅拌均匀性的主要因素。通常，黏度、密度大的液相材料，搅拌均匀所需要的时间较长或搅拌机所需要的动力较大。表面张力大的液相材料也难以被搅拌均匀，一般需要采用表面活性剂来降低液相材料的表面张力。

固体材料的密度、粒度、形状、含水率等是影响搅拌均匀性的主要因素。密度差小、粒径小、级配良好、针片状含量小、含水率低且接近的固体材料容易被搅拌均匀。

混凝土是液体材料与固体材料的混合物，水泥浆体黏度低和内聚力好、骨料粒形和级配合理、配合比合理时，混凝土易于搅拌均匀。为了达到上述目的，在混凝土中掺入矿物掺合料和减水剂是常用的方法。

2. 设备因素

当原材料和配合比不变时，搅拌机的类型及转速等对混凝土搅拌均匀性有重要的影响，详见本章第三节。

3. 工艺因素

在原材料、配合比、搅拌设备不变时，良好的工艺因素能提高搅拌质量或缩短搅拌时间。这些工艺因素主要包括投料顺序和搅拌时间等。

五、混凝土拌和物均匀性的评价方法

对混凝土拌和物宏观均匀程度的评价，是将拌和物不同部位所取样品测定其中骨料、水泥的含量，取其平均差值作为不均匀度。一般要求水泥含量的不均匀度在1%以下，骨料的不均匀度在5%以下。实践证明，采用机械搅拌的混凝土，一般在很短的时间内（10~20s）就可达到宏观上的均匀。

但若对宏观上均匀的拌和物进行仔细观察，会发现有些骨料表面仍是干燥的。此外，即使是宏观达到匀质的混凝土拌和物，在显微镜下仍然可以发现水泥颗粒并没有均匀地分散在水中，而有 $10\%\sim30\%$ 的水泥颗粒聚集在一起，形成微小的水泥聚集体。所以，只是宏观上达到均匀要求的拌和物，还不能认为达到了均匀搅拌，还必须进行微观均匀度的测定。

对混凝土拌和物微观均匀度的测定，目前还没有一种直接而便捷的方法，现在多采用间接的方法来予以测定和判断。该间接方法是采用比较混凝土硬化后强度的不均匀度来推测其微观上的不均匀度。该方法是基于"微观上越均匀的混凝土拌和物，硬化后其强度越高"这一假设。采用强度来作为混凝土微观均匀性的评定是较为科学的，因为强度是混凝土最主要的力学性能，而混凝土强度又主要取决于水泥石的结构及水泥石与骨料间的界面结构。水泥的聚团现象影响了水泥石与骨料的界面结构，也必将影响混凝土的强度。因此在制备混凝土拌和物时，不仅要求达到宏观上的匀质性，更重要的是要达到微观上的匀质性，尽可能地使水泥颗粒均匀分散和局部水灰比的均匀性，从而提高混凝土强度。

六、提高混凝土搅拌质量的方法

（一）搅拌强化

凡因改变搅拌工艺而加速水泥等胶凝材料的水化反应、提高混凝土早期强度或后期强度的方法均可称为搅拌强化。

1. 均匀强化

在普通的搅拌机中充分运用重力、剪切、对流等作用能使混凝土拌和物达到宏观上的均匀，但还是不能使水泥颗粒与拌和水均匀混合，可采用均匀强化来进一步提高搅拌质量。

振动搅拌是均匀强化的一种方法。它在搅拌的同时加以振动，使水泥颗粒处于颤动状态，这样不仅破坏了水泥的聚集体，而且使水泥颗粒在拌和水中得以均匀分布。同时，振动搅拌使水泥颗粒运动速度，增加了有效碰撞的次数，加速了水泥颗粒表面的水化生成物向液相扩散的速度，最终达到使水泥水化加速的目的。因此，振动搅拌可有效地提高混凝土的强度，改善混凝土拌和物的流动性。

2. 粉碎强化

在搅拌过程中，将水泥颗粒进一步粉碎，使其表面积增大，新粉碎的表面具有较高的表面活化能，以使水泥水化反应加剧，使混凝土的强度进一步提高。

超声搅拌先以超声波发生器对水泥砂浆进行活化搅拌，再用普通混凝土搅拌机将已被活化的水泥砂浆与粗骨料搅拌成混凝土拌和物。超声活化的作用主要是利用了超声波在液体中传播时的空化效应。超声波对液体的附加压力使局部液体撕开而形成的负压区称为空化气泡，随着空化气泡的形成与瞬间爆开，对液体产生冲击力。在液体冲击力、超声波的高频振动力以及原来在水泥颗粒微裂缝中所含有气泡的快速外逸而产生的膨胀力共同作用下，使水泥颗粒粉碎，从而加速了水泥水化反应。

3. 加热强化

合理提高搅拌时的物料温度，可以消除热养护过程中升温期对混凝土结构的破坏作用，同时加速水泥水化，使混凝土早期强度得以提高，并可缩短养护周期。

4. 界面强化

除高强混凝土外，一般混凝土的破坏是沿强度较低的水泥石与骨料界面发生和发展的，若能提高水泥石与骨料的界面强度，就能提高混凝土的强度。如采用水泥裹砂法，则可通过改善水泥石与骨料界面强度而达到提高混凝土强度的目的。

水泥裹砂法（sand enveloped with cement，SEC）是日本大成建设株式会社和利布昆尼阿林库株式会社研制出来的一种制备混凝土拌和物的方法。制备 SEC 混凝土，采用两阶段工艺（两次搅拌）最合适，图 3-1 所示为制备 SEC 混凝土的两阶段流程图。

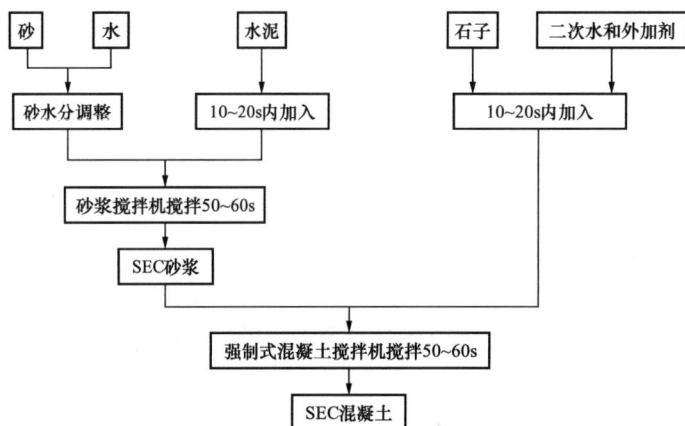

图 3-1　制备 SEC 混凝土的两阶段流程图

SEC 混凝土由于一次搅拌时在砂子表面上黏结着水泥，则可形成水泥皮壳。在加二次水进行二次搅拌时，砂子周围的水泥皮壳与二次水充分混合，形成分散性良好的水泥浆并填充到骨料之间的空隙中，同时水泥浆由于受到 SEC 骨料的约束，使水分的移动也受到制约，因而使泌水量几乎接近零，骨料的离析概率也极小，所以使混凝土的性能得到了改善。

（二）投料顺序

投料顺序应从提高混凝土拌和物质量以及混凝土的强度、减少骨料对叶片和衬板的磨损及混凝土拌和物与搅拌筒的黏结、减少扬尘、改善工作环境、降低电耗、提高生产率等因素综合考虑决定，其中以质量为首要地位。

1. 一次投料法

常用的是一次投料法，但在瞬间的投料过程中，各物料的投料顺序仍略有先后。采用自落式搅拌机时，为防止扬尘，可先加入少量水，然后在加水的同时加入骨料和水泥。对于强制式搅拌机，因出料口在下部，故不能先加水，而应在投入干物料的同时，均匀喷入全部水量。

2. 两次投料法

两次投料是先拌制砂浆，再投入粗骨料制成混凝土拌和物。采用这种投料方法时，砂浆中无粗骨料，便于搅拌均匀；粗骨料投入后，易被砂浆均匀包裹，有利于混凝土强度提高；减少粗骨料对叶片及衬板的磨损；尤其是这种投料法可节省电能，不致超出额定电流。该方法的不足之处是搅拌干硬性混凝土时，砂浆易黏筒壁，不易搅拌均匀，故需适当延长搅拌时间。如果加水时间过长，粗骨料投入过早，电流峰值易超过额定电流值，从投料开始起的搅拌时间也相应延长，对于流动性混凝土拌和物需 50～60s；干硬性混凝土拌和物需 60～70s。

（三）优选工艺参数

1. 搅拌机转速

搅拌机的转速对混凝土拌和物的搅拌质量影响很大。转速过高，因离心力过大，物料难以均匀分布，导致搅拌质量降低，甚至无法进行搅拌；转速过低，则降低了生产效率。因此，搅拌机应有一个适宜的转速。

2. 搅拌时间

从原料全部投入搅拌筒时起至混凝土拌和物开始卸出时为止，所经历的时间称为搅拌时间。通常搅拌时间随搅拌机类型和拌和物和易性的不同而异。在生产上，应根据混凝土拌和物的性质，对混凝土拌和物均匀性的要求，搅拌机的性能以及生产效率等因素决定搅拌时间。

搅拌时间对混凝土性能有重要影响，如搅拌时间长，因搅拌均匀性提高能够提高混凝土的强度；反之，如缩短搅拌时间，则会降低混凝土的强度。对于强度等级高、坍落度小、搅拌筒容量大等情况，搅拌时间应相对延长；对使用特殊材料的特殊混凝土，也应适当延长搅拌时间。但过长的搅拌时间会引起强度较低的粗骨料在搅拌机中破碎，进而影响搅拌质量；用电量、设备损耗、劳动生产率等指标也随着搅拌时间的延长而劣化。

第二节　混凝土搅拌机

混凝土搅拌机是混凝土搅拌的主要机械，搅拌机在运行中使物料颗粒之间产生正压力，从而使混凝土拌和物搅拌均匀。其正应力主要来源于：

（1）相邻上下颗粒垂直方向的压力差；

（2）相邻颗粒由于运动速度大小及方向不同，而引起的挤压和碰撞所产生的压力。

显然，当物料颗粒相对运动速度越大时，所产生的压力也越大，这对于夹在它们之间的水泥颗粒聚集体和水泥颗粒表面包裹层的破坏效果也越好。这种作用应该主要由比表面大、形状相对规则的细骨料和水泥颗粒来完成。不难想象，当拌和物不但有同一方向运动，而且有交叉运动，甚至产生"逆流"运动，且其频率高、范围大时，实现微观匀质的可能性便会加大。

因此，搅拌机在搅拌过程中应注意：在利用拌和物重力势能的同时，尽可能使地处在搅拌过程中的拌和物各组分的运动轨迹在相对集中区域内互相交错穿插，在整个拌和物体积中最大限度地产生相互摩擦，并尽可能地提高各组分参与运动的次数和运动轨迹的交叉频率，为混凝土拌和物实现宏观和微观匀质性创造最有利的条件。

目前生产的各种搅拌设备（或称为搅拌机）有两种形式：一种是施工现场独立工作的单机，另一种是混凝土搅拌楼及其配套主机。

本节主要介绍混凝土搅拌单机，在第三节中围绕搅拌系统来介绍混凝土搅拌楼的其他组成系统。

一、混凝土搅拌机的搅拌工作原理

为了适应不同混凝土的搅拌和使用要求，混凝土搅拌机已发展出了多种机型。虽然各种机型在结构和性能上各具特点，但是从搅拌工作特点来分，主要是自落式和强制式两类。

1. 自落式搅拌机的工作原理及特点

自落式搅拌机工作原理如图3-2（a）所示，搅拌物料由固定在搅拌筒内的叶片带至高处，靠重力下落进行搅拌。该类搅拌机的工作机构为筒体，沿内壁安装着若干搅拌叶片。工作时，筒体可围绕其自身轴线（水平或倾斜）回转。利用叶片对物料进行分割、提升、撒落和冲击，从而使拌和物的相互位置不断地进行重新分布而达到搅拌均匀的目的。

自落式搅拌机的优点是结构简单，磨损程度小，易损件少，对骨料粒径大小有一定适应性，使用维护也较简单；主要缺点是靠物料的重力自落而实现搅拌，搅拌强度不大，而且转速和容量受到限制，生产效率低，一般只适于拌和塑性混凝土。

2. 强制式搅拌机的工作原理及特点

强制式搅拌机的工作原理如图3-2（b）、（c）所示。搅拌机构由垂直［见图3-2（b）］或水平［见图3-2（c）］设置在搅拌筒内壁的搅拌轴组成，轴上安装有搅拌叶片。工作时，转轴带动叶片对筒内物料进行剪切、挤压和翻转推移等强制搅拌作用，使物料在剧烈的相对运动中得以拌和均匀。

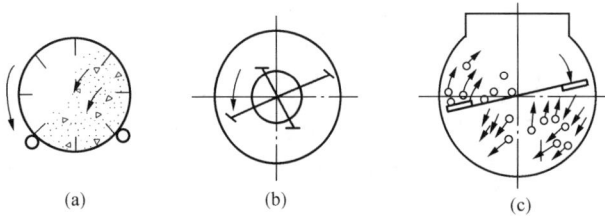

图3-2 强制式搅拌机的工作原理示意
（a）自落式搅拌；（b）、（c）强制式搅拌

强制式搅拌机的优点是拌和质量好，效率高，其中水平轴（即卧轴）式搅拌机同时还具有自落式搅拌机的搅拌效果；主要缺点是这类搅拌机构比较复杂，搅拌工作部件磨损快，对骨料粒径有严格限制，骨料粒径较大时容易造成卡料现象。

二、混凝土搅拌机的分类、特点、机型及代号

1. 混凝土搅拌机的分类和特点

混凝土搅拌机的分类方式较多，常按照以下方式进行分类：

（1）按工作性质分类，可分为周期式和连续式。

（2）按搅拌方式分类，可分为自落式和强制式。

（3）按装置特点分类，可分为固定式和移动式。

（4）按出料方式分类，可分为倾翻式和非倾翻式。

（5）按搅拌筒外形分类，可分为梨式、锥式、鼓式、槽式、盘式等。

这些类型搅拌机的特点和适用范围见表3-1。

表3-1　　　　　　各类混凝土搅拌机的特点和适用范围

周期式	连续式	自落式	强制式	固定式	移动式
周期性地进行装料、搅拌、出料。结构简单可靠，容易控制配合比及拌和质量，使用广泛	连续进行装料、搅拌、出料，生产效率高。主要用于混凝土使用量很大的工程	由搅拌筒内壁固定叶片将物料带到一定高度，然后自由落下，周而复始，使物料获得均匀搅拌。适宜于搅拌塑性和半塑性混凝土	筒内物料由旋转轴上的叶片或刮板的强制作用而获得充分的拌和。拌和时间短、生产效率高	通过机架地脚螺栓与基础固定。多装在搅拌楼上使用	装有行走机构，可随时拖运转移。适宜于中小型临时工程

续表

倾翻式	非倾翻式	梨式	锥式	槽式	盘式
靠搅拌筒倾倒出料	靠搅拌筒反转出料	搅拌筒可绕纵轴旋转搅拌,又可绕横轴回转装料、卸料。一般用于试验室小型搅拌机	多用于大中型搅拌机	多为强制式,有单槽单搅拌轴和双槽双搅拌轴两种	是一种周期性垂直强制式搅拌机

2. 混凝土搅拌机的机型、代号及参数

常用搅拌机的机型代号见表 3-2。以搅拌机出料容量作为其主要参数,有 50、150、250、350、500、750、1000、1500、3000L 等,即 0.05、0.15、0.25、0.35、0.5、0.75、1.0、1.5、3.0m³ 等。

表 3-2　　　　　　　　　　　　　混凝土搅拌机的机型代号

组	型	特性	代号	代号含义	主要参数
混凝土搅拌机 J(搅)	锥形	Z(转)	JZ	锥形反转出料搅拌机	出料体积(m³)
		F(翻)	JF	锥形倾翻出料搅拌机	
	强制式 Q(强)		JQ	强制式搅拌机	
		D(单)	JD	单卧轴强制式搅拌机	
		S(双)	JS	双卧轴强制式搅拌机	

三、混凝土搅拌机的机型选择与计算

（一）机型选择

混凝土搅拌机的机型选择是否合理,直接影响到工程的造价、进度和质量。因此,应根据工程量大小、搅拌机使用期限、施工条件、混凝土组成特性、混凝土坍落度大小等具体条件,正确选择搅拌机的类型和数量。具体而言,机型选择应从以下几个方面进行考虑。

1. 工程量和工期

若混凝土工程量大且工期长,宜选用中型或大型固定式混凝土搅拌机群或搅拌楼;若混凝土工程量不太大而工期又不长,则宜选用中型固定式或中小型移动式搅拌机组;若混凝土工程量零散且较少时,宜选用小型移动式搅拌机。

2. 动力

若施工现场具备充足的电力,可选用以电动机为动力的搅拌机;若电力不足或缺乏电源,则应选用以柴油机为动力的搅拌机。

3. 混凝土性质

如混凝土为塑性时,可选用自落式搅拌机或强制式搅拌机;若混凝土为高强度、干硬性、轻质混凝土时,则应选用强制式搅拌机。

4. 混凝土的组成和坍落度

若混凝土坍落度大且骨料粒径大时,可选用容量大一点的自落式搅拌机;若坍落度小且骨料粒径较大时,宜选用搅拌筒转速较快的自落式搅拌机;若坍落度小而骨料粒径较小时,可选用强制式搅拌机或中小容量的锥形反转出料搅拌机。

5. 使用要求

搅拌机的数量应至少等于同时搅拌的混凝土品种数,对同一品种混凝土而强度等级相差悬殊时,也不宜共用一台搅拌机。另外,尚需考虑到备用和维修需要,应适当增加选用台数。当成组使用时,应尽量选用同一型号规格的搅拌机,每组搅拌机的布置数以 2~3 台为宜。

(二)搅拌机的主要参数

1. 额定容量

搅拌机的容量有进料容量和出料容量两种表示方法,另外还有几何体积,具体含义和相互关系如下:

(1)进料容量 V_1。是指装进搅拌筒而未经搅拌的干料体积。

(2)出料容量 V_2。是指卸出搅拌机的成品混凝土体积,将该容量规定为搅拌机的额定容量,是搅拌机的主要参数。

(3)搅拌机的几何体积 V_0。是指搅拌筒能够容纳拌和物的体积,它与进料容量的关系如下

$$V_0/V_1 = 2 \sim 4 \tag{3-1}$$

出料容量 V_2 与进料容量 V_1 的比值以出料系数 ϕ_1 表示,即

$$\phi_1 = V_2/V_1 = 0.6 \sim 0.7 \tag{3-2}$$

搅拌机卸出的新鲜混凝土体积 V_2 与捣实后的新鲜混凝土体积 V_3 之比值 ϕ_2,称为压缩系数。ϕ_2 的大小与混凝土的性质有关。对于干硬性混凝土,该值为 1.45~1.26;对于塑性混凝土为 1.25~1.11;对于大流动性混凝土为 1.10~1.04。

2. 工作循环时间

搅拌机工作循环时间是指在连续生产条件下,前一次进料过程开始至紧接着的后一次进料过程开始之间的时间间隔,由下列几段时间组成(其单位均以 s 计)。

(1)上料时间 t_1。从料斗提升开始到料斗内混合干料全部卸入搅拌筒的时间。

(2)搅拌时间 t_2。从混合干料全部投入搅拌筒开始,到搅拌机将拌和物搅拌成匀质混凝土的时间。

(3)出料时间 t_3。从搅拌筒内卸出的不少于公称容量的 90%(自落式)或 93%(强制式)的混凝土拌和物的时间。

(4)复位时间 t_4。对非倾翻出料的搅拌机,搅拌筒复位时间为 0;对于倾翻出料搅拌机,搅拌筒复位时间可由实测结果确定。

混凝土的最短搅拌时间可按表 3-3 选用,当能保证混凝土搅拌均匀时可适当缩短搅拌时间。搅拌高强度等级混凝土时,搅拌时间应适当延长;当采用自落式搅拌机时,搅拌时间应适当延长。

表 3-3 混凝土搅拌的最短时间 s

混凝土坍落度(mm)	搅拌机机型	搅拌机出料量(L)		
		<250	250~500	>500
≤40	强制式	60	90	120
>40,且<100	强制式	60	60	90
≥100	强制式	60	60	60

3. 搅拌机的选型计算

（1）要求达到的小时生产率。要求达到的小时生产率计算方法如下

$$Q_h = \frac{Q_v}{mn} K \tag{3-3}$$

式中 Q_h——计划小时生产率，m^3/h；

Q_v——年产混凝土计划数量，m^3；

m——年生产天数，天；

n——日生产小时数，对一班制可取 8h，两班制可取 15h，三班制可取 22h；

K——生产不均匀系数，即最高小时产量与平均小时产量之比，对混凝土制品厂取 1.2，预拌混凝土搅拌楼取 1.3～2.0，施工工地取 2.5～3.0。

（2）搅拌机的小时生产率。搅拌机小时生产率的计算方法如下

$$q_h = 3.6 \frac{V_1 \phi_1}{t_1 + t_2 + t_3 + t_4} \tag{3-4}$$

式中 q_h——搅拌机小时生产率，m^3/h；

V_1——进料容量，L；

ϕ_1——出料系数；

t_1——上料时间，s；

t_2——搅拌时间，s；

t_3——出料时间，s；

t_4——复位时间，s。

若搅拌机每小时的出料次数为 Z，且为连续生产，机械时间利用系数为 k（取 0.85 或实测），则搅拌机小时生产率（m^3/h）也可按式（3-5）进行计算

$$q_h = \frac{Z V_1 \phi_1 k}{1000} \tag{3-5}$$

（3）搅拌机的数量。搅拌机的数量根据式（3-6）确定

$$N = \frac{Q_h}{q_h} \tag{3-6}$$

式中 N——搅拌机计算台数，取整数。

四、常用的混凝土搅拌机

（一）自落式搅拌机

自落式搅拌机都是以鼓筒作为工作装置的，因此又称为鼓筒形搅拌机。在鼓筒形搅拌机上，鼓筒绕一根水平轴线或倾斜轴线旋转，且多数鼓筒两侧呈圆锥形，因此又称为双锥形搅拌机或锥形搅拌机。

鼓筒式搅拌机的搅拌过程如下：借助于安装在鼓筒内的搅拌叶片使混凝土拌和物提升，直到拌和物与搅拌叶片之间的摩擦力小于使拌和物下滑的重力分力时，拌和物靠自身重力跌落。通过搅拌鼓筒的旋转和搅拌叶片的偏角（与拌筒母线或旋转轴心线的夹角）使混凝土拌和物产生轴向窜动。

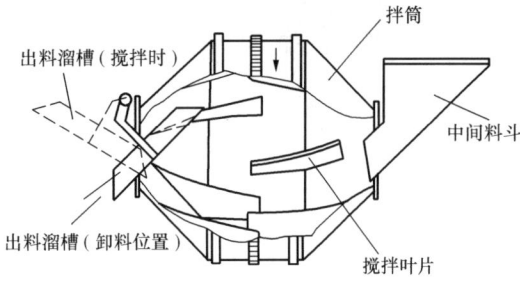

图 3-3 鼓筒式搅拌机

1. 鼓筒式搅拌机

鼓筒式搅拌机是依靠搅拌筒内径向布置的搅拌叶片，把搅拌筒内的拌和物提升到约为搅拌筒直径的 0.7 倍处，然后靠拌和物的自重落下，进行拌和。这种搅拌机的出料，是靠一个可翻转的出料溜槽，在出料时把它伸入搅拌筒，将自由下落的拌和物向外引出。鼓筒式搅拌机如图 3-3 所示。

鼓筒形搅拌机的筒径不能过大，因为筒径增大，拌和物的落差也随之增大，这样会使从高处落下的大骨料损坏叶片和搅拌筒筒体，并加剧磨损，所以鼓筒形搅拌机不能用于搅拌含有大粒径骨料的混凝土。这种搅拌机的搅拌叶片与搅拌筒母线平行，拌和物的提升、自落基本只是上下运动，而很少有轴向窜动，因此搅拌时间长，生产效率低。

此外，鼓筒式搅拌机仅适宜搅拌塑性混凝土，因为当它在搅拌干硬性混凝土时，既不能均匀搅拌，又不易将混凝土拌和物卸出。

2. 双锥反转出料搅拌机

双锥反转出料搅拌机是鼓筒式搅拌机的更新换代产品。这种搅拌机的旋转轴线如同鼓筒式搅拌机一样呈水平配置，搅拌筒与鼓筒式搅拌机的搅拌筒类似，是由一端装料，而由另一端卸料。卸料是通过改变搅拌筒旋转方向（反转）进行的。在装料时搅拌筒转向又回复到正转搅拌的方向。图 3-4（a）为它的拌筒结构示意，图 3-4（b）为拌筒内部叶片布置展开示意。从图 3-4 可以看出，此种搅拌机拌筒中的高、低叶片均与搅拌筒母线成 40°左右的夹角，而且倾斜方向相反。在搅拌时，低叶片将物料推向进料侧，高叶片将物料推向出料侧；推向进料侧的物料被进料锥挡回搅拌筒，推向出料侧的物料被出料锥和出料叶片背面钢板挡住而折回搅拌筒。这种叶片布置方式使物料除产生提升、自落之外，还在拌筒中产生比较剧烈的轴向窜动。

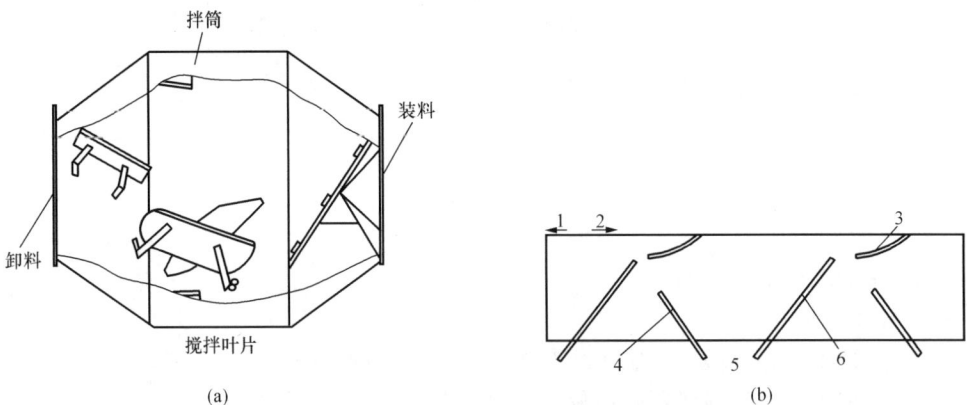

图 3-4 双锥反转出料式搅拌机及搅拌叶片布置
（a）拌筒结构示意；（b）拌筒内部叶片布置展开示意
1—出料；2—搅拌；3—出料叶片；
4—高叶片；5—进料侧；6—低叶片

双锥反转出料搅拌机是正转搅拌，反转出料，因此存在一个重载启动的问题，导致搅拌机容量不可能做得很大。这种搅拌机适合于搅拌坍落度大于 1cm 以上混凝土。

3. 双锥倾翻出料式搅拌机

双锥倾翻出料式搅拌机的搅拌和出料不需要改变搅拌筒旋转方向，而是用气缸或液压油缸改变搅拌筒旋转轴线与水平面的夹角来实现，不存在重载启动问题，因而搅拌机容量较大。

双锥倾翻出料搅拌机的搅拌筒有两种形式。一种是有一进料口和一出料口，搅拌筒由进料锥、出料锥和一个很短的圆柱体所组成，在短圆柱体的外圆上套一带有托轮辊道的大齿圈，图3-5是这种搅拌筒的外形示意图。搅拌时搅拌筒成水平状，出料时搅拌筒轴线与水平面夹角为55°。由于出料口朝下，搅拌筒可边卸料边旋转，卸料速度快而且卸料干净。图3-6为倾翻搅拌筒内部叶片布置示意，进料锥和出料锥体内各装有4块叶片，叶片呈弧形，都向中部倾斜。物料搅拌时，沿叶片左右交叉运动，其搅拌效果与锥形反转出料搅拌机相同，且不会产生拌和物溢出现象。这种搅拌机搅拌筒的径向尺寸较大，存在的主要问题是圆柱部分太短。

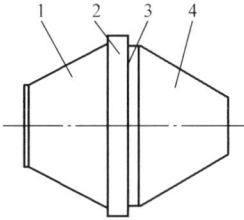

图3-5 双锥倾翻搅拌筒外形图
1—出料锥；2—大齿圈；3—托轮；4—进料锥

图3-6 倾翻搅拌筒内部叶片布置示意
1—进料锥；2—圆柱部分；3—出料锥

4. 对开式搅拌机

对开式搅拌机属于自落式，也可以做成强制自落式。对开式搅拌机的工作原理如图3-7所示。进料锥一侧一般只旋转，而卸料锥一侧既可旋转，也可轴向移动。在两锥中间，有一个能调整压紧力的橡胶垫，能确保两锥在关闭时具有良好的密封性。卸料时，搅拌筒从中部分开，卸料迅速干净。对开式搅拌机所需功率是双卧轴强制搅拌机的50%左右，而衬板寿命是双卧轴的两倍，且允许较大尺寸的骨料进入搅拌筒。

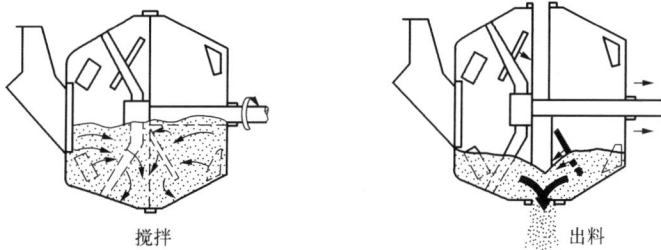

搅拌　　　　　　　出料

图3-7 对开式搅拌机的工作原理

（二）强制式搅拌机

与自落式搅拌机不同，强制式搅拌机不是通过重力作用进行搅拌，而是借助于搅拌叶片对物料进行强制导向搅拌。其搅拌叶片可以是铲片形式，也可以是螺旋带形式；叶片可以绕水平轴旋转（卧轴式），也可以绕垂直轴旋转（立轴式）。这种搅拌机的搅拌强度通过叶片速度来确定，与自落式搅拌机相比，强制式的搅拌作用强烈，一般在30～60s的搅拌时间就可将拌和物搅拌成匀质混凝土。在制备特种混凝土和专用混凝土时，在相同的搅拌质量下则需较长的时间。而用自落式搅拌机根本不可能搅拌特种混凝土，或制备很困难。在相同的搅拌容量时，强制式搅拌机的驱动功率比自落式的要大，但可以通过强制搅拌机缩短搅拌时间来弥补。

1. 立轴涡桨式搅拌机

图3-8是立轴涡桨式搅拌机的结构示意。搅拌筒由搅拌筒盖1、筒身2、内筒8所组成，整个搅拌筒焊接在机架3上。筒身内壁、内筒外壁和搅拌筒底部分别用螺钉固定有外衬板11、内衬板7和底衬板13，以提高搅拌筒使用寿命。搅拌机构的传动是由电动机4，经两级行星减速器5，带动回转体6实现搅拌机构旋转。在回转体上焊接有若干个搅拌臂固定座，搅拌叶片和内、外刮板通过螺栓固定在搅拌臂固定座上。叶片10和搅拌臂9用螺栓连在一起，调整搅拌臂上下位置，即可调整叶片与底衬板13之间的间隙。搅拌好的混凝土可通过打开卸料门14卸入运输工具中。卸料门与卸料门轴12连接在一起，一般用气缸经拐臂推动卸料门旋转而实现搅拌筒卸料。

立轴涡桨式搅拌机的叶片布置如图3-9所示，由内筒5和外筒6构成的圆槽内，布置有4块外叶片1和2块内叶片3。外叶片的作用是将搅拌筒靠近外环的搅拌物料推向搅拌筒内环，而内叶片3则是将物料推向外环，实现内外环物料交换窜动。内刮板2和外刮板4的作用是分别刮除黏结在搅拌筒内外衬板上的混凝土。立轴涡桨式搅拌机搅拌筒的中央部分有一内筒。这里被传动装置所占据，实际能利用的只是内外筒所组成的圆环形空间。这种搅拌筒的装料高度不能太高，否则搅拌效果不佳。一般最大利用高度只有搅拌筒（圆柱部分）高度的1/3左右。由于搅拌筒容积利用系数比卧轴式搅拌机低，搅拌筒直径一般都设计得比较大。由于搅拌筒直径大，因此搅拌叶片的线速度比较高，对于大容量搅拌机，一般限制其最大线速度为3m/s。如果超过3m/s，受离心力作用，粗骨料容易被抛到搅拌筒的外缘处，使混凝土产生离析现象。

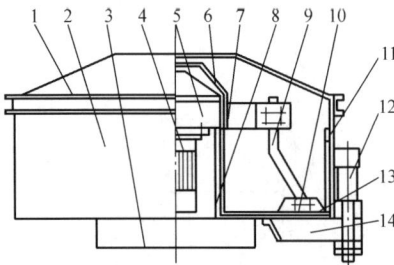

图3-8　立轴涡桨式搅拌机结构示意
1—搅拌筒盖；2—筒身；3—机架；4—电动机；
5—行星减速器；6—回转体；7—内衬板；
8—内筒；9—搅拌臂；10—叶片；11—外衬板；
12—卸料门轴；13—底衬板；14—卸料门

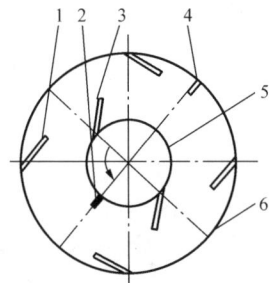

图3-9　立轴涡桨式搅拌机的叶片布置图
1—外叶片；2—内刮板；3—内叶片；
4—外刮板；5—内筒；6—外筒

2. 立轴行星式搅拌机

立轴行星式搅拌机有定盘式和转盘式之分，如图 3-10 所示，它也是由立轴涡桨式搅拌机发展而成的。

在定盘式中，搅拌叶片除了绕着自己的轴线转动（自转）外，搅拌叶片组的转轴还围绕圆盘的中心轴旋转（公转），其结构如图 3-11 所示。圆盘形搅拌筒由 4 个支座支撑。搅拌机的顶部装

图 3-10　立轴行星式搅拌机的原理

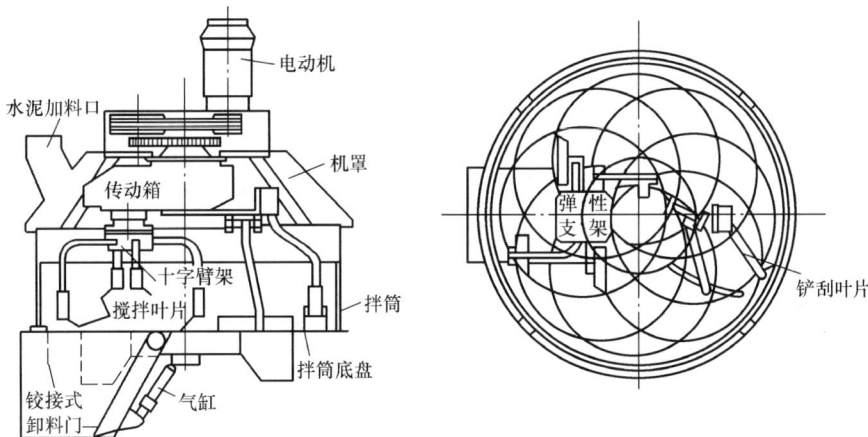

有一台立式电动机，经 V 形皮带一次减速后，与大皮带轮同轴的小齿轮带动大齿轮，使齿轮传动箱围绕圆盘形搅拌筒的中心轴旋转。齿轮箱内的另一组齿轮，又使装有 4 个叶片臂杆的十字接头轴旋转。这样，4 个叶片在围绕搅拌筒的中心轴作公转运动的同时，又围绕其十字轴作自转。从图 3-11 中叶片的运动轨迹可见，它能对处于搅拌筒内所有物料进行有效地搅拌，因而没有"死区"。

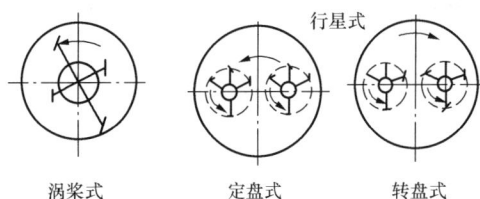

图 3-11　定盘式行星强制式搅拌机的原理

此外，4 个叶片排列在不同的高度上，从而能对不同高度的物料进行搅拌。叶片的臂杆均装有缓冲装置，叶片的高度也都能进行调节。两个铲刮叶片也是由齿轮箱带动旋转的，在盘底上设有两个扇形卸料口，由气缸操纵扇形卸料门。

根据搅拌容量不同，配置在行星架上的搅拌叶片组数也有差异，大型搅拌机上有的配置三组叶片。叶片的大小、形状、高低，有不同的组合，以求达到最佳搅拌效果。传动系统有单电动机，也有双电动机，特大容量的搅拌机甚至有采用三电动机驱动的。

这种搅拌机叶片的运动轨迹是比较复杂的，它的运动速度和方向也是时刻变化的。所以，搅拌物料在搅拌筒中能得到充分搅拌，除能搅拌普通混凝土外，还可搅拌特殊混凝土，如泡沫混凝土。

转盘式行星强制搅拌机的结构如图 3-12 所示。

在转盘式行星强制搅拌机中，装设有搅拌叶片的十字轴，只自转而不作公转运动，它是靠整个圆盘作相反方向的旋转运动而达到行星强制搅拌作用。这种搅拌机在搅拌时物料的运

动轨迹如图 3-13 所示。立式行星搅拌机是一种用途广泛，适应性强的机型，已得到了较好的发展和应用。

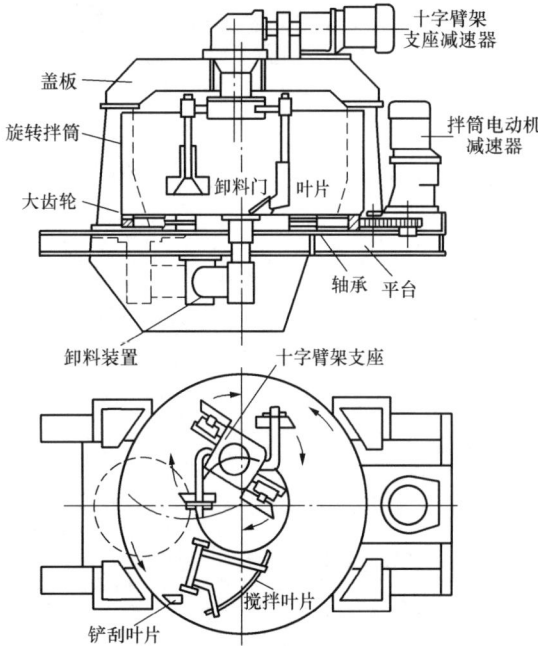

图 3-12　转盘式行星强制式搅拌机的原理

3. 单卧轴式搅拌机

单卧轴搅拌机的搅拌叶片有两种形式，一种是螺旋带状叶片，如图 3-14 所示。在搅拌轴上用搅拌臂对称布置有左右两块螺旋带状叶片，螺旋的方向左右相反，都是将搅拌物料从搅拌筒两端推向搅拌筒中部，每一块螺旋带状叶片占据圆周角 107°左右。搅拌时，物料在搅拌筒内像一条龙一样，一会儿向左，一会儿向右，从外表上看好像是搅拌物料在整体移动。实际上，物料在叶片带动下，强迫物料产生挤压、剪切、搓动等复杂运动，搅拌十分强烈。为了提高叶片的使用寿命，常常把叶片做成 100mm 左右的宽度；所用材料为耐磨铸铁等，用螺栓固定在螺旋带状的叶片托板上，以便叶片磨损后更换。

图 3-13　转盘式搅拌机的运动轨迹

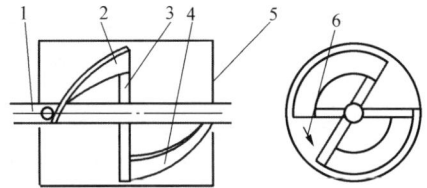

图 3-14　螺旋带状叶片示意
1—搅拌轴；2—左叶片；3—搅拌臂；
4—右叶片；5—搅拌筒；6—搅拌方向

另一种叶片是铲片式叶片，每片宽 200mm 左右，高度 120mm 左右，叶片的排列也是按螺旋方向，只是不连续的，可认为是断续式螺旋。搅拌物料的运动轨迹也和带状叶片相同，都是将物料从搅拌筒两端推向搅拌筒中部。在搅拌时，这种叶片布置方式的搅拌机构使搅拌筒中的混凝土不断被叶片挑起。通过比较试验，证明两种叶片布置方式的搅拌效果、能耗没有明显区别。但从制造工艺性来说，铲片式的制作要简单一些，叶片和搅拌筒衬板之间的合理间隙 1~4mm，比较容易达到。图 3-15 表示铲片式叶片的布置方式，其中 1~5 号为左叶片，6~10 号为右叶片，相邻叶片之间有一重叠长度，一般为 10~20mm。这样可避免在叶片磨损而尺寸变小后，搅拌筒内有的区域物料搅拌不到。为了防止搅拌筒内两端侧面粘料，叶片 1 和叶片 10 应具有侧刮板功能，不让混凝土黏结在侧衬板上。

单卧轴搅拌机的卸料方式有两种，一种是搅拌筒倾翻，另一种是搅拌筒侧开门。图 3-16 所示为搅拌筒倾翻卸料机构示意，其优点是卸料速度可人为控制，当接料运输工具已装满时，可以让出料槽上翘，停止卸料，特别适合于手推翻斗车接料运输，因此小型单卧轴搅拌机采用这种方式的特别多。搅拌筒的倾翻动力用油缸的比较多，可靠性好。

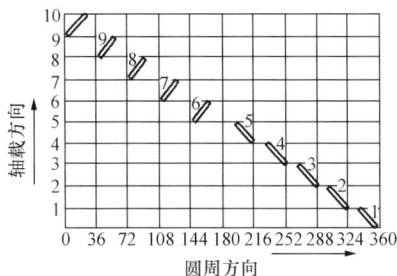

图 3-15　铲片式叶片布置示意（展开图）

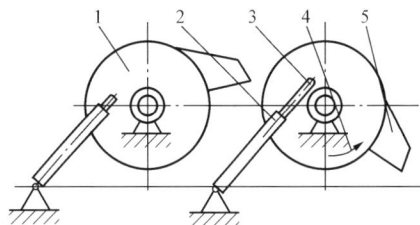

图 3-16　搅拌筒倾翻出料示意
1—搅拌筒；2—倾翻油缸；3—销轴；
4—搅拌方向；5—出料槽

4. 双卧轴搅拌机

双卧轴搅拌机的搅拌筒内有两根搅拌轴，它们同步回转，相应的就有 4 个轴支撑和 4 套轴端密封，单、双卧轴搅拌机的性能基本相同。

它的两根搅拌轴的转速相等，旋转方向相反，如图 3-17 中箭头所示。装在这两根轴上的搅拌叶片将搅拌筒内物料刮向搅拌筒中间部分，物料在搅拌筒中的分布如图 3-17 所示。由图 3-17 可看出，搅拌筒内壁的 AB 段和 CD 段，根本接触不到搅拌物料，其衬板可用一般普通钢板制造；而 EF、FG（卸料门段）、GH 这三段衬板在搅拌时始终与物料相接触，

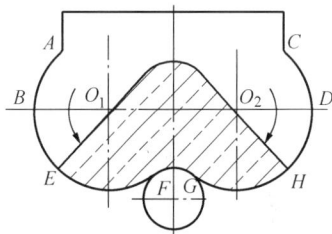

图 3-17　双卧轴搅拌机
物料分布示意

因此这些区段的衬板比较容易磨损。失效后必须更换，而且必须是整体更换。否则，衬板因新旧不同，衬板厚薄不同，造成叶片与衬板之间的间隙不同，导致卡料现象发生，并使衬板更易磨损和破碎。

如图 3-17 所示的搅拌筒外形比较适合中、小型搅拌机，因为上部进料口变小了，搅拌筒的刚性较好。对于大、中型搅拌机，它们大都是作为搅拌楼的主机来使用，在搅拌机上方有砂和石进料口、水泥称量斗、外加剂称量装置、搅拌用水计量装置等。因此一般把搅拌筒外形设计成上方下圆形状，即从 B、D 点向上为垂直线，把 AB 段和 CD 段圆弧线拉直．以增大搅拌筒上口尺寸。

搅拌筒内搅拌叶片布置合理，将使物料在搅拌筒内合理运动，在尽量短的搅拌时间内搅拌出匀质混凝土；在搅拌轴旋转的过程中，尽量让参与搅拌的叶片数量相等，以达到搅拌电动机负荷均匀，减少冲击的目的；让物料在搅拌筒内分布均匀，不要在搅拌筒的局部区段产生堆积，避免个别叶片和搅拌臂过载而损坏。

图 3-18 所示的叶片布置原理为：搅拌轴Ⅰ和Ⅱ上各装有 6 片搅拌叶片，叶片 11、12、

13、14、15 将物料推向下方，叶片 16 将物料返回向上方；叶片 26、25、24、23、22 将物料推向上方，叶片 21 将物料返回下方［见图 3 - 18 （a）］，物料在搅拌筒内形成一个大循环。两轴之间，左边轴上的叶片将物料推向右边，右边轴上的叶片将物料推向左边，两轴之间物料形成小循环。两轴之间的物料堆积较高（见图 3 - 17），堆顶上的物料不断沿堆坡向下滚动，参与物料的循环。由此可见，双卧轴搅拌机的搅拌运动是比较剧烈的，它能在较短的时间内拌制出匀质混凝土。

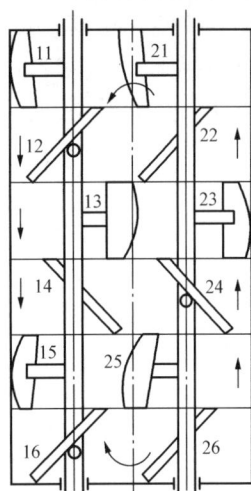

（三）连续式搅拌机

连续式搅拌机与其他形式的搅拌机相比，其投资费用和能量消耗都较小，而且易于同各种混凝土的运输车辆匹配。

美国在 20 世纪 40 年代就有研究者致力于连续式混凝土搅拌机的研究，但是因为受连续称量容易失准的原因，所以发展迟缓。近年来，由于已较好地解决了连续配料和连续称量的难题，因此连续式搅拌机又有了新的生命力。

连续式搅拌机有自落式和强制式两种形式。自落式的搅拌筒为鼓筒，鼓筒是倾斜安装的，鼓筒内壁具有搅拌叶片，它能使物料产生附加的轴向运动，将物料输送到卸料位置。强制式是应用螺旋搅拌原理，有单轴式和双轴式两种。在这种结构形式中，在搅拌筒中运转的螺旋以适当的转速和螺距，像螺旋输送机一样进行搅拌和输送，将物料连续推向卸料位置。

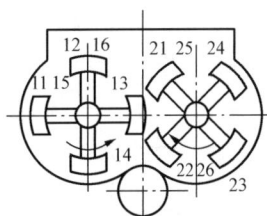

图 3 - 18　双卧轴搅拌机搅拌
筒叶片布置图

第三节　混凝土搅拌楼

一、混凝土搅拌楼的组成及分类

1. 组成

混凝土搅拌楼是用来集中搅拌混凝土的联合装置，又称为混凝土预拌工厂。搅拌楼的主要功能是将各种原材料拌制成所需要的混凝土产品。因此，混凝土搅拌楼最主要的部分就是搅拌系统。但为了实现生产的工业化，还需要有其他配套装置，如供料系统、计量（称量）系统、电气系统及辅助设备（如空气压缩机、水泵等），用以完成混凝土原材料的输送、上料、称量、储存、配料、出料等工作。

2. 分类

（1）按结构分类。按其结构不同可分为固定式、装拆式及移动式。

1）固定式搅拌楼。这是一种大型混凝土搅拌设备，生产能力大，主要用在预拌混凝土搅拌楼、大型预制构件厂和水利工程工地。

2）装拆式搅拌楼。这种搅拌楼是由几个大型部件组装而成，能在短时间内组成和拆装，可随施工现场转移，适宜于建筑施工现场使用。

3）移动式搅拌楼。这种搅拌楼是把搅拌装置安装在一台或几台拖车上，可以移动转移，机动性好，主要用于一些临时性工程和公路建设项目中。

（2）按作业形式分类。按其作业形式不同可分为周期式和连续式搅拌楼。周期式搅拌楼的进料和出料按一定周期循环进行；连续式搅拌楼的进料和出料为连续进行。

（3）按工艺布置形式分类。按工艺布置形式不同可分为单阶式（垂直式、重力式、塔式）和双阶式（水平式、横式、低阶式）搅拌楼。

二、混凝土搅拌楼的工艺流程

混凝土搅拌楼按工艺流程，可分为单阶式和双阶式两种。

1. 单阶式

单阶式搅拌楼工艺流程，如图3-19所示。由于从储料斗开始的各工序完全是靠自重使材料下落来实现，因此便于自动化。

因为这种工艺流程中材料从一道工序到下一道工序所用的时间短，所以效率较高。又因为单阶式占地面积小，所以大型固定式搅拌楼都采用这种工艺。但单阶式搅拌楼也有其缺点，如建筑高度大，要配备大型运输设备。

2. 双阶式

双阶式搅拌楼工艺流程是材料第一次被提升进入储料斗，经称量配料集中后，再经第二次提升装入搅拌机中，如图3-20所示。

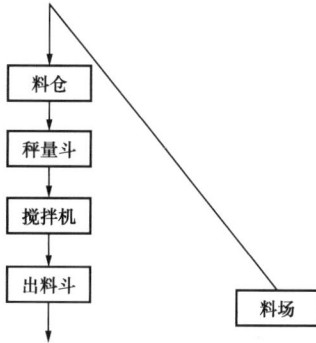

图3-19　单阶式搅拌楼工艺流程　　　　图3-20　双阶式搅拌楼工艺流程图

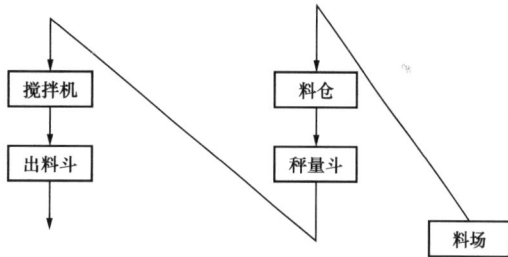

双阶式搅拌楼建筑物高度小，只需用小型的运输设备，整套设备简单，投资少，建设快。由于建筑高度小，容易架设安装，因此适宜于拆装式搅拌楼和移动式搅拌楼，其中移动式搅拌楼必须采用双阶式工艺流程。

双阶式搅拌楼的主要缺点是材料配好后需要经过二次提升，从而导致效率较低，且在一套装置中一般只能装一台搅拌机。

三、输送系统

任何一种搅拌系统都有几套输送物料的输送系统。这些输送设备中一套是输送砂、石等骨料的，一套是输送水泥、粉煤灰及矿渣微粉等粉体材料的，还有一套是输送搅拌用水及液体外加剂的。

（一）骨料输送设备

1. 皮带运输机

皮带运输机是搅拌系统中最常用的骨料输送设备。皮带运输机的主要优点是：①输送速度快，且是连续的，所以效率高；②可以沿一定倾斜度，把骨料输送到几十米的高处；③输送平稳，无噪声，消耗功率小；④工作可靠，维修容易。

但皮带运输机不能自己上料，必须用其他设备为其上料，或者将皮带机受料部分放在砂、石储仓的下方，使骨料从上方靠自重落到皮带机上进行输送。

图 3-21 是皮带运输机的构造示意。一无端（或称环形）的胶带 1（平皮带或波纹带等）绕在传动滚筒 14 和改向滚筒 6 上，由张紧装置张紧，并用上托辊 2 和下托辊 10 支承，当驱动装置驱动传动滚筒回转时，由传动滚筒与胶带间的摩擦力带动胶带运行。物料一般是由料斗 4 投至胶带上，由传动滚筒处卸出。

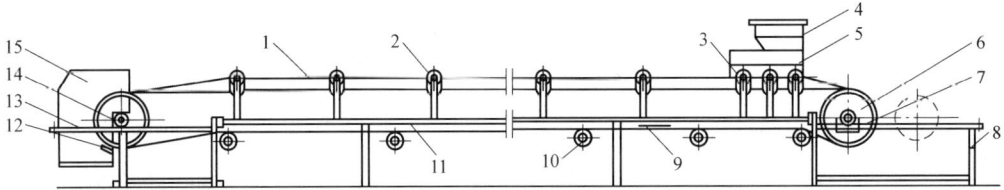

图 3-21 皮带运输机构造示意

1—输送带；2—上托辊；3—缓冲托辊；4—料斗；5—导料拦板；6—改向滚筒；7—螺丝拉紧装置；8—尾架；
9—空段清扫器；10—下托辊；11—中间架；12—弹簧清扫器；13—头架；14—传动滚筒；15—头罩

平皮带机的平均倾角大于 4°时应设置制动装置（或防逆装置），以防止由于偶然事故停车而引起胶带倒行。制动装置应与电动机联锁（即常闭式），以便当电动机断路时能自动地制动。在设计搅拌系统时，可根据搅拌系统的生产能力参考表 3-4 选择皮带运输机。

表 3-4　　　　　　　　　　　　　皮带运输机的输送能力

搅拌机总容量 （m³）	生产率 （m³/h）	皮带宽度 （mm）	皮带速度 （m/min）	皮带运输机的输送能力 （t/h）
0.75	45	500	75	120
1.0	60	650	75	180
1.5	90	650	80	250
1.75	105	650	100	300
2.25	124	800	100	350

2. 装载机

装载机是配合移动式和拆迁式搅拌楼最理想的骨料转运工具，它载运量较大，而且运行速度快，自装自卸，使用非常方便。它与混凝土配料机相配合，可组成装载机与配料机式供料设备，它是目前国内移动式和拆迁式搅拌楼使用最多的一种供料设备。另外，装载机还可以在固定式搅拌楼中用于垛料和上料。

3. 提升斗

提升斗是搅拌楼中骨料二次提升机构之一，提升斗和钢丝绳卷筒配合组成砂石提升供料设备，在使用悬臂拉铲和配料机的搅拌楼中一般采用这种形式。

（二）粉体材料输送设备

粉体材料输送设备有两种类别：一种为机械式，如螺旋输送机或螺旋输送机与提升机组成的输送系统；另一种为气力输送系统。

1. 螺旋输送机

螺旋输送机是属于不具有挠性牵引构件的输送机械。它的作用是由带有螺旋叶片的转动轴在一个封闭的料槽内旋转，使料槽内的物料由于受到自身重力及料槽的摩擦力，而不和螺旋一起旋转，只沿料槽内壁向前移动。在垂直的螺旋输送机中，物料依靠离心力和对槽壁产生的摩擦力而向上移动。

因为槽壁是封闭的，在输送易飞扬的粉状材料时可减少对环境的污染，还可以在倾斜方向输送物料，所以它是混凝土搅拌系统中输送水泥、粉煤灰和矿渣微粉等粉状材料的理想设备。

图3-22是我国生产的LSY系列螺旋输送机的结构示意。电动机通过驱动装置1带动装有螺旋叶片的轴4旋转，物料通过装载漏斗装入壳体5内，也可以在中间装载口7装料，物料在叶片的推动下在壳体5内轴向移动从末端卸料口9或中间卸料口10处进行卸料。

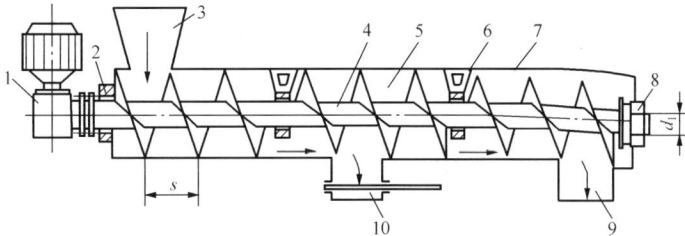

图3-22 水平及倾斜螺旋输送机结构示意

1—驱动装置；2—首端装置；3—装载装置；4—轴；5—壳体；6—中间轴承；
7—中间装载口；8—末端轴承；9—末端卸料口；10—中间卸料口

LSY系列螺旋输送机的主要技术参数见表3-5。

表3-5 国产LSY系列螺旋输送机性能参数

名 称	型 号		LSY160	LSY200	LSY250	LSY300
螺旋体转速(r/min)			300	200	200	175
外壳管直径(mm)			94	219	273	325
允许工作角度			0°~60°	0°~60°	0°~60°	0°~60°
最大输送长度(m)			12	13	16	18
最大输送能力(m³/h)			20	35	45	70
电动机	型号功率(kW)	$L \leqslant 7$	Y132S-4	Y132M-4	Y160L-4	Y180L-4
			5.5	7.5	11	15
	型号功率(kW)	$L \geqslant 7$	Y132M-4	Y160N-4	Y180L-4	Y180M-4
			7.5	11	15	18.5

2. 斗式提升机

斗式提升机是一种在带或链等挠性牵引构件上，每隔一定间隔安装若干个钢质料斗作连续向上输送物料的机械，斗式提升机具有占地面积小、输送能力大、输送高度高（一般为30～40m，最高可达80m）、密封性较好等特点。所以斗式提升机是混凝土搅拌系统中垂直输送水泥的另一种理想设备。

图 3-23 为斗式提升机的构造示意，它的主要组成包括闭合的牵引胶带 1，固定在牵引胶带上的料斗 2、驱动滚筒 3、张紧轮 4 和封闭外壳。经过一段时间的使用，牵引胶带可能会因伸长而影响正常工作，这时必须调整张紧轮，使牵引胶带保持正常张紧。

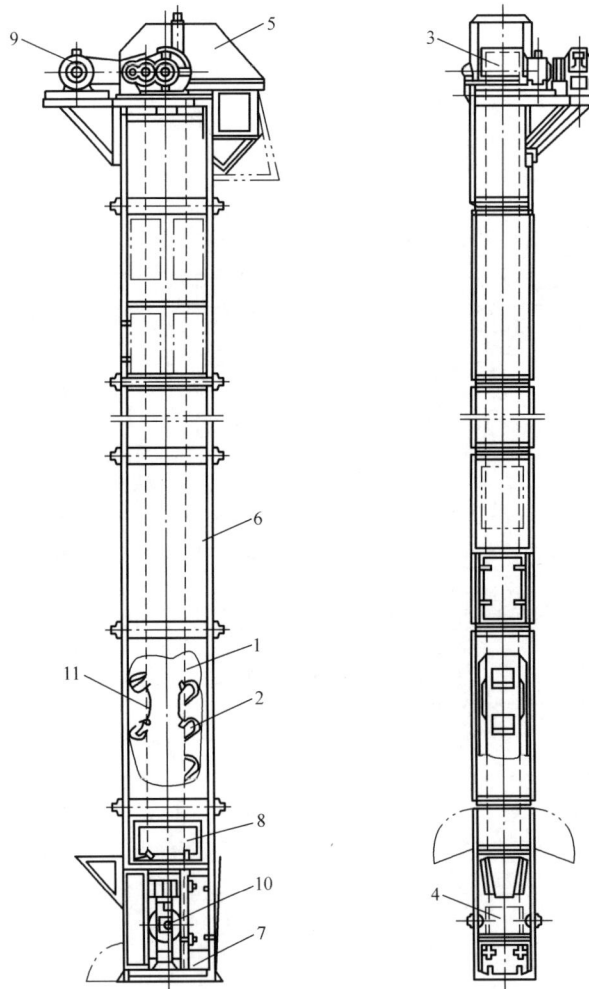

图 3-23　斗式提升机构造示意

1—胶带；2—料斗；3—驱动滚筒；4—张紧轮；5—外罩的上部；6—外罩的中间节段；
7—外罩的下部；8—观察孔；9—驱动装置；10—张紧装置；11—导向轨板

斗式提升机依据牵引构件分为带式和链式；料斗形式分可为深斗式和浅斗式等。运送水泥一般选择深斗带式提升机。带式传动斗式提升机（HL 型）技术性能见表 3-6。

表 3 - 6　　　　　　　　　　　　HL 型斗式提升机主要技术性能

型　号	HL - 300		HL - 400		HL - 450	
	S	Q	S	Q	S	Q
斗容(L)	5.2	4.4	10.5	10.0	14.2	12.8
斗距(mm)	500	500	600	600	640	640
生产率(m³/h)	28	16	47	30	60	54
许用最大提升高度(m)						
电动机功率(kW)　4	19.66	25.66	13.52	17.72	10.00	10.64
5.5	27.16	30.16	18.32	18.32	13.84	15.12
7.5	30.16	—	24.32	34.32	18.96	20.24
10	—	—	—	—	24.72	26.64

注　1　S—深斗；Q—浅斗；

　　2　提升速度为 1.25m/s。

3. 气力输送设备

气力输送设备是使粉体材料悬浮在空气中，把这种混合气体沿管道输送。这种输送设备的优点是占地面积小，对空间位置无特殊要求，容易布置，输送速度快，运送量大，没有噪声，管理人员少，维护费用低等。但是，它消耗能量比较大，几乎比斗式提升机多一倍。能量消耗大的原因，一是材料与管壁的摩擦；二是作为风源（空气压缩机）的效率比较低。

图 3 - 24 所示为气卸散装水泥车向水泥储仓中输送水泥的工作原理。压缩空气通过球心阀 14 和顶风管 13，从罐顶上部进入罐内，在一定压力下球心阀 16 开启，使压缩空气经底风管（主气管）12 进入气室 11，通过多孔板（流化板）7 和毛毡（透气层）8 使空气逐步净化，在喇叭处与水泥均匀混合并使水泥流态化。在罐内压力作用下，流态化的水泥被气泡夹带着沿管壁走动，经喇叭口和出料管 5 进入水泥储仓。

四、储料系统

储料系统包括原材料的储料系统（粉料罐、水池、骨料储料仓、骨料待料斗和外加剂罐等）和成品混凝土的储料系统两部分。

为实现混凝土生产的连续性，提高生产率，配制混凝土所需的原材料必须保证一定的储存量，以

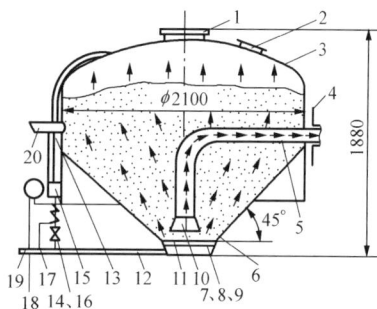

图 3 - 24　气卸散装水泥车工作原理
1—装料口；2—出气口；3—罐体；4—出料口盖；5—出料管；6—橡胶垫；7—多孔板（流化板）8—毛毡（透气层）；9—钢丝网；10—喇叭口；11—气室；12—底风管（主气管）；13—顶风管；14、16—球心阀；15—单向阀；17—安全阀；18—压力表；19—快速接头；20—罐体连接管

保证生产稳定性，因此储料系统各部分容积的大小应满足原材料的供应。其储存量以能满足原材料集运所必要的周转时间及在排除故障的时间内还能连续生产混凝土为宜。

成品混凝土的储料系统主要是为了缓解搅拌机卸料快与搅拌车进料速度较慢、搅拌车周转时间较长的矛盾。

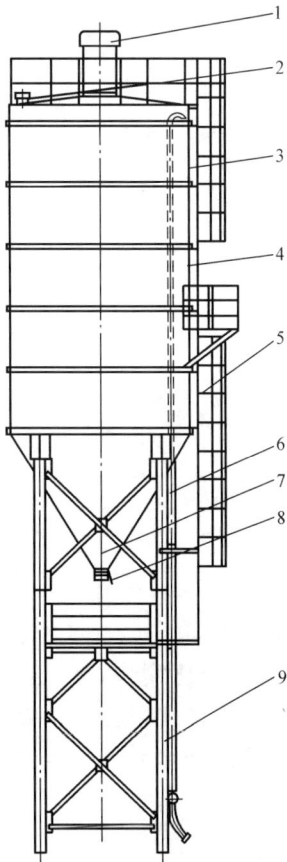

图 3-25　粉料罐示意
1—仓顶收尘机；2—压力安全阀；
3—料位指示器；4—仓体；5—检修梯子；
6—吹灰管；7—助流气垫；
8—手动蝶阀；9—支腿

1. 粉料罐

粉料罐的基本结构如图 3-25 所示，它是储存粉状物料的筒仓，用于储存如水泥、掺合料（粉煤灰、矿粉、沸石粉和硅灰）、干式粉状外加剂等材料。筒仓的截面几乎都是圆形，因为这种形状受力状况最好，有效容积也最大。按容积的不同分别有 50、100、200、250、300t 等不同规格，以满足不同情况的使用需要。可运输的粉料罐一般容量为 50、100t；较大的粉料罐如达到 200~500t，则需在搅拌楼现场进行制作或拼装。

粉料罐中粉料的流动性与物料种类、温度和储存时间长短有关，刚输送来的水泥温度较高，经气体输送后较为疏松，其堆积密度约为 0.8~1t/m³，很容易流动。在积压一段时间后其堆积密度可达到 1.6t/m³，有时甚至更高。这种存放时间较长的水泥流动性较差，在卸料时常常发生起拱现象。

为了提高粉料罐的卸料性能，常常在筒仓的下部锥体上安装破拱装置，它可以破坏粉料拱桥，使卸料通畅。破拱装置目前有气吹破拱、锤击破拱和助流气垫破拱等。气吹破拱是在仓体锥部离出料口一定高度处设 3~6 个吹气孔进行气吹破拱，气吹破拱因接触面有限，有时效果不明显，同时因压缩空气中含水，气嘴容易阻塞。锤击破拱是利用气锤锤击仓体来实现破拱，但锤击过程中噪声较大，且对仓体壁有破坏。助流气垫破拱是利用气垫气流的推力作用推动起拱物料，达到破拱的作用。

2. 骨料储料仓

骨料储料仓是储存砂石料的仓体，和骨料计量部分连成一体后，通常称为配料站。配料站起到储存砂石料和在称量砂石料时控制配料的作用。上部仓体可由混凝土浇筑而成，也可整体做成钢结构，常以地仓式配料站和钢结构配料站进行区分。

图 3-26 所示为地仓式配料站。筛网用来筛除骨料中不符合要求的粗骨料，以保证设备的正常运转。开关储料斗门可对计量斗配料，储料斗门为弧形门，通过调节斗门与料斗的间隙，能够有效地防止料门卡料。压缩气体通过电磁阀到达气缸活塞两端，使气缸活塞杆动作，从而驱动斗门的开关，实现对各种骨料的配给。因砂有较大的黏性，在配料时，斗门打开，振动器延时振动，使砂顺畅下料。

图 3-27 所示为钢结构配料站，前板、后板、隔板、侧板和储料斗等构成钢结构配料站的骨料储料仓，各板采用插销连接，仓下部设有筛网，避免大粒径骨料进入称量斗中。每一个仓下面对应一个称量斗，采用独立称量，保证称量的精确性。该种结构具有上料

方便、下料顺畅、结构紧凑、安装快捷、运输方便等特点。配料站中的仓体数量与所配制混凝土所需要的砂石料种类有关，有 3 仓、4 仓和 5 仓等不同规格，一般 4 仓即可满足使用需要。

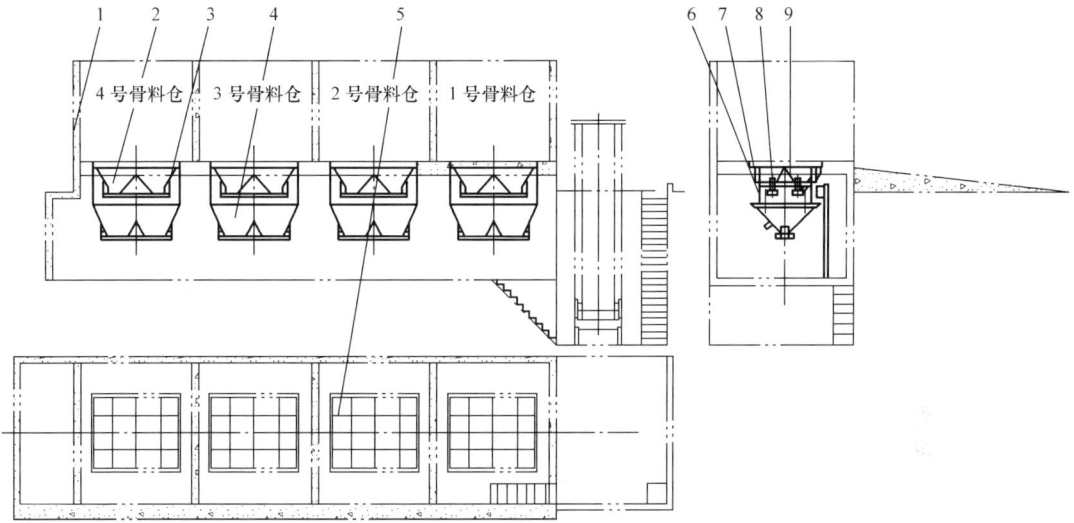

图 3-26　地仓式配料站
1—储料仓；2—料斗；3—传感器；4—计量斗；
5—筛网；6—振动器；7—气缸；8—储料斗门；9—计量斗门

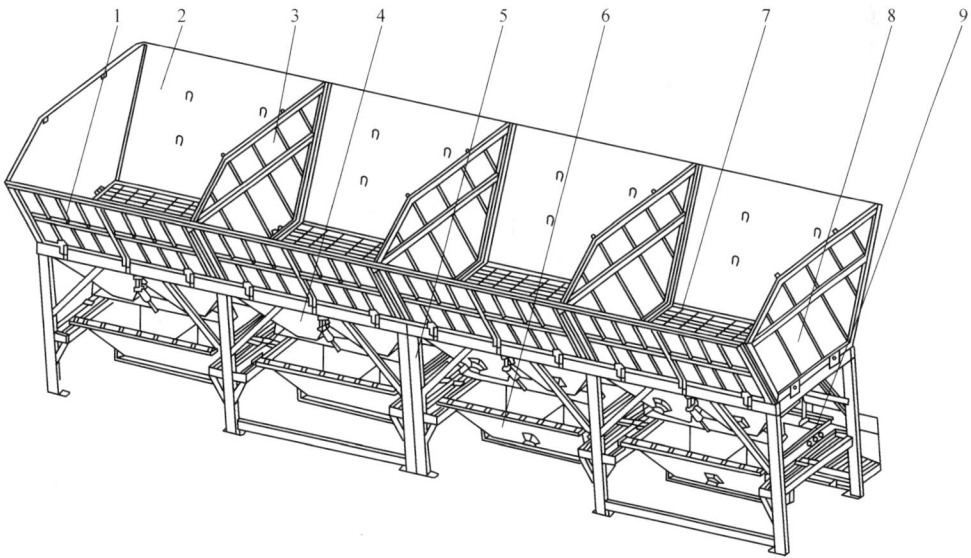

图 3-27　钢结构配料站
1—前板；2—后板；3—隔板；4—储料斗；5—支架；6—骨料计量斗；7—筛网；8—侧板；9—传感器

3. 骨料待料斗

骨料待料斗如图 3-28 所示，它是个过渡料斗，可起到暂存骨料的作用。骨料待料斗缩短了搅拌楼工作循环时间，是搅拌楼提高生产率的重要保证。因骨料在进入骨料待料斗时会有较强的冲击，在斗体 3 内部往往衬有可拆换衬板或其他耐磨机构；防尘帘 2 用于减少骨料待料斗内的粉尘外扬。骨料待料斗工作过程为气缸 6 驱动斗门 5 打开后，振动器延时动作，将骨料待料斗中的骨料快速卸尽。

4. 外加剂罐

外加剂罐如图 3-29 所示，是储存液体外加剂的罐体。随着外加剂的普遍使用，它已成为混凝土搅拌楼的必备设备。罐体为圆柱形，液位显示管用来显示罐内外加剂的位置，在往外加剂罐内加料时，可防止外加剂溢出。由于外加剂容易沉淀，时间久了容易在罐底沉淀，需要将其排出，因此在罐体底部设有卸污阀。而在使用过程中为了让液状外加剂的成分均匀，防止沉淀，在罐体上设置了回流管。外加剂泵启动后，泵出的一部分外加剂送到外加剂计量斗进行计量，而另一部分又被送回罐内，在罐内形成冲击，促使外加剂处于动态，从而避免了外加剂的沉淀，保持了外加剂的匀质性，有利于保证混凝土质量的稳定性。

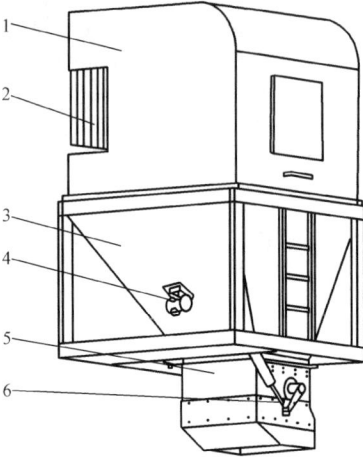

图 3-28　骨料待料斗
1—斗罩；2—防尘帘；3—斗体；
4—振动器；5—斗门；6—气缸

5. 混凝土卸料斗

混凝土卸料斗如图 3-30 所示，它是成品混凝土从搅拌机卸出后，落入搅拌车前的一个过渡料斗。混凝土卸料斗起到了对成品混凝土的暂存作用，对搅拌车可起缓冲作用，并可让搅拌机中的混凝土料尽快卸出。

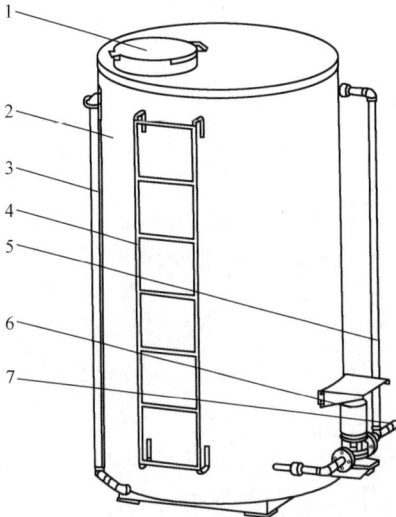

图 3-29　液体外加剂罐
1—进料口；2—罐体；3—液位显示器；4—爬梯；
5—回流管；6—外加剂泵；7—出料管

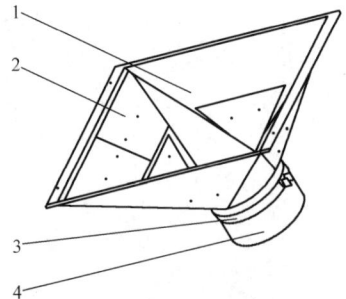

图 3-30　混凝土卸料斗
1—斗体；2—耐磨衬板；
3—卡箍；4—橡胶管

五、计量（称量）系统

计量系统是混凝土生产过程中的关键工艺设备，它控制着混凝土配合比的精确度。

（一）计量方式的分类

搅拌楼中物料的计量方式一般采用质量（重力）计量，也可采用体积计量。但目前除水和液体外加剂采用体积计量外，其余物料一般都要求采用质量计量。

根据一个计量斗（也称秤斗或称量斗）中所称量物料种类可分为单独计量和累计计量，两种计量方式的计量精度相同。单独计量是每个计量斗只称一种物料；累计计量是每个计量斗可称多种物料，即称完一种物料后，在同一斗中再累加称另一种物料。通常双阶式搅拌装置多采用累积称量，单阶式搅拌装置多采用单独称量。

按秤的传力方式可分为杠杆秤、电子秤及杠杆电子秤三种计量方式。杠杆秤一般由多级杠杆和圆盘表头组成，电信号由表头内的高精度电位器发出；杠杆电子秤一般由一级杠杆和一个传感器组成；电子秤是由多个传感器直接悬挂计量斗。

上述三种形式各有其优缺点：①杠杆秤可靠性好，但所占空间较大，由于表头弹簧、摆锤等工艺复杂，因此成本相对较高；②电子秤结构简单，所占空间小，但使用多个传感器，对传感器要求较高，一个传感器损坏时，检查较困难；③杠杆电子秤将杠杆秤的表头改换为传感器，结构简单、可靠性较高。但总的来说，随着传感器技术和微机技术的发展，大部分搅拌楼都采用了电子秤或杠杆电子秤的计量方式。

按作业方式，可分为周期分批计量和连续计量。周期分批计量适宜于周期式搅拌装置，而连续计量适宜于连续式搅拌装置。

（二）对计量系统的要求

1. 准确

一般称量器自身的精度都能达到 $0.1\%\sim0.5\%$，但由于物料下落时的冲击，给料装置与秤斗间有一定距离等原因，计量达不到这样的精确度。一般要求各种材料的计量精度详见表3-7。

表3-7　　　　　　　混凝土原材料计量允许精度　　　　　　　%

原材料	水泥	细骨料	粗骨料	水	矿物掺合料	外加剂
每盘计量允许偏差	±2	±3	±3	±1	±2	±1
累计计量允许偏差	±1	±2	±2	±1	±1	±1

称量误差对混凝土的强度影响很大，特别是水灰比的计量精度。所以在称量时要提高水泥和水的计量精度，并应测定骨料的含水率和对搅拌用水进行修正。

2. 快速

采用高级的称量器，还可以使一套计量设备为 $2\sim4$ 台搅拌机供料，这样大大节省了称量设备的数量。但是快速与准确两者是相互矛盾的，为了解决这一矛盾，许多自动计量设备都把称量过程分为粗称和精称两个阶段，在粗称阶段大量给料，缩短给料时间。当给料量达到要求称量的 90% 时，开始精称；在精称阶段，小量给料以提高称量的精度。

（三）计量斗

1. 骨料计量斗

骨料计量斗一般采用电子秤和杠杆秤两种形式。

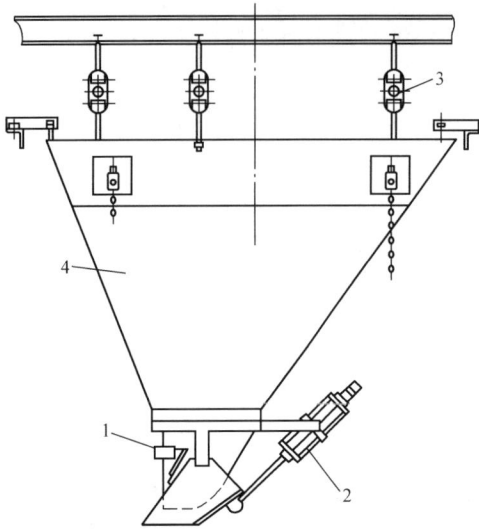

图 3 - 31　骨料电子秤

1—限位开关；2—出料弧门气缸；3—传感器；4—秤斗

图 3 - 31 所示为电子秤计量斗，由斗体、传感器、扇形门、气缸组成。计量完毕后，由气缸拉动扇形门将料卸出到搅拌机或上料装置中。

图 3 - 32 所示是杠杆电子秤斗，该斗既作计量斗，又作提升斗，由传感器、杠杆、斗体斗门等组成，当物料计量完毕后，料斗开始提升，提升到卸料位置时，料门由叉轨打开，将物料卸到搅拌机中。

2. 粉料计量斗

粉料计量斗用于称量水泥、粉煤灰、粉状外加剂等，一般由斗体、传感器（或杠杆及传感器）气缸、蝶阀等组成（见图 3 - 33），其中斗体有水泥进料口和出气口，水泥进口与螺旋输送机相接，出气口与除尘装置相接。有时粉料计量斗上需增加振动器，以保持下料畅通。

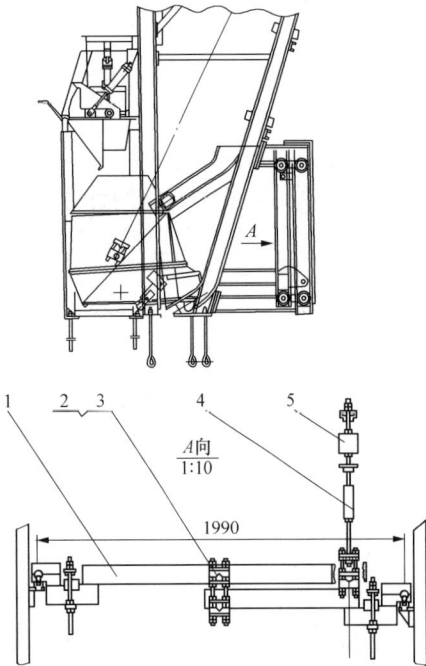

图 3 - 32　骨料杠杆电子秤

1—杠杆；2—刀刃；3—刀承；4—调整杆；5—传感器

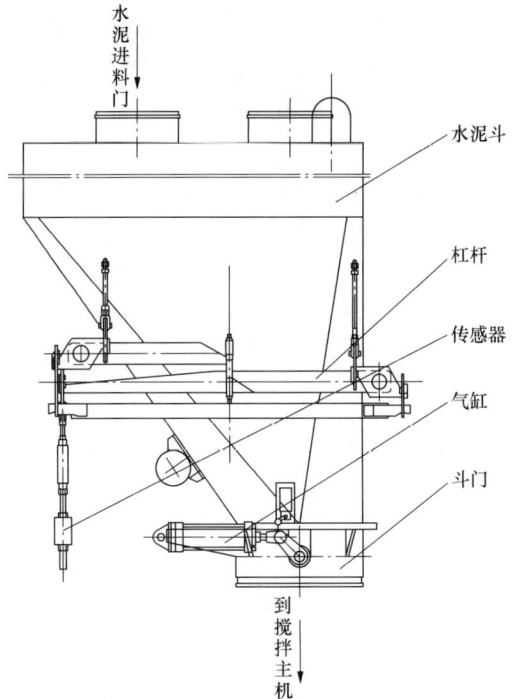

图 3 - 33　粉料计量斗

3. 水及液态外加剂计量斗

液态物料的计量一般有质量计量、容积计量、流量计量等方式。质量计量的计量斗，一般由斗体、传感器（或杠杆及传感器）卸料门组成，卸料门可为气动或电动蝶阀。水计量与液体外加剂量斗的形式基本相同，但水计量一般采用多个传感器悬挂，而液体外加剂用量少，一般用一个传感器悬挂。

（四）皮带秤

图3-34所示是一种由皮带卸料的计量斗，可采用电子秤或杠杆电子秤，由斗体、传感器（或杠杆及传感器）、皮带机组成，斗体与皮带机联为一体，当物料称量完毕后，皮带机启动，将骨料卸到上料装置中。这种计量方式在混凝土配料机中得到了广泛的使用，另外，连续式称量也是采用称量输送带。

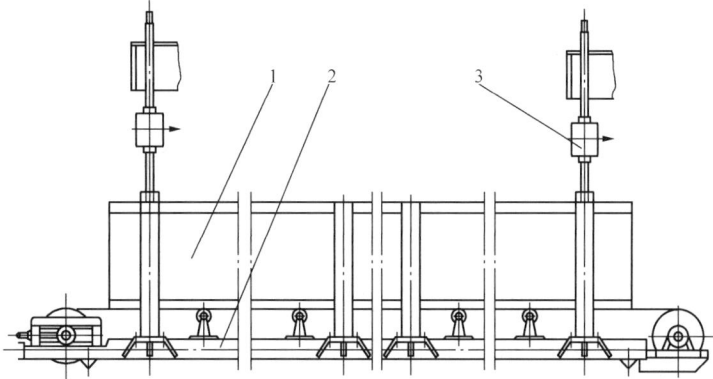

图3-34　皮带卸料计量斗
1—斗体；2—皮带机；3—传感器

为了实现连续称量，在输送带动上安装有调节装置，其调节方式有两种。其一是通过调节振动给料器的振幅（或频率）来控制物料卸料的流量（见图3-35）；其二是通过调节输送带的速度来控制物料卸料的流量（见图3-36）。

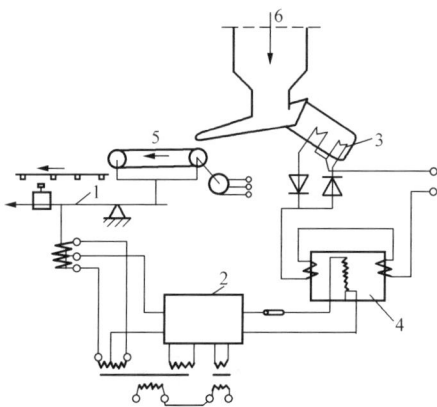

图3-35　调节振幅控制物料的连续称量装置
1—主秤；2—放大器；3—振动给料器；
4—激磁电抗器；5—称量带；6—物料输入

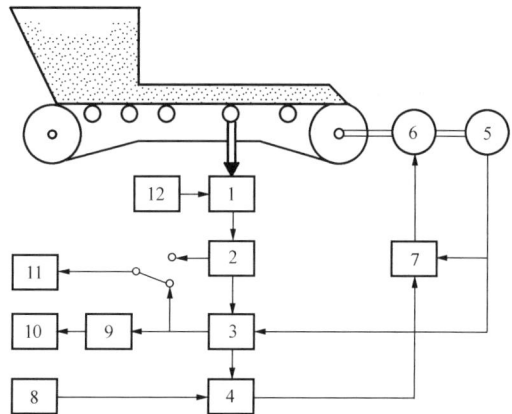

图3-36　调节带速控制物料流量的连续称量装置
1—称量传感器；2—测量放大器；3—计算机；4—调节器；
5—数字快速表；6—直流电动机；7—可控硅控制装置；
8—额定值设定；9—电压频率换能器；10—输送量计数器；
11—输送厚度/输送带载荷显示；12—恒压电流

六、混凝土搅拌楼生产工艺流程及立面布置实例

下面介绍几个搅拌楼的生产工艺流程及立面布置实例。图 3-37 为 HZS 型混凝土搅拌站的典型设置图；图 3-38 为 HZS75D 型混凝土搅拌站立面布置图。

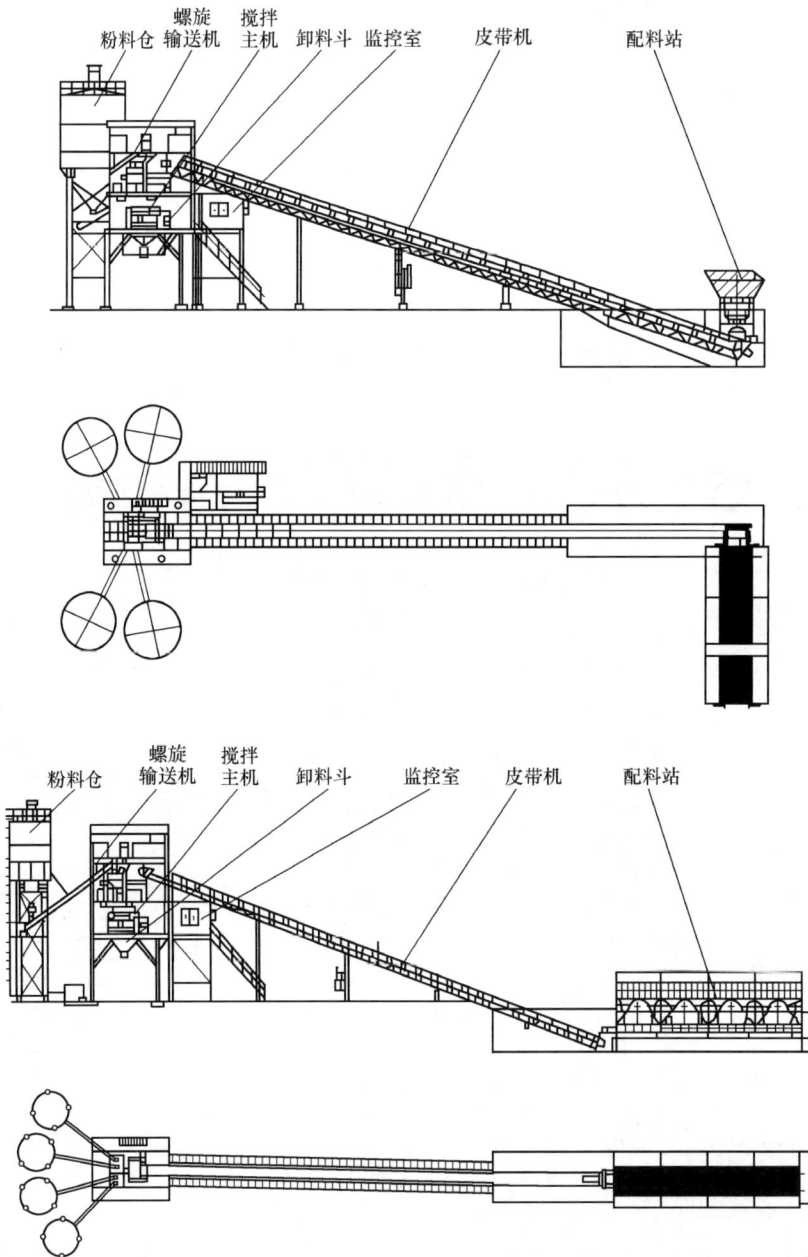

图 3-37　HZS 型混凝土搅拌站典型设置图

技术参数

1. 生产率：75m³/h
2. 出料高度：3.8m
3. 柱距型号：JS1500 双卧轴
4. 砂石料仓容量：3×18m³（二石一砂）
5. 砂石上料高度：2800mm
6. 砂石称量形式：皮带秤
7. 其余称量形式：拉杆平衡秤
8. 称量范围：砂石 500～4000kg（三料累计），
   水泥 20～800kg，粉煤灰掺合料 5～200kg，
   水 10～450kg，外加剂 1～50kg（二料累计）
9. 筒仓规格：水泥仓 100t×3
10. 螺旋机规格：水泥 φ273×8.98m×45°，
    粉煤灰 φ273×8.98m×45°
11. 皮带机规格：平皮带 1000m×12.4m
12. 控制形式：手动、半自动、电脑全自动
13. 装机总容量：约 150kW
14. 外形尺寸：10.65m×4.6m×10.235m（主体）

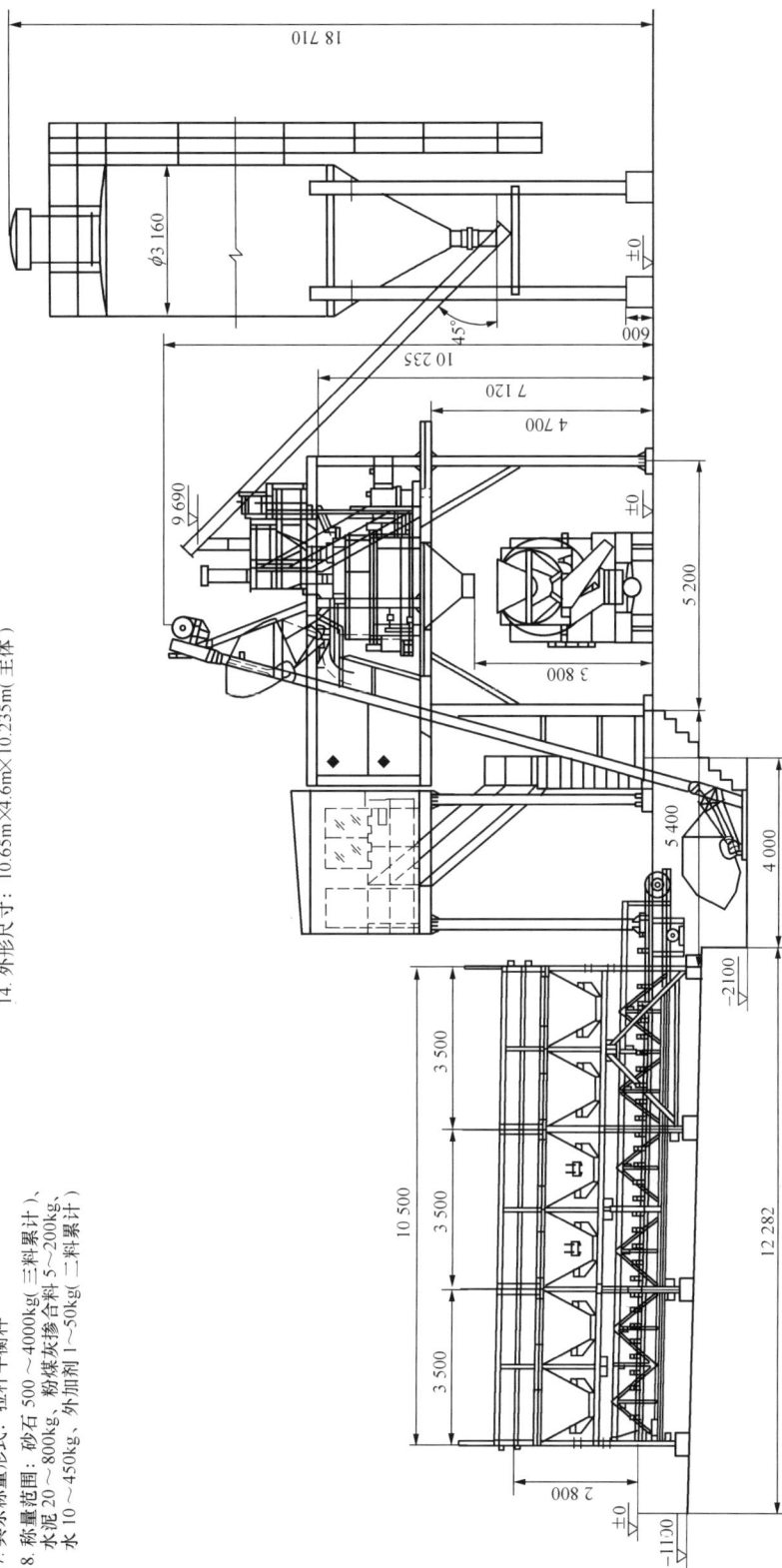

图 3-38 HZS75D 型搅拌站立面布置图

复 习 思 考 题

1. 混凝土搅拌的任务是什么？其搅拌过程分为哪几个阶段？
2. 简述混凝土的搅拌理论，并根据搅拌理论分析自落式搅拌机和强制式搅拌机的差异性。
3. 简述提高混凝土搅拌质量的方法。
4. 简述混凝土搅拌机种类、数量等的选用原则及搅拌机数量的计算过程。
5. 简述混凝土搅拌楼的分类和工艺流程。
6. 简述混凝土搅拌楼的组成及各部分的作用。

第四章　混 凝 土 的 输 送 工 艺

新拌混凝土是指从搅拌终了算起，直到混凝土完全失去流动性和可塑性为止的整个阶段。新拌混凝土必须在具有一定流动性和可塑性的条件下，采用各种设备输送到指定的施工地点，且要求混凝土在输送过程中保持均匀性，不离析、不分层、不泌水，这样才能有利于施工的顺利进行和制得密实、均匀的混凝土。

混凝土拌和物为多相分散体系，包含有三相。一是流动相，主要是水泥、矿物掺合料及拌和用水所形成的浆体；二是固相，包括砂、石骨料，主要起骨架作用；三是气相，主要是搅拌时混入的空气或掺入引气剂后形成的气泡等。在输送过程中，混凝土会受到各种如自身重力、机械搅拌、泵压、设备振动等外力作用，要保持三相的均匀性，则必须要求混凝土具有与之相适应的性能。

为了更好地了解和处理混凝土输送过程中的各种情况，应先了解混凝土的流变学原理，在此基础上，再了解混凝土各种输送设备的原理和结构。

第一节　混 凝 土 流 变 学 原 理

一、流变学的基本模型

流变学是研究物体流动和变形的科学，是近代力学的一个分支。在适当的外力作用下，物质能流动和变形的性能称为该物质的流变性。流变学的研究对象几乎包括了所有物质，综合研究了物质的弹性变形、塑性变形和黏性流动。

对混凝土而言，则是研究水泥浆、砂浆和混凝土拌和物黏性、塑性、弹性的演变，以及硬化混凝土的强度、弹性模量和徐变等问题。

研究材料的流变特征时，要研究材料在某一瞬间的应力和应变的定量关系，这种关系常用流变方程来表示。一般材料流变方程的建立，都是基于以下三种理想材料的基本模型（或称为流变基元）的基本流变方程。

（1）胡克（Hooke）固体模型（H-模型），表示具有完全弹性的理想材料。

（2）圣维南（St.Venant）固体模型（Stv-模型），表示超过屈服点后只具有塑性变形的理想材料。

（3）牛顿（Newton）液体模型（N-模型），表示只有黏性的理想材料。

以上三种基本模型的表示方式、流变方程和应力—应变—时间的关系如图 4-1 所示。

弹性、塑性、黏性和强度是 4 个基本流变性质，根据这些基本性质可以导出其他性质。胡克固体（H）具有弹性和强度，但没有黏性；圣维南固体（Stv）具有弹性和塑性，但没有黏性；牛顿液体（N）具有黏性，但没有弹性和塑性。严格地说，以上三种理想物体并不存在，大量的物体都介于弹性、塑性、黏性体之间。所以实际材料的流变性质具有所有上述四种基本流变性质，只是在程度上具有差异，各种材料的流变性质可用具有不同的弹性模量

G、黏性系数 η 和表示塑性的屈服应力 τ_y 的流变基元以不同的形式组合成的流变模型来研究。

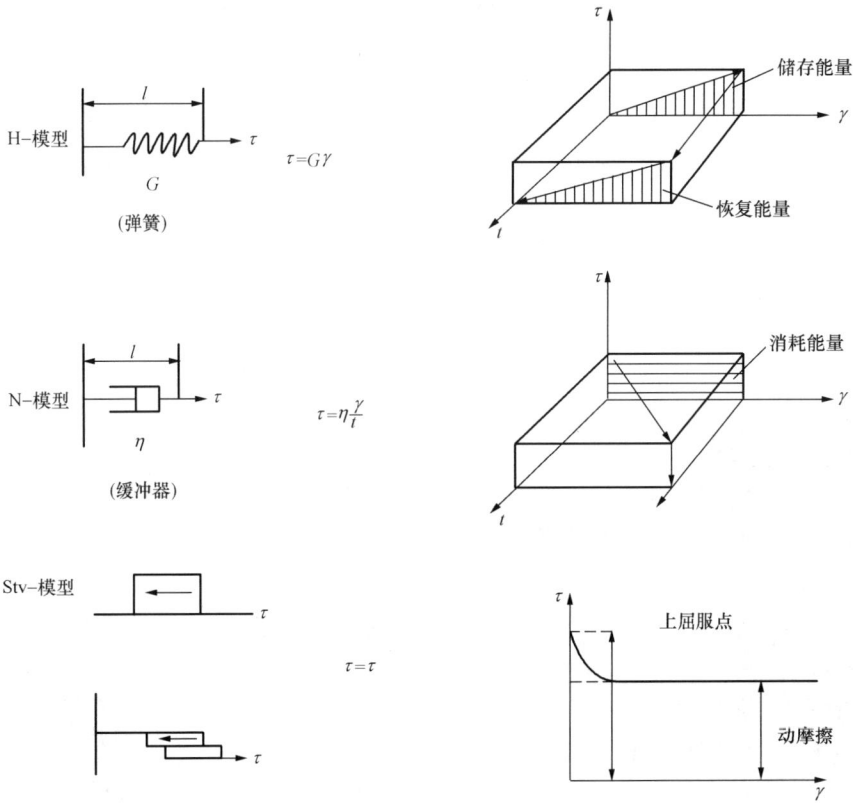

图 4-1 流变学基本模型

二、新拌混凝土的流变方程

固体材料在外力作用下要发生弹性变形和流动，应力小时作弹性变形，应力大于某一限度（屈服值）时发生流动。混凝土拌和物也基本上具有类似的变形特征，但因为屈服值很小，所以由流动方面的特征所支配。

1. 混凝土的流变方程

混凝土拌和物的流变性质可用宾汉姆（Bingham）模型来研究，如图 4-2 所示。

显然，当 $\tau < G\gamma_e$（其中 γ_e 为弹性元件的弹性变形极限值）时，则并联部分不发生变形，因此

$$\tau = G\gamma_e \qquad (4-1)$$

$$\gamma_e = \frac{G}{\tau} \qquad (4-2)$$

当 $\tau > \tau_y$ 时，则在并联部分发生与应力（$\tau - \tau_y$）成正比的黏性流动，因此有

$$\tau - \tau_y = \eta \frac{\mathrm{d}\gamma}{\mathrm{d}t} \qquad (4-3)$$

因为总的变形 $\gamma=\gamma_e=\gamma_v$（γ_v 为黏性基元的变形），而 γ_e 是常数，因此式（4-3）可写成

$$\tau=\tau_y+\eta\frac{\mathrm{d}\gamma}{\mathrm{d}t} \tag{4-4}$$

式（4-4）称为宾汉姆方程，符合宾汉姆方程的液体称为宾汉姆体。式（4-4）中若 $\tau_y=0$，则成为牛顿液体公式。

牛顿液体和宾汉姆体的流变方程中黏度系数 η 为常数，变形速度 $D=\dfrac{\mathrm{d}\gamma}{\mathrm{d}t}$ 和剪切应力 τ 的关系曲线（称为流动曲线）成直线形状，如图 4-3 中的 1 和 3。

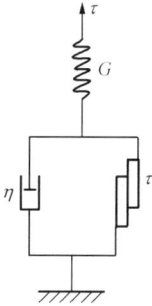

图 4-2 宾汉姆模型

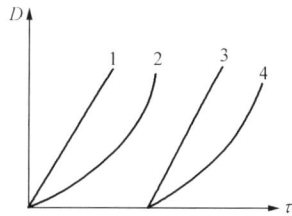

图 4-3 流动曲线的基本类型
1—牛顿流体；2—非牛顿流体；
3—宾汉姆体；4—一般宾汉姆体

但若液体中有分散粒子存在，胶体中凝聚结构比较强，黏度系数 η 将是 τ 或 D 的函数，则流动曲线形状如图 4-3 中的 2、4 那样，分别称为非牛顿液体和一般宾汉姆体。超流动性的混凝土拌和物接近于非牛顿液体，一般的混凝土拌和物接近于一般宾汉姆体。

2. 混凝土拌和物流变参数 τ_y 与 η 的含义

由混凝土拌和物的流变方程 $\tau=\tau_y+\eta\dfrac{\mathrm{d}\gamma}{\mathrm{d}t}$ 可知屈服剪切应力 τ_y 与黏度系数 η 是决定拌和物流变特性的基本参数。

屈服剪切应力 τ_y 是阻止塑性变形的最大应力，故又称为塑性强度。当在外力作用下产生的剪切应力小于屈服剪切应力时，拌和物不发生流动；只有当剪切应力比屈服剪切应力大时，才会发生流动。

拌和物的屈服剪切应力是由组成材料各颗粒之间的附着力和摩擦力引起的，如图 4-4 所示。在 A 和 B 的平面上，A 给予 B 以垂直压力 p，当 A 开始滑动时，接触面上产生剪切应力 τ，如 A 和 B 没有附着力，则库仑定律成立

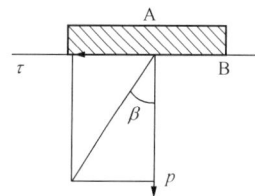

图 4-4 拌和物的屈服剪切应力

$$\tau=\mu p=p\tan\beta \tag{4-5}$$

式中　μ——摩擦系数；

　　　β——摩擦角。

如果 A 与 B 之间有附着力，则接触面上产生的剪切应力用 τ_y 表示，τ_y 与 p 的关系为

$$\tau_y = \tau_0 + p\tan\beta \tag{4-6}$$

式（4-6）中，τ_0 可以认为是垂直压力 p 为零时（即不考虑外力及重力时）所存在的剪切阻力，故称为附着力，它是由 A 与 B 之间的内聚力引起的。

黏性系数 η 是液体内部结构阻碍流动的一种性能参数。它是由于在流动的液体中，在平行流动方向的各层流之间，产生与流动方向相反的阻力（黏滞阻力）的结果。因此，黏性是流动的反面。对于不同的流体，黏性的大小取决于液体的内部结构。如果是黏性大到无穷的物体，则其流动将微乎其微，以至于无法测量，实际上成为弹性固体。物理的黏性越小，则物理流动越大。

宾汉姆体的黏度系数 η 是一个常数，然而其表观黏度 η' 则随着剪切应力的增大而减小，如图 4-5 所示。当 $\tau = \tau_y$ 时，表观黏度达到最大值，而 η 则是最小的表观黏度值。

三、泵送混凝土的流变学特性

（一）泵送混凝土的流动状态分析

混凝土拌和物类似于一般的宾汉姆体，因而在泵压的推动作用下混凝土拌和物在管道中流动，且具有"宾汉姆体"（即柱塞流）的特性。柱塞流与普通牛顿流体的主要区别在于管道内流体的速度分布不同。普通牛顿流体在层流的情况下，流速随管道半径的大小呈二次抛物线变化。而柱塞流则在半径小于某个值 r_0 的范围内，各处流速都是相同的，均处于最大值；当半径大于 r_0 的范围内，流速随半径的增大而下降，至管壁处流速降低为零。宾汉姆体在管道中的流速分布如图 4-6 所示。

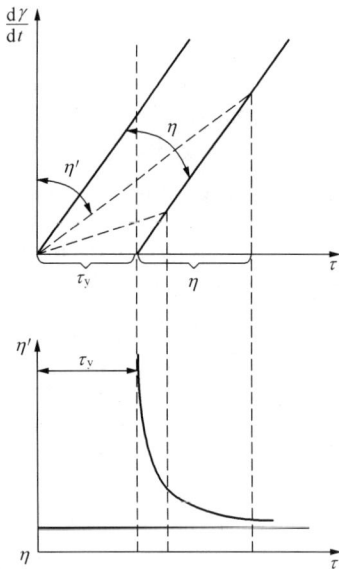

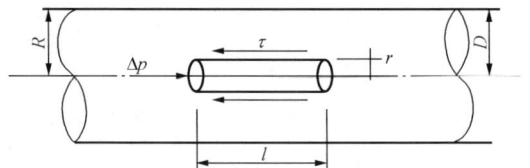

图 4-5　宾汉姆体表观黏度 η' 与 τ 关系曲线

图 4-6　宾汉姆体在管道中的流速分布

$$\Delta p\pi r^2 = 2\pi r l\tau \tag{4-7}$$

即

$$\tau = \Delta p\frac{r}{2l}$$

由图 4-6 及式（4-7）可知，宾汉姆体的屈服剪应力 τ 与柱塞流的柱塞部分半径 r 的大小呈正比，与管道内单位长度的压力损失 $\Delta p/l$ 呈正比。

流体物质在管道中流动有两种流动状态，即"层流"和"紊流"。层流是流动过程中流线与流线之间没有流体质点交换的流动，它主要表现为流体质点的摩擦和变形。层流的流速变化规律符合式（4-8），即流速 V 随半径 r 成二次抛物线变化，$r=0$ 处 $V=V_{\max}$；$r=R$ 处 $V=0$。

$$V=\frac{\Delta p}{4\eta l}\ (R^2-r^2) \tag{4-8}$$

层流的剪切应力随管道半径变化的规律符合式（4-9），即 $r=0$ 处 $\tau=0$；$r=R$ 处 $\tau=\frac{\Delta pR}{2l}$ 为最大。

$$\tau=-\eta\frac{\mathrm{d}V}{\mathrm{d}r}=-\eta\frac{\mathrm{d}\left[\dfrac{\Delta p(R^2-r^2)}{4\eta l}\right]}{\mathrm{d}r}=\frac{\Delta p}{2l}r \tag{4-9}$$

在目前的泵送技术条件下，泵送混凝土在输送管中的流动速度不高，理论上属于层流。但是，混凝土拌和物属于一般宾汉姆体，而非牛顿流体。因而，泵送混凝土在管道中的流动除服从层流的流动特性外，还具有其特有的一些特征。

根据宾汉姆体的流变方程式，即式（4-4）可知，当 $\tau>\tau_y$ 时才开始产生流动。而由层流的剪切应力变化规律式，即式（4-8）可知，近管壁处的剪应力 τ 最大，因而，在混凝土泵的推动下，只要管壁处的剪应力 $\tau>\tau_y$，混凝土拌和物就能在管中开始流动，而任一半径处的混凝土拌和物，只要 $\tau\leqslant\tau_y$，就不产生流动，在该半径以内的混凝土拌和物则以等速（如固体柱塞流）向前运动，而柱塞流内部无相对运动。这就是泵送混凝土时在输送管中产生柱塞流动的原理。

混凝土进行泵送时，混凝土中的水泥浆（或水泥砂浆）在压力作用下挤向外围，在输送管内表面形成一个薄薄的水泥（或水泥砂浆）层，起润滑的作用。泵送时，只要混凝土泵推力产生的剪切应力大于水泥浆（或水泥砂浆）的屈服应力 τ_y，即混凝土拌和物产生流动。而 $\tau'_y<\tau_y$，这有利于泵送，这就是施工时为何在正式泵送混凝土之前，先压送一定量的水泥浆或水泥砂浆进行管壁润滑的道理。

（二）组成材料对混凝土可泵性的影响

1. 水泥

混凝土泵送工艺需要的可泵性，与水泥用量有很大关系。因为混凝土拌和物中粗骨料本身无流动性，它必须均匀地分散在水泥浆体中才能流动（相对位移），而粗骨料产生相对移动的阻力和水泥浆的厚度有关。

在混凝土拌和物中，水泥浆填充骨料颗粒间的空隙并包裹骨料，在骨料表面形成浆层，而该浆层的厚度加大，则骨料产生相对移动的阻力就会减少。含浆量大，则骨料产生相对移动的阻力就会减少。另外含浆量大，则骨料相对减少，混凝土的坍落度（流动性或工作度）就会增大，在泵送过程中能使泵送管道内壁形成薄浆层，起到润滑作用，有利于泵送。这个薄浆层的作用原理可以联系到摩擦理论加以分析，由黏着理论而言，摩擦表面互相黏着，是造成摩擦和磨损的根本原因。如果把泵送压力当做一定值，此时要降低摩擦系数 μ 时，主要途径是设法降低或减弱摩擦剪切强度，摩擦剪切强度的大小取决于管道内壁表面的润滑性能。很显然水泥浆的含量对混凝土泵送特别重要。所以泵送混凝土中最小水泥用量在国内外都有明确规定。

水泥对拌和物工作性的影响主要反映在水泥的需水量上。不同品种的水泥、水泥细度、水泥矿物组成及混合材料，其需水性不同。需水性大的水泥比需水性小的水泥配制的拌和物，在相同的流动性条件下，需要较多的用水量。

在普通硅酸盐水泥中掺入矿渣、火山灰等混合材料都对水泥的需水性有影响，其中以火山灰的影响最为显著，这是因为它具有吸附及湿膨胀性能的缘故。

除了水泥用量影响泵送性能以外，水泥浆本身的稠度也与泵送性能关系密切，稠度过大（水灰比过小），阻力也大，流动性就会降低，由此将会引起混凝土拌和物不能泵送。但水灰比过大，将对混凝土强度产生较大的负面影响。

2. 骨料

骨料在混凝土中所占据的体积最大，因此它的性能对混凝土可泵性的影响较大。这些性能包括级配、颗粒形状、表面状态及最大粒径等。

级配好的骨料空隙率低，在相同水泥浆量的情况下，可以获得比级配差的骨料更好的可泵性。但在富水泥浆的拌和物中，级配的影响将显著减少。

骨料级配中，小于10mm、大于0.3mm之间的中等颗粒含量对拌和物可泵性的影响最为显著。如果中等颗粒含量过多，即粗骨料偏细，细骨料偏粗，那么将导致拌和物粗涩、松散，可泵性差；如果中等颗粒含量过少，会使拌和物黏聚性变差并发生离析。

一般细骨料填充于粗骨料间的空隙，水泥浆填充在粗骨料和细骨料间的空隙，并有一定的剩余来包裹骨料表面，使混凝土拌和物具有一定的流动性。砂率变动使骨料总表面积和空隙率均发生变化，因此对混凝土拌和物和易性有明显的影响。在水泥浆用量一定的情况下，砂率过大，骨料的比表面积和空隙率均增大，骨料间的水泥浆层厚度相对变薄，拌和物显得干稠，流动性变差；砂率过小，细骨料不足以填充粗骨料间的空隙而需水泥浆来补充，骨料表面包裹层的厚度降低，粗骨料间的内摩擦阻力增大，不但降低了混凝土拌和物的流动性，而且会严重影响混凝土拌和物的黏聚性和保水性，使混凝土产生粗骨料离析、水泥浆流失甚至溃散等现象。因此，存在一个合理的砂率，即在水泥浆用量相同和水灰比不变的情况下，混凝土拌和物的坍落度达到最大值；或在采用合理砂率时，达到相同的坍落度时水泥用量最少。

其他条件相同时，在一定范围内，平均粒径增大，质量相同的骨料颗粒总数减少，则同样数量的水泥浆对骨料表面的包裹层变厚，流动性改善；随着骨料最大粒径的减小，水泥用量急剧增加。

在混凝土骨料用量一定的条件下，用表面润湿的卵石和河砂拌制的混凝土拌和物，与用碎石和山砂拌制的混凝土拌和物比，虽然后者的抗压强度比前者高，但物料的摩擦阻力大，流动性差，而前者虽然抗压强度不如后者，但其摩擦阻力小，流动性好。

3. 泵送剂

混凝土的水灰比是决定泵送混凝土可泵性的主要因素之一，一般认为水泥水化所需理论水灰比为0.20～0.25左右，但在实际施工时为了使混凝土拌和物易于拌制、浇筑及振捣密实，往往其用水量要比理论用水量大得多，对泵送混凝土而言，为了达到良好的流动性，则其用水量将更远远地超过理论用水量，但这些都是为了施工工艺需要而加的多余的水，在成型后就将失去作用，随着龄期的增长，这部分多余的水将逐渐蒸发，在混凝土内部留下的孔隙，影响混凝土的强度及其他物理性能。因此在泵送中希望混凝土具有良好的流动性，但用水量又不能太大，这就需要借助泵送剂的功效，在配制泵送混凝土时泵送剂已成为不可缺少的组分。

泵送剂阻止了水泥颗粒的凝聚，使凝聚体内的包裹水释放出来，使混凝土拌和物的和易性大大改善，大幅度地增大了坍落度。若拌和物具有相同的坍落度，那就能减少用水量，降低水灰比，将给硬化混凝土带来很多有利因素。虽然泵送剂对混凝土的泵送有种种好处，却不宜过量使用，一是泵送剂的增加会增加混凝土的总成本，二是大量的泵送剂可能导致混凝土缓凝。

4. 水灰比和集灰比

当要保持流动性不变时，任何集灰比的改变都会引起水灰比的改变。这种变化关系可从图4-7的阿勒森德逊曲线看出，当骨料体积很大时，需要的水灰比趋近于无限大，也就是说水泥要充分稀释到像纯粹的水一样，此时骨料的体积含量称为骨料极限值，该值是曲线的渐近线。这在理论上可以认为是能够达到规定的流动性时骨料的最大值，它取决于所要求拌和物的流动性。拌和物越干硬，其值越大。但是，实际上并不能测定骨料体积相应于骨料极限值时拌和物的流动性。在骨料体积为零的另一端，表示能达到所规定流动性的纯水泥浆的水灰比，称为水泥浆水灰比极限值。很显然，水泥浆水灰比极限值也取决于所要求的可泵性，越干硬则水灰比越小。

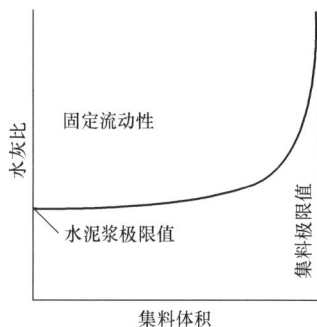

图4-7　阿勒森德逊曲线

5. 水和细粉

混凝土拌和物是由表面性质、颗粒大小和密度不同的固体材料与液体（水）组成的。拌和物在尚未加水之前，这个体积只是各种固体材料（粗骨料、细骨料和水泥等）散状颗粒堆聚体，各颗粒之间无任何有机联系，空隙率很大。但在加水拌和之后，就可以使这个散状颗粒聚集体各组分形成连续性，水泥也开始水化。很显然，在混凝土拌和物中水是关键，它是粗骨料、细骨料、水泥、外加剂（如减水剂）以及掺合料（如粉煤灰）等组成材料之间的联络相，不但是混凝土拌和物中水泥水化的必要条件，而且也主宰着混凝土泵送的全过程。混凝土拌和物加水拌和使其流动性满足泵送施工工艺要求，这是水对泵送有利的一个方面。与此相反，如果水加得太多，浆体稀释不利于泵送而且对混凝土强度和耐久性均有很大的负面影响。

如果在混凝土拌和物中的细粉料（水泥加0.3mm以下的细料）对水没有足够的吸附能力和阻力，就会有一部分水在泵压作用下从固体颗粒之间的空隙流向阻力较小的区域内。在泵送过程中，这种现象在输送管内便会造成压力传递不均，以致水先流走，骨料与水泥浆分离，这是水对泵送不利的一个方面。由于水通过固体材料之间的空隙的阻力与固体物的粒径大小有关，颗粒的粒径越细水通过的阻力越大。因此，在泵送混凝土中更显示出水对细粉料的依赖性，这与混凝土的可泵性有直接关系。基于上述原因，这部分细粉料在泵送混凝土中应有一定数量。泵送混凝土增加细粉料和使用减水剂的原理，实际上是稠化和提高净浆的内聚性，目的是防止混凝土拌和物在泵压作用下脱水。脱水具有两种渐增的反作用：一是降低混凝土的流动性；二是减少起润滑作用的流体，最终导致拌和物在管道内堵塞，不能泵送。

第二节　常用混凝土输送设备简介

当混凝土的输送距离（或输送时间）超过某一限度时，混凝土就可能在运输过程中发生分层离析，甚至出现初凝现象，严重影响混凝土的质量，这是施工所不允许的。为此，混凝土的输送系统作为混凝土生产部门与混凝土施工部门的联系纽带，对确保混凝土工程质量具有重要意义。

根据混凝土结构类型和浇筑方法，混凝土输送系统分类如图4-8所示。

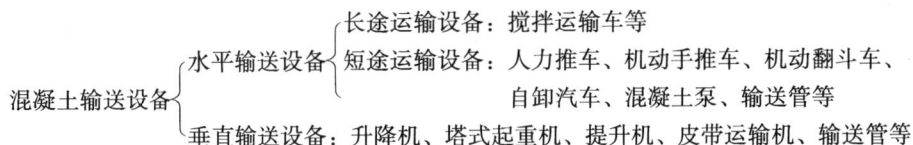

$$
\text{混凝土输送设备}
\begin{cases}
\text{水平输送设备}
\begin{cases}
\text{长途运输设备：搅拌运输车等}\\
\text{短途运输设备：人力推车、机动手推车、机动翻斗车、}\\
\qquad\qquad\qquad\text{自卸汽车、混凝土泵、输送管等}
\end{cases}\\
\text{垂直输送设备：升降机、塔式起重机、提升机、皮带运输机、输送管等}
\end{cases}
$$

图4-8　混凝土的输送系统

一、水平输送设备

1. 人力推车输送

常用的人力推车有独轮推车和双轮手推车（见图4-9）。独轮推车可装混凝土0.04～0.06m³，双轮推车一般可装混凝土0.17m³。

人力推车在使用中应注意的事项如下：

（1）运输路面或车道板须平整，并须随时清扫干净，以免车子振动使混凝土产生离析。

（2）运输路面或车道板的坡度，一般不宜大于15%，一次爬高不宜超过2～3m，运距不宜超过200m。

图4-9　双轮手推车

（3）运输途中如混凝土产生离析及和易性损失较大，应进行二次搅拌，雨天或低温运输混凝土时，车上应加覆盖物。

2. 自卸汽车输送

一般采用的自卸汽车如图4-10所示。以解放牌自卸汽车为例，其载重量为3.5t，每车可装1.2m³。

用自卸汽车运输混凝土时注意的事项如下：

（1）合适的运输距离为500～2000m，道路应保持平整，以免混凝土受振离析。

图4-10　自卸汽车

（2）车厢必须严密，混凝土的装载厚度应少于40cm。

（3）每次卸料应尽量将混凝土卸净，并定期加以清洗。

3. 搅拌车输送

进行现浇混凝土施工时，运输混凝土可以分为地面运输（又称下水平运输）、垂直运输和楼面运输（又称上水平运输）三种情况。

地面运输混凝土所采用的混凝土搅拌输送车，详见本章第三节。

4. 混凝土泵输送

混凝土泵结合布料管道，可实现长距离水平和垂直输送混凝土，详见本章第四节。

二、垂直输送设备

1. 起重机输送

常用的起重机输送设备有塔式起重机和井架起重机，如图4-11和4-12所示。

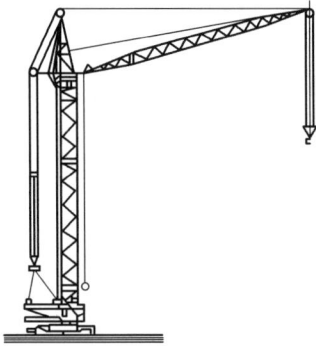

图 4-11 塔式起重机

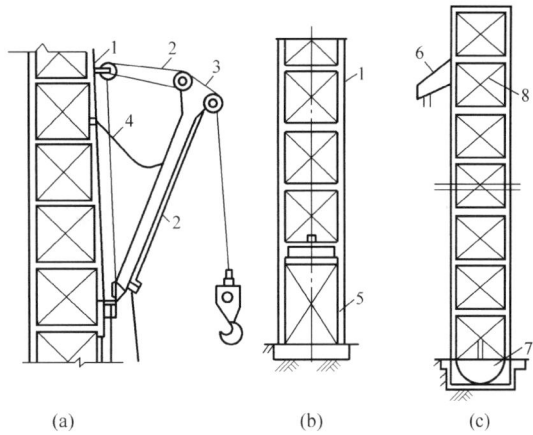

(a)　　　　　　(b)　　　　　　(c)

图 4-12 井架起重机

(a) 拔杆式；(b) 吊盘式；(c) 吊斗式

1—井架；2—钢丝绳；3—拔杆；4—安全索；5—吊盘；

6—卸料溜槽；7—吊斗；8—吊斗卸料

利用吊罐（吊斗）运输混凝土时应注意的事项如下：

（1）吊罐（吊斗）出口至浇筑面的高度，一般以 1.5m 为宜。

（2）斗门开关必须保持灵活方便，使斗门敞开的大小可自由调节，以便能控制混凝土的出料数量。

2. 皮带运输机输送

带式运输机运输混凝土，适用于大体积混凝土工程，适宜的运距为 300～400m。常用胶带机的宽度为 40～60cm，每小时可运输混凝土约 20～30m³。

用胶带机运输混凝土应注意的事项如下：

（1）运输带的坡度不得超过表 4-1 的规定。

（2）尽可能使胶带在满载情况下运输，运输的极限速度不宜超过 1.2m/s。

（3）胶带机机头下部应装设刮浆板，卸料处应设挡板或无底箱，使混凝土垂直下落。

（4）混凝土坍落度不宜小于 2.5cm，不宜大于 15cm。

（5）带式运输机上应搭设盖棚，以免日晒、雨淋。

表 4-1　　　　　　　　　　　　运输带的最大倾角

坍落度（cm）	向上输送坡度	向下输送坡度
<4	20°	12°
4～8	15°	10°

第三节　混凝土搅拌运输车

一、混凝土搅拌运输车的工作特点及工作方式

1. 搅拌运输车的工作特点

混凝土搅拌输送车实际上就是在载重汽车或专用运载底盘上，安装着混凝土搅拌装置的

组合机械，它兼有载运和搅拌混凝土的双重功能，可以在运送混凝土的同时对其进行搅拌或搅动。

2. 搅拌运输车的工作方式

基于混凝土搅拌输送车的上述工作特点，通常可以根据对混凝土运距长短，现场的施工条件以及对混凝土配合比和质量要求等不同情况，采取下列不同的工作方式：

（1）预拌混凝土搅动运输。这种运输方式是搅拌输送车从预拌混凝土工厂装进已经搅拌好的混凝土，在运行工地的途中，使搅拌筒作 $1\sim3r/min$ 低速转动，将载运的预拌混凝土不停地进行搅动，以防止出现离析等现象，从而使运到工地的混凝土质量得到控制，并相应增长运距。但这种运送方式，其运距（或运送时间）不宜过长，应控制在预拌混凝土开始初凝以前，具体的运距或时间视混凝土配合比和道路、气候等条件而定。

（2）混凝土拌和物的搅拌运输。这种运输方式又分为湿料和干料搅拌运输两种情况。

1）湿料搅拌运输。搅拌输送车在配料站按混凝土配合比同时装入水泥、砂石骨料和水等拌和物，然后在运送途中或施工现场，使搅拌筒以 $8\sim14r/min$ 的搅拌速度转动，对混凝土进行拌和。

2）干料注水搅拌运输。在配料站按混凝土配合比分别向搅拌筒内加入水泥、砂石等干料，再向车内水箱中加入搅拌用水，在搅拌输送车驶向工地途中的适当时候向搅拌筒内喷水进行搅拌。

混凝土拌和物的搅拌运输，比预拌混凝土的搅动运输能进一步延长对混凝土的输送距离（或时间），尤其是混凝土干料的注水搅拌运输，可以将混凝土运送到很远的地方。另外，这种运输方式又用搅拌输送车代替了混凝土工厂的搅拌工作，因而可以节约设备投资，提高生产率。但是，搅拌输送车由于其搅拌装置的搅拌强度限制，难以获得像混凝土工厂生产的那样均匀一致的混凝土。所以，在对混凝土的质量要求越来越严格的现代建筑施工中，对预拌混凝土的搅动运输是搅拌输送车的主要工作方式。

当然，这种搅拌输送车对混凝土的运送距离并不是无限制的。从运输的经济性和合理性来看，对于不同装载容量的搅拌输送车都有它的经济运距，有些国家已对某些配套使用的搅拌输送车的运距（运送时间）作了具体规定，以求达到最佳的经济效果。目前混凝土搅拌输送车的平均运距为 $10\sim15km$，见表4-2。

表4-2　　　　　　　　　　混凝土的输送时间要求

混凝土强度等级	温度<25℃	温度≥25℃
<C30	120min	80min
≥C30	90min	60min

现在，混凝土搅拌输送车多作为混凝土工厂或搅拌站的配套输送机械，通过它们将混凝土工厂与许多施工工地联系起来。如果它又能与混凝土输送泵配合，在施工现场进行接力输送，则可以完全不再需要人力的中间周转而将混凝土连续不断地输送到施工浇筑点，实现混凝土输送的高效能和全部机械化，这样不但大大地提高了劳动生产率和施工质量，而且有利于现场的文明施工，对现场狭窄的施工工地更能显示出它的优越性。

二、混凝土搅拌运输车的分类及组成

1. 分类

混凝土搅拌输送车按装载容量的大小形成系列，不同机种在结构上也有许多差异，但从基本结构来看，它们都是由相对独立的混凝土搅拌装置和运载底盘两大部分组成。因此，按上述两个基本组成部分的主要特征，可将混凝土搅拌输送车作如下分类：

（1）按运载底盘结构形式的不同，可分为普通载重汽车底盘搅拌输送车和专用半拖挂式底盘搅拌输送车。

（2）按混凝土搅拌装置传动形式的不同，可分为机械传动混凝土搅拌输送车、液压传动混凝土搅拌输送车和机械—液压传动混凝土搅拌输送车。

2. 组成

图4-13所示为国产JC6型混凝土搅拌输送车，由传动系统1、供水系统2、搅拌筒3、

附加车架4、汽车底盘及车架5、进料装置6、卸料装置7等组成。搅拌筒通过支承装置斜卧在机架上，可以绕其轴线转动，搅拌筒的后上方只有一个筒口分别通过进出料装置进行装料或排料。工作时，发动机通过传动系统驱动搅拌筒，搅拌筒正转时进行装料或搅拌，反转时则卸料。搅拌筒的转速和转动方向是根据搅拌输送车的工序，由工作人员操纵控制机构来实现的。

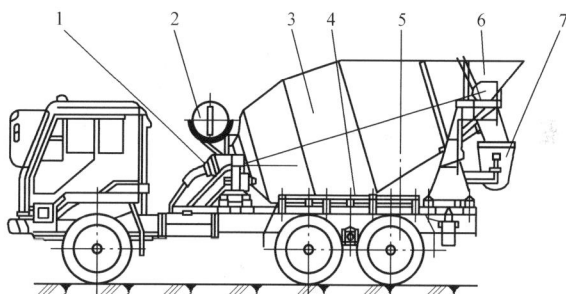

图4-13　JC6混凝土搅拌输送车

1—搅拌装置传动系统（简称传动系统）；2—供水系统；3—搅拌筒；
4—附加车架；5—汽车底盘及车架；6—进料装置；7—卸料装置

搅拌输送车供水系统的设置，主要用于清洗搅拌装置。如果用作干料搅拌运输需要供给搅拌用水时，则应适当增大水箱容积。

三、混凝土搅拌运输车的传动系统

搅拌输送车的搅拌筒，为完成加料、搅拌（或搅动）和卸料等不同工况时，将作不同速度和不同方向的转动，都需要动力供给；并由传动系统引取动力，按工况而控制动力的传递。由于搅拌输送车的搅拌装置是安装在汽车底盘上，并在运输行驶中工作，因此其动力的供给、动力设备的配置以及传动系统的结构等，均与一般搅拌机比较都有其相应的特点。

（一）动力引出方式

混凝土搅拌输送车的搅拌筒驱动动力有两种：一种是直接从汽车的发动机中引出动力；另一种是从安装在汽车上的专用发动机引出动力，也就是从搅拌输送车专用的单独柴油机引出动力。

直接从汽车发动机中引出动力的又分为以下三种：

（1）发动机前端动力引出，如图4-14（a）所示。在这种结构形式中，动力直接从发动机曲轴处引出，不需要另设离合器，而且出力大。但是对于机械传动的搅拌输送车则不宜采用这种动力引出方式，因为这将导致机械传动困难且复杂。这种形式适合于液压传动的搅拌输送车。

（2）发动机飞轮端动力引出，如图 4-14（b）。目前世界各国生产的混凝土搅拌输送车，有 90% 以上都采用了液压传动，这样从飞轮端引出动力，就能使管路布置更为合理紧凑，所以这种方式得到了普及和推广。

（3）从减速箱动力引出，如图 4-14（c）。这种形式特别适应于汽车在停止行驶时进行作业的工程车。对于混凝土搅拌输送车，因还需要在汽车行驶时进行搅拌筒的运转，还需另设一种专用离合器，这种离合器也容易磨损。

（4）从单独柴油机中引出动力的形式，如图 4-14（d）。对于搅拌输送车，除了在汽车停止行驶时进行加料、搅拌、出料和冲洗作业外，还需在汽车运行时进行搅动和搅拌作业。针对这一特点，采用单独柴油机驱动搅拌筒是比较理想的。但是这种输送车的制造成本较高、装车重量较大，噪声也较大，因而一般只在超过 $6m^3$ 的较大容量搅拌输送车上使用。

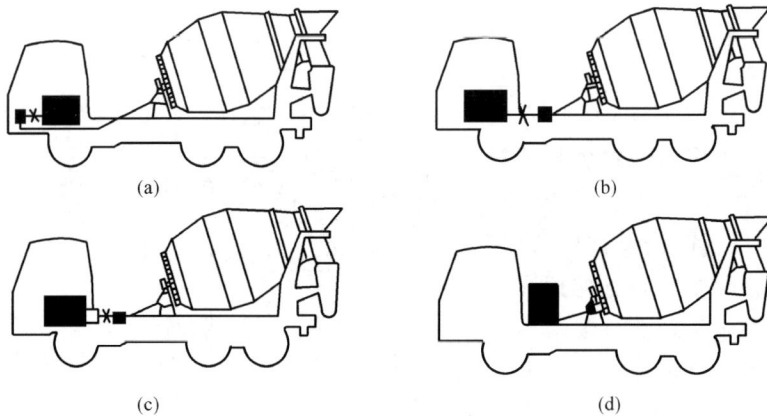

图 4-14 传动系统的动力引出形式
（a）发动机前端动力引出；（b）发动机飞轮端动力引出；（c）从减速箱动力引出；（d）单独柴油机动力引出

（二）传动路线

1. 机械传动路线

图 4-15 所示为国产小型搅拌车机械系统示意力。其动力路线为：动力由发动机 1 前端输出，通过万向联轴器 2、分动器 3 再往后输送到汽车底盘下面的下部圆锥齿轮箱 4，向上部圆锥齿轮箱 5，通过离合器 6、制动器 7 到搅拌减速器 8，最后通过单排滚子链 9 驱动搅拌筒 10。

2. 机械—液压传动路线

如图 4-16 为机械—液压传动系统示意图。其传动路线为：动力由发动机 1 飞轮端引出，通过驱动轴 2 使油泵转动，油泵驱动油马达 8，行星减速器 9、球铰联轴器 10 与搅拌筒连接起来，实现搅拌筒的转动。

由于搅拌筒与发动机之间的减速比很大且要求变化适应不同的工况，采用液压传动与行星减速器，具有易实现大减速、无级调速、结构紧凑、体积小等优点，再加上球铰联轴器能适用汽车行驶时车架变形和道路不平对搅拌装置的影响，使得这种传动形式成为目前最为流行和受欢迎的一种。

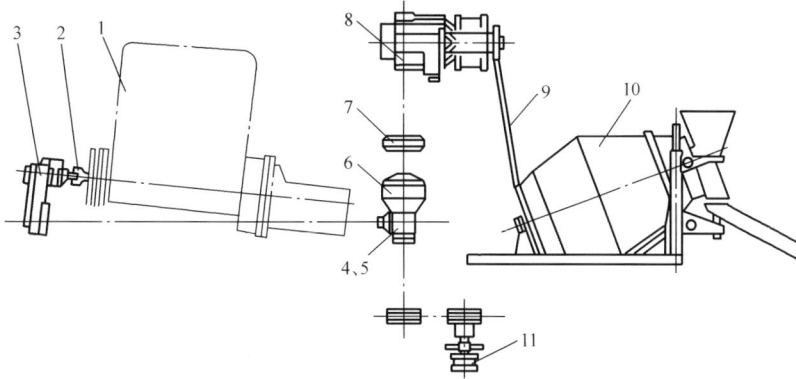

图 4-15　机械传动系统示意

1—发动机；2—万向联轴器；3—分动器；4—下部圆锥齿轮箱；5—上部圆锥齿轮箱；

6—离合器；7—制动器；8—减速器；9—单排滚子链；10—搅拌筒；11—水泵

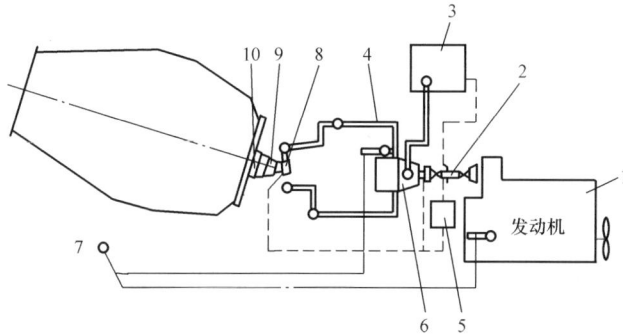

图 4-16　机械—液压传动系统示意

1—发动机；2—驱动轴；3—油箱；4—配管；5—油液冷却器；6—油泵；

7—后部控制柄；8—马达；9—行星减速器；10—球铰联轴器

3. 全液压传动系统

从搅拌输送车的工作特点来看，全液压传动系统是最为理想的。它不仅可使整个传动系统在结构和工作性能上都比较完善，而且由于省去了机械传动部分而使结构更加紧凑轻巧。

四、搅拌筒构造及工作原理

1. 搅拌筒的构造

搅拌输送车的搅拌筒绝大部分都采用梨形结构，如图 4-17 所示。整个搅拌筒的壳体是一个变截面而不对称的双锥体，外形似梨，从中部直径最大处向两端对接着一对不等的截头圆锥，底段锥体较短，端面封闭；上段锥体较长，端部开口。通过搅拌筒的中心轴线在端面上安装着中心转轴 5，上段锥体的过渡部分有一条环形滚道 2，它焊接在垂直于搅拌筒线的平面圆周上。整个搅拌筒通过中心转轴和环形滚道倾斜卧置在固定于机架上的调心轴和一对支承滚轮所组成的三点支承结构上，所以搅拌筒能平稳的绕其轴线转动。搅拌筒的动力来自于液压马达对中心转轴的驱动。

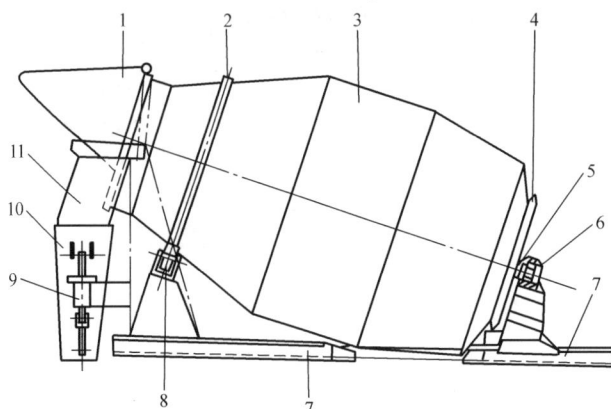

图 4-17　搅拌筒的外部结构

1—进料斗；2—环形滚道；3—滚筒壳体；4—筒底；5—中心转轴；6—调心轴承；

7—附加车架；8—支承滚架；9—活动卸料溜槽的调节机构；10—活动卸料溜槽；11—固定卸料溜槽

搅拌筒内部结构如图 4-18 所示，它与双锥形和梨形搅拌机的内部构造都不相同，这是为适应在单一筒口不倾翻反转卸料和正转进料搅拌的工艺要求而设计的。搅拌筒从筒口到筒沿内壁对称焊接两条连续的带状螺旋叶片 2，当搅拌筒转动时，两条叶片即被带动作绕搅拌筒轴线的螺旋运动，这是搅拌筒对混凝土进行搅拌或卸料的基本装置。为提高搅拌效果，筒内还装有辅助搅拌叶片 3。

在搅拌筒的筒口处，沿两条螺旋叶片的内边缘焊接了一段进料导管 6，进料导

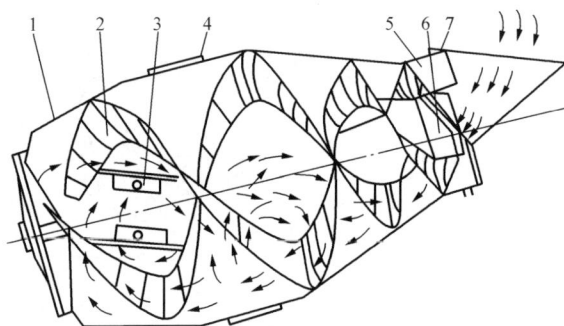

图 4-18　搅拌筒的内部结构

1—搅拌筒；2—带状螺旋叶片；3—辅助搅拌叶片；

4—安全盖；5—助出料叶片；6—进料导管；7—进料斗

管与筒壁将筒口以同心形式分割为内外两部分，中心部分的导管为进口，混凝土由此装入搅拌筒。导管与筒壁形成的环形空间为出料口，从出料口的端面看它被两条螺旋叶片分割成两半，卸料时，混凝土在叶片反向螺旋运动的顶推作用下，从此流出。

进料导管的作用如下：

（1）使导管口与加料漏斗的泄孔紧密吻合，防止加料时混凝土外溢，并引导混凝土迅速进入搅拌筒内部。

（2）保护筒口部分的筒壁和叶片，使之在加料时不受混凝土骨料的直接冲击，以延长使用寿命，同时防止这种冲击造成叶片的变形而对卸料性能的影响。

（3）导管与筒壁及叶片形成卸料通道，它可使卸料更加均匀连续，并改进了卸料性能。搅拌筒中段设有两个安全盖 4，用于发动机出现故障时对混凝土的清理和维修。

2. 搅拌筒的工作原理

从搅拌筒的内部结构已知，搅拌筒是依靠回转的筒体带动其中的两条螺旋叶片，对混凝土进行搅拌和卸料的。

图 4-19 是通过搅拌轴线的垂直剖面示意图。图 4-19（a）、（b）分别为被剖搅拌筒的两部分，图中斜线表示剖面部分的螺旋叶片，α 为其螺旋升角，β 为搅拌筒轴线与底盘平面的夹角。

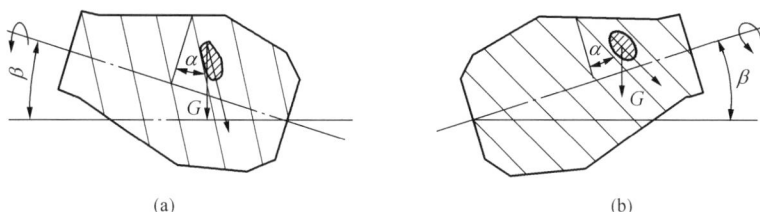

图 4-19　搅拌筒工作原理图
（a）正转；（b）反转

工作时，搅拌筒绕其自身轴线转动，混凝土因与筒壁和叶片的摩擦力和内在的黏着力而被转动的筒壁沿圆周带起来。在达到一定高度后，在其自重 G 作用下，克服上述摩擦力和内聚力而向下翻跌和滑移。因为搅拌筒在连续地转动，所以混凝土在不断地被提升时又向下跌滑的运动中，同时受筒壁和叶片确定的螺旋形轨道的引导，产生沿搅拌筒切向和轴向的复合运动，使混凝土一直被推移到螺旋叶片的终端。

如果搅拌筒按图 4-19（a）所示做正向转动，混凝土将被叶片连续不断地推送到搅拌筒的底部，显然，到达筒底的混凝土势必又被搅拌筒的端壁顶推翻转回来，这样在上述运动的基础上又增加了混凝土上下层的轴向翻滚运动，混凝土就在这种复杂的运动状态下得到搅拌。因混凝土部分受到螺旋叶片的强制推移和翻滚，故属于半强制式搅拌。

如果搅拌筒按图 4-19（b）所示反向转动，叶片的螺旋转动方向也相反，这时混凝土即被叶片引导向搅拌筒口方向移动，直至从筒口卸出。

从上述分析看出，搅拌筒的转动带动连续的螺旋叶片产生螺旋运动，是使混凝土获得既有切向又有轴向的复合运动，从而使搅拌筒兼具有搅拌或卸料的功能。形成这一螺旋运动的因素较多，诸如螺旋叶片的曲线参数、搅拌筒的几何形状和尺寸、搅拌筒的转速和转动方向等，都是决定搅拌筒工作性能的重要因素。

根据搅拌筒的构造和工作原理，可以对搅拌输送车的各工况作如下描述：

（1）装料。搅拌筒在驱动装置带动下，以大约 6～10r/min 的正向转动，混凝土拌和物经加料斗从导管进入搅拌筒，并在螺旋叶片引导下流向搅拌筒的中下部。

（2）搅拌。对加入搅拌筒的混凝土拌和物，在搅拌输送车驶运途中或现场，使搅拌筒在 8～12r/min 的转速下正向转动，拌和物在转动的筒壁和叶片带动下翻跌推移，进行搅拌。

（3）搅动。对于加入搅拌筒的预拌混凝土，只需搅拌筒在运途中做 1～3r/min 的低速正向转动，此时，混凝土只受轻微的扰动，以保持混凝土的匀质性。

（4）卸料。改变搅拌筒的转动方向，并使之获得 6～12r/min 的反转转速。混凝土在叶片螺旋运动的顶推作用下向筒口方向移动，最后流出筒口，通过固定和活动卸料溜槽，卸入混凝土泵的受料斗或其他工作容器。

五、装料和卸料装置

搅拌筒的装料和卸料装置是辅助搅拌筒工作的重要机构，其结构如图4-20所示。加料斗1为一广口漏斗，斗体犹如一个纵轴向剖开的半圆锥体，卸孔在平面斗臂一侧，并朝向搅拌筒口与进料口贴合。整个加料斗通过斗壁上缘的销轴铰接在门形支架3上，因此加料斗可以绕铰接轴向上翻转，从而露出筒口以使对搅拌筒进行清洗和维护。在加料斗曲面斗壁的两侧（或中间）焊有凸块，搭在门形支架上，与上部铰链共同构成对加料斗的支承。

在搅拌筒卸料口两侧，设置两片断面为弧形的固定卸料溜槽2形成V形，它们分别固定在两侧的门架上，其上端包围着搅拌筒的卸料口，下端向中间聚拢对着活动卸料溜槽6。活动卸料溜槽通过调节机构5和活动溜槽调节转盘4斜置在汽车尾部的机架上。调节转盘4能使活动卸料溜槽在水平面内做180°的扇形转动，丝杆式伸缩臂又可使活动卸料溜槽在垂直平面内作一定角度的仰状，从而使卸料溜槽适应不同的卸料位置，并加以锁定。

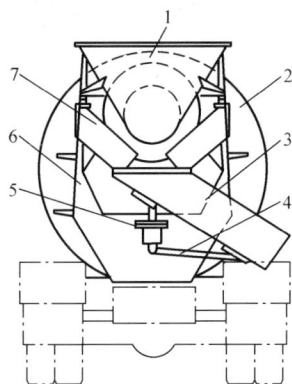

图4-20　搅拌筒的加料
和卸料装置
1—加料斗；2—固定卸料溜槽；
3—门形支架；4—活动溜槽调节转盘；
5—活动溜槽调节臂；
6—活动卸料溜槽调节臂；7—搅拌筒

六、供水系统

搅拌输送车供水系统，主要用于清洗搅拌装置，其用水一般由搅拌站供应。如果进行干料注水搅拌运输或在一些特殊地区需要车载搅拌用水，则应予以考虑增大储水量，但不能随便增大水箱容积，以免汽车底盘超载。

传动的搅拌输送车供水系统一般由水泵、水泵驱动装置（机械驱动、电动机驱动或液压驱动）、水箱和量水器等组成，与一般搅拌机供水系统相似。但现代的搅拌输送车常采用气压供水，简化了系统结构，节省了动力，减轻了上车质量，省去了水泵及一套驱动装置，同时便于压力喷水清洗及搅拌，压力供水及压力喷水工况如图4-21和图4-22所示。

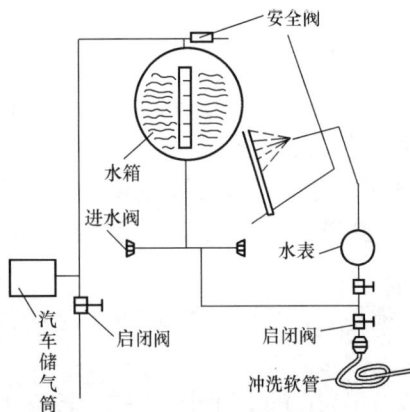

图4-21　压力供水系统

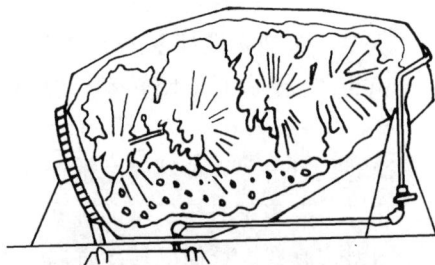

图4-22　压力喷水工况

气压供水系统设置了一个能承受一定空气压力的密封水箱、水表及有关控制阀。工作时，利用汽车制动用的压缩空气，通入水箱而将水箱所储的水从管道压出，通过截止阀和装设在搅拌筒出料口处的喷嘴，即能向搅拌筒内喷射。为使加水均匀，也可以通过冲洗软管供清洗用。压力水箱容积一般为 200～270L。

搅拌输送车作混凝土干料的注水搅拌运输，或工作地区干旱缺水时，需要自备搅拌用水，而且搅拌筒容量较大时，可采用水泵供水系统，以利于取水和供水，水箱容积可根据一次工作循环所需搅拌用水选取。例如在沙漠地带工作，有些搅拌输送车车载水箱容积可达 2000L。

第四节 混 凝 土 泵

在混凝土施工过程中，混凝土的现场输送和浇筑是一项关键的工作，要求迅速、及时，并且在保证质量的前提下能够降低劳动消耗和工程造价。尤其对一些混凝土方量大的钢筋混凝土构筑物（大型设备基础、大坝、地下及水下工程等）和高层建筑，如何正确选择输送设备尤为重要。

混凝土泵作为一种混凝土短距离输送设备，能一次连续地完成水平输送和垂直输送，具有机械化程度高、效率高、劳动强度低和施工组织简单等优点，已在国内外得到了广泛的应用。

一、混凝土泵的种类及特点

按混凝土泵的移动方式，可分为拖式泵和臂架式泵车两种。按混凝土泵的构造和工作原理不同，混凝土泵可分为活塞式、挤压式、隔膜式及气灌式等几种。

多种形式的混凝土泵中，应用最早、最多也最有生命力的泵为活塞式混凝土泵。其特点是可靠性高、输送距离长而且易于控制。活塞式混凝土泵又分为机械式、液压式（油压和水压）两种形式。

机械式混凝土泵自问世以来没有多大的改型，泵的基本构造大致相同，在工作原理和机械构造方面较为简单。这种泵机体笨重、噪声高、传动系统复杂、料斗高加料不便、产生堵塞时不能进行反泵清除故障，故已基本被淘汰。

目前普遍采用的混凝土泵主要是液压活塞式。液压活塞式混凝土泵是通过压力油（水）推动活塞，再通过活塞杆推动混凝土缸中的工作活塞进行压送混凝土，其工作原理如图 4-23 所示。液压活塞式混凝土泵又分为单缸式和双缸式两种。双缸式在结构上虽较单缸式复杂，但因为是双缸交替工作，故输送工作连续、平稳、生产效率高。所以，大、中型的混凝土泵均采用双缸式液压活塞式混凝土泵。

二、活塞式混凝土泵的基本结构和工作原理

活塞式混凝土泵由料斗及分配阀、推送机构、液压系统、电气系统、机架及行走装置、罩壳和输送管道等 8 个部分组成。现以拖式混凝土泵为例介绍其中的重要组成部分，其具体结构如图 4-24 所示。

（一）基本结构

1. 料斗

料斗内部装有搅拌装置，它是混凝土泵的盛料器，其主要作用如下：

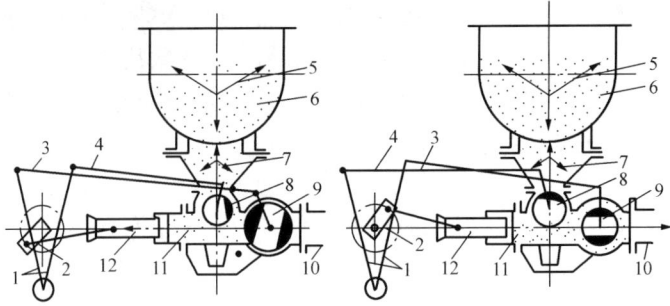

图 4-23 机械活塞式泵的工作原理

1—拉杆机构；2—曲柄轴；3—排出阀操作杆；4—吸入阀操作杆；5—搅拌叶片；

6—料斗；7—喂料器；8—吸入阀；9—排出阀；10—输送管；11—混凝土缸；12—活塞

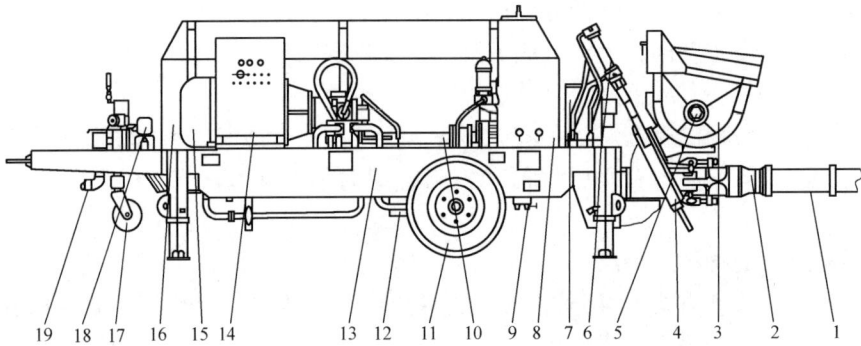

图 4-24 混凝土泵的基本构造

1—输送管道；2—Y 型管组件；3—料斗总成；4—润阀总成；5—搅拌装置；6—滑阀油缸；

7—润滑装置；8—油箱；9—冷却装置；10—油配管总成；11—行走装置；12—推送机构；

13—机架总成；14—电气系统；15—主动力系统；16—罩壳；17—导向轮；18—水泵；19—水配管

（1）搅拌装置可以进行二次搅拌混凝土，降低混凝土的离析现象，并改善混凝土的可泵性。

（2）螺旋布置的搅拌叶片具有向分配阀和混凝土缸喂料的作用，从而提高混凝土泵的吸入效率。

（3）混凝土输送设备向混凝土泵供料的速度与混凝土泵输送速度不可能完全一致，料斗可以起到中间过渡作用。

料斗由料斗本体和搅拌叶片装置两部分组成，料斗主体如图 4-25 所示。

料斗主体由料斗体、方格网、防溅板和料斗门等 4 部分组成。料斗前后左右用 4 块厚钢板焊接而成。左右两带圆孔的侧板用来安装搅拌装置，而其后壁由混凝土出口与 2 个混凝土缸连通，前臂与输送管道相连。

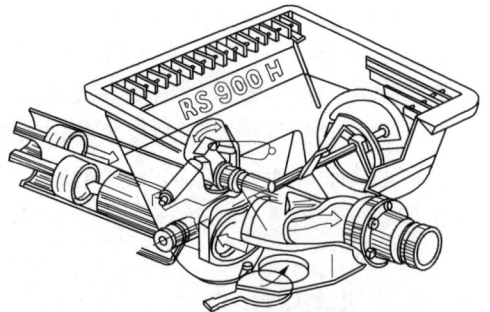

图 4-25 料斗主体

搅拌装置包括搅拌部件、搅拌轴承及其密封3部分，如图4-26所示。搅拌轴部件由螺旋搅拌叶片、搅拌轴、轴套等组成。搅拌轴由中间轴、左半轴、右半轴组成，通过轴套用螺栓连接成一体，轴套上焊接着螺旋搅拌叶，这种结构形式有利于搅拌叶片的拆装。搅拌轴是靠两端的轴承、轴承座支撑的，搅拌轴承采用调心轴承，轴承座外部还装有黄油嘴的螺孔，其孔道通过轴承座的内孔，工作时可对轴承进行润滑。为了防止料斗内的混凝土浆进入搅拌轴承，左、右半轴轴端装有J形密封圈。左半轴轴头通过花键套和液压马达连接，工作时由液压马达直接驱动搅拌轴带动搅拌叶片旋转。

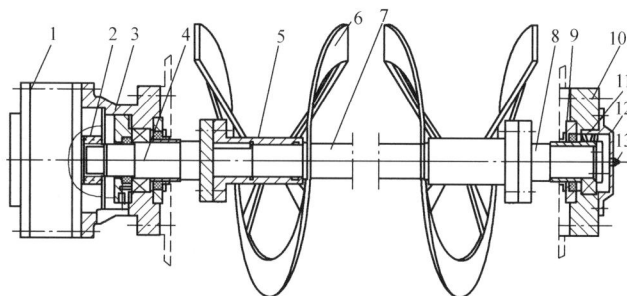

图4-26　搅拌装置

1—液压马达；2—花键套；3—马达座；4—左半轴；5—轴套；6—搅拌叶片；7—中间轴；
8—右半轴；9—J形密封套圈；10—轴承座；11—轴承；12—端盖；13—油杯

2. 分配阀

分配阀是活塞式混凝土泵的心脏，它位于混凝土缸、料斗和输送管三者之间，协调各部件动作的机构，直接影响到混凝土泵的使用性能。比较典型的分配阀有以下几种。

（1）转动式分配阀。转动式分配阀有圆柱形、球形和旋转板阀三种。

1）圆柱形分配阀。该分配阀交替地吸料和排料的实现是靠两个带孔洞的圆柱形阀芯的转动。此分配阀的优点是构造简单，易加工；其缺点在于其阀芯和阀体的接触面积大，砂浆的流入使阀的转动阻力增大，影响其使用寿命。

2）球形分配阀。球形分配阀结构如图4-27所示，主要由阀芯、钢牙块两部分组成。这种分配阀体积小、结构简单、通道短、压力损失小，可使泵的结构紧凑。同时，由于其阀芯与阀体的接触面大，转动阻力大，磨损严重、使用寿命较短；间隙不能调整、维修，拆装不方便。

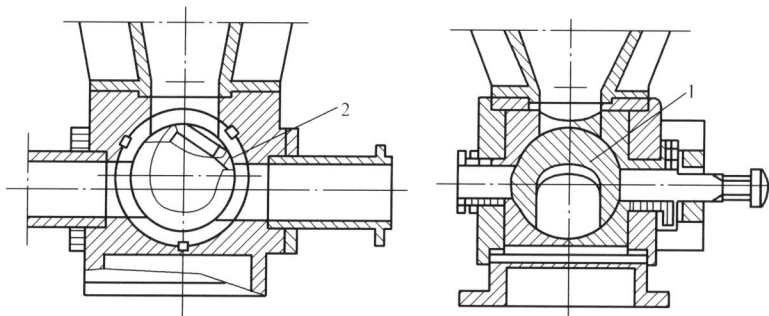

图4-27　球形分配阀

1—阀芯；2—钢牙块

3）旋转板阀。旋转板阀分为水平轴式与立轴式两种。图 4-28 所示为水平轴式旋转板阀的示意。吸料与排料控制通过板阀绕其水平轴来回转动实现。

立轴式旋转板阀（见图 4-29）的优点是结构简单紧凑，泵的流道短，不需用 Y 形管，转动体与阀箱的接触面小，运动阻力小，使用寿命较长。缺点是板阀边缘磨损后易漏浆。

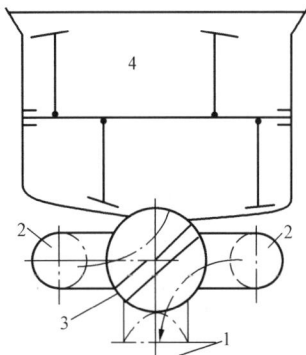

图 4-28　水平轴式旋转板阀

1—输送管；2—混凝土缸；

3—水平轴式旋转板阀；4—料斗

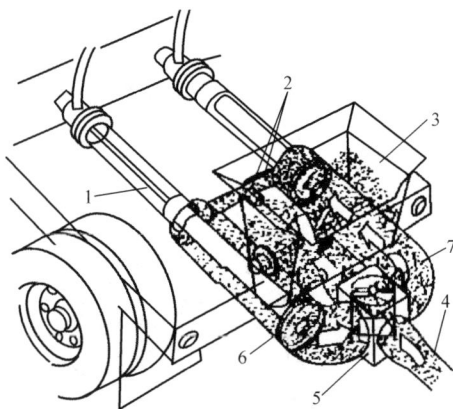

图 4-29　立轴式旋转板阀

1—液压活塞；2—接供水管；3—料斗；

4—输料管；5—阀箱；

6—混凝土活塞；7—立轴旋转板阀

（2）管形分配阀。管形分配阀是近年发展起来的一种新型混凝土分配阀，它是在混凝土输送缸与输送管之间设置一摆动管件来完成混凝土的吸入与排出。

其优点是料斗的离地高度较低，便于混凝土搅拌运输车向料斗卸料；而且由于没有了输送管口处的 Y 形管，减少了堵塞事故。管形分配阀的缺点是其置于料斗内部，使搅拌叶片布置困难，易存在搅拌死角。

（3）闸板式分配阀。闸板式分配阀是应用较多的一种分配阀，闸板的往返运动使混凝土缸的进料口作周期性开闭，实现混凝土的反复泵送。

其优点在于：构造简单、制造方便、耐磨损、寿命长；关闭通道时，像一把刀子切断混凝土流，所以比较省力；另外，闸板是由油缸、活塞直接带动而不像管阀要通过一套杠杆来驱动阀体，所以开关迅速、及时。

闸板式分配阀的种类很多，主要有平置式、斜置式和摆动式几种。

1）平置式闸板分配阀。平置式闸板分配阀如图 4-30 所示，多用于双缸混凝土泵，是目前混凝土泵使用较多的一种分配阀。这种阀的优点是：闸板阀动作准确、迅速，闸板与阀之间的空隙在工作压力作用下能进行自动补偿使其密封性能良好。这种闸板的换向速度一般为 0～2s，混凝土中的粗骨料不易卡住闸板。其缺点在于其吸入通道角度变化较大，混凝土拌和物吸入难度大。

2）斜置式闸板分配阀。斜置式闸板分配阀如图 4-31 所示。此分配阀具有二位三通功能，由油缸 2 控制使闸板 3 上下运动，来控制混凝土缸 4 与料斗 1 和输送管 6 的通路。为降低料斗的离地高度，斜置式闸板分配阀一般设置在料斗的侧面，可使泵体紧凑。这种闸板分配阀的工作性能与平置式闸板分配阀相似。其缺点是维修时所需的修理时间较长。

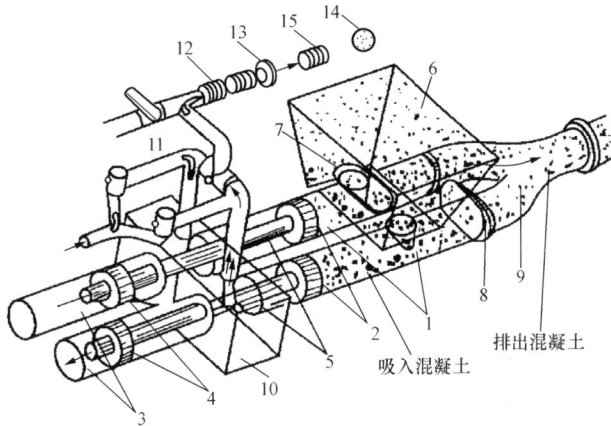

图 4-30　平置式闸板分配阀

1—混凝土缸；2—推压混凝土的活塞；3—油压缸；4—油压活塞；5—活塞杆；6—料斗；
7—吸入闸板；8—排出闸板；9—Y 形管；10—水箱；11—水洗装置换向阀；
12—水洗用高压软管；13—水洗用法兰；14—海绵球；15—清洗活塞

3）摆动式闸板分配阀。摆动式闸板分配阀如图 4-32 所示，由扇形闸板 1 和舌形闸板 2 组成，由油缸控制水平转轴 3 来回摆动，实现二位四通功能。该分配阀构造简单，通过对扇形闸板与转轴相对位置的调整，以减弱由于摩擦而产生的阀板与阀体之间的间隙。

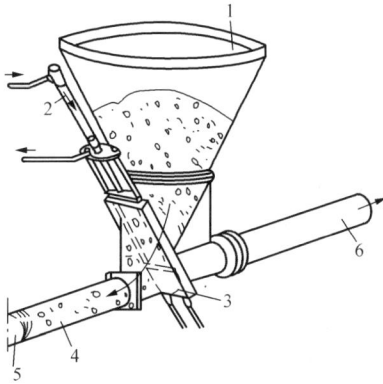

图 4-31　斜置式闸板分配阀

1—料斗；2—油缸；3—闸板；
4—混凝土缸；5—活塞；6—输送管

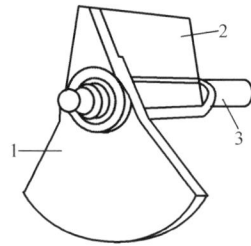

图 4-32　摆动式闸板分配阀

1—扇形闸板；2—舌形闸板；
3—水平转轴

3. 推送机构

推送机构是混凝土泵的执行机构，它把液压能转换为机械能，通过油缸中活塞的推拉交替动作，使混凝土克服管道阻力输送到浇筑地点。它主要由主油缸、混凝土缸和水箱 3 部分组成。

（1）主油缸。主油缸由油缸体、油缸活塞、油缸头、活塞杆及缓冲装置等组成。主油缸的主要特点是其换向冲击压力很大，必须要有缓冲装置。油缸中的主要装置为活塞，活塞的工作原理如图 4-33 所示，活塞的前后移动带动活塞杆的来回进

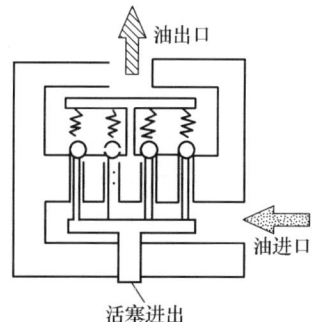

图 4-33　油缸的工作原理

出，通过油的不断进出形成油压，从而形成泵的动力。

缓冲装置工作原理如图4-34所示。当液压缸活塞快到行程尽头，越过缓冲油口时其单向节流阀打开，使高压油有一部分经缓冲油口到达低压腔，使两腔压差减小，活塞速度降低，达到缓冲的目的，并为活塞换向作准备；另外，还有为封闭腔自动补油、保证活塞行程连续进行的作用。

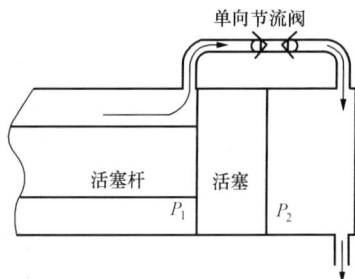

图4-34　缓冲装置工作原理

（2）混凝土缸。混凝土缸前端与分配阀箱体连接，后端与水箱连接，通过托架与机架固定，或与料斗直接相连，并通过拉杆固定在料斗与水箱之间。主油缸活塞杆伸入到混凝土缸内，活塞杆前端通过中间连杆连接着混凝土缸的活塞。中间接杆用45号圆钢制成，其两端有定位止口，两端分别与油缸活塞杆和混凝土活塞用螺栓相连。

混凝土缸一般用无缝钢管制造，由于内壁与混凝土及水长期接触，承受着剧烈的摩擦和化学腐蚀，因此，在混凝土缸内壁镀有硬铬层，或经过特殊热处理以提高其耐磨性的抗腐蚀性。混凝土活塞由活塞体、导向环、密封体、活塞头芯和定位盘等组成，如图4-35所示，各个零件通过螺栓固定在一起。

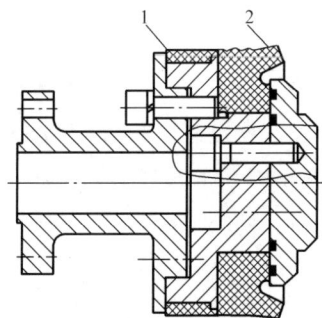

图4-35　混凝土活塞总称图
1—导向环；2—混凝土密封体

（3）水箱。水箱用钢板焊成，既是储水容器，又是主油缸与混凝土缸的支持连接件。其上有盖板，打开盖板既可以清洗水箱内部，又可观测水位。在推送机构工作时，水在混凝土缸后部随着混凝土缸活塞来回流动，其所起的作用主要如下。

1）清洗作用。清洗混凝土缸缸壁上的残余砂浆。

2）隔离作用。防止主油缸泄漏出的液压油进入混凝土中，以免影响混凝土的质量。

3）冷却润滑作用。冷却润滑混凝土活塞、活塞杆及活塞杆的密封部位。

4．液压系统

混凝土泵的液压系统取决于混凝土泵的缸数、分配阀的结构形式和有无布料装置，有单泵单回路、双泵双回路、三泵三回路的定量和变量系统。

带布料装置的混凝土泵车，其液压系统由两个独立的回路组成，用三个不同排量的油泵分别驱动混凝土缸和分配阀、布料杆和支腿以及搅拌器。混凝土泵车上的液压系统因机种而异，但其基本原理是相同的。

混凝土泵液压系统的一般额定工作压力约为泵送压力的3倍，如对泵送压力为8MPa的混凝土泵，其液压系统的额定工作压力约为24MPa。

驱动混凝土缸和分配阀的液压系统，如图4-36所示。由混凝土缸的驱动油缸和分配阀的控制油缸的协同工作，完成混凝土缸的进料和排料，也可控制驱动油缸的行程来改变混凝土缸的排量。

（二）工作原理

液压双缸式混凝土泵的两个油缸交替工作，使混凝土的输送工作比较平稳、连续而且排

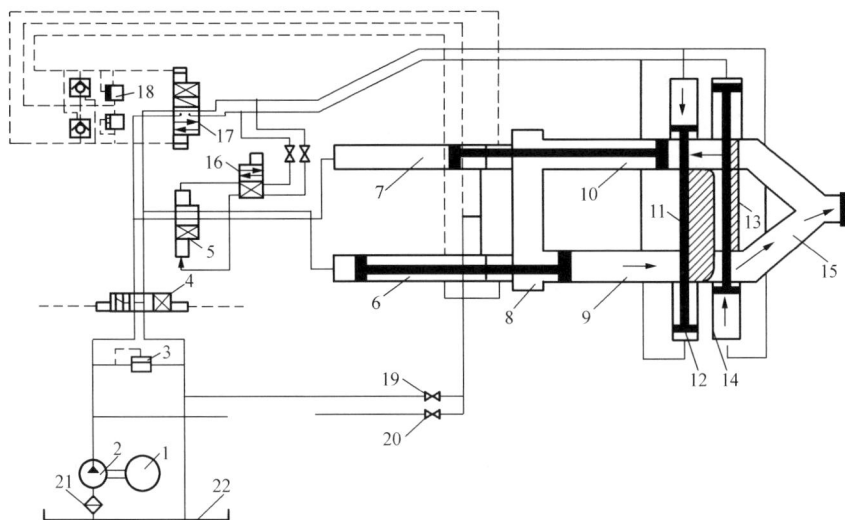

图 4-36 驱动混凝土缸和分配阀的液压系统

1—发动机；2—定量油泵；3—溢流阀；4—主换向阀；5—换向阀；6—左驱动油缸；8—水洗槽；
9—左混凝土缸；10—右混凝土缸；11—吸入阀；12—吸入阀控制油缸；13—排出阀；14—排出阀控制油缸；
15—Y形管；16—电磁换向阀；17—换向阀；18—缓冲补油阀组；19、20—截止阀；21—滤油器；22—油箱

量也大为增加，充分利用了发动机的功率，是目前应用最为广泛的混凝土泵形式。其工作原理根据分配阀和控制方式的不同也有所不同，其主要区别在换向动作的实现上。下面以S管阀式混凝土泵介绍其工作原理。

如图4-37所示，混凝土缸活塞（7、8）分别与主油缸（1、2）活塞杆相连，在主油缸压力油的作用下，作往复运动，一缸前进，则另一缸后退；混凝土缸出口与料斗连通，分配阀一端接出料口，另一端通过花键轴与摆臂连接，在摆动油缸的作用下，可以左右摆动。

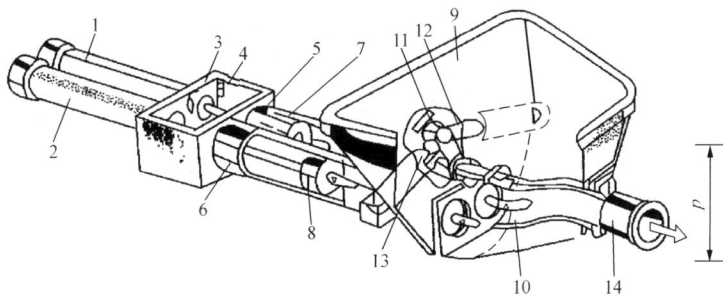

图 4-37 泵送原理

1、2—主油缸；3—水箱；4—换向机构；5、6—混凝土缸；7、8—混凝土缸活塞
9—料斗；10—分配阀门；11—摆臂；12、13—摆动油缸；14—出料口

泵送混凝土时，在主油缸压力油的作用下，混凝土活塞7前进，混凝土活塞8后退，同时在摆动油缸的作用下，分配阀10与混凝土缸5连通，混凝土缸6与料斗9连通。这样混

凝土活塞 8 后退，便将料斗 9 内的混凝土吸入混凝土缸；混凝土活塞 7 前进，将混凝土缸内的混凝土送入分配阀后排出。

当混凝土活塞后退至行程终端时，触发水箱 3 中的换向装置 4，主油缸 1、2 换向，同时摆动油缸 11、12 换向，使分配阀 10 与混凝土缸 6 连通，混凝土缸 5 与料斗 9 连通，这时混凝土活塞 7 后退，8 前进。如此循环，从而实现连续泵送。

当混凝土泵发生堵管现象或需要停机时，应该把输送管道中的混凝土抽回。这种情况下，通过反泵操作，使处于吸入行程的混凝土缸与分配阀连通，处于推送行程的混凝土缸与料斗连通，从而将输送管道中的混凝土抽回料斗，如图 4-38 所示。

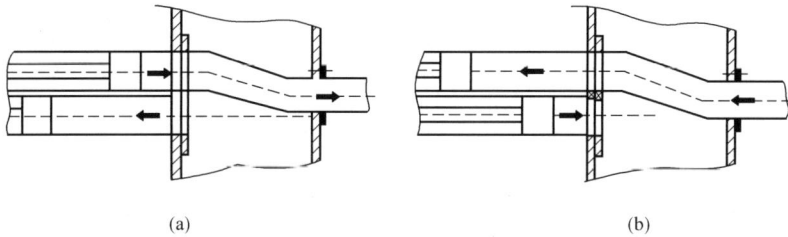

(a)　　　　　　　　　　　　　　　(b)

图 4-38　正反泵工作状态
(a) 正泵；(b) 反泵

三、其他形式的混凝土泵

1. 挤压式混凝土泵

挤压式混凝土泵首先在美国得到推广，其特点是整体使用寿命较长、泵的排量可根据实际需要进行变换、可进行逆运转以排除堵塞故障。图 4-39 所示为我国设计的 HJB30 型挤压式混凝土泵。

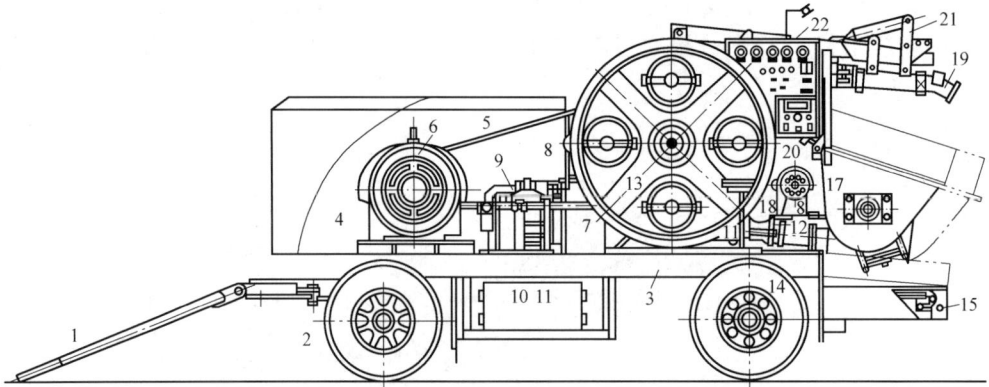

图 4-39　HJB30 型挤压式混凝土泵
1—拖车架；2—机体；3—底架；4—控制柜；5—三角皮带；6—主电动机；7—减速器；8—料斗中搅拌叶的电动机；
9—真空系统；10—工具箱；11—挤压胶管入口；12—锥形管；13—转速表；14—轮胎；15—料斗液压系统；
16—泵体；17—料斗；18—司机座；19—输送管；20—泌号器；21—缓冲架；22—仪表操作盘

图 4-40 所示为转子式双滚轮型挤压泵，其主要组成为料斗、泵体、挤压胶管、驱动装置及真空系统。主要构造与工作原理为：泵体为密封，其内部转子架上装有两个行星滚轮，

壳体内壁衬有橡胶垫板，垫板内周装有挤压胶管，由驱动装置带动两个行星滚轮回转，滚轮在挤压胶管上碾过时，将管中的混凝土拌和物挤入输送管内压送至浇筑地点。由于挤压胶管富有弹性，再加上密封壳体内保持一定的真空状态，因而可以促使挤压胶管在滚轮碾压后立即恢复原状。在管内形成真空的情况下，通过混凝土料斗内的搅拌片，料斗中的混凝土拌和物不断地被吸入挤压胶管内。如此反复进行，便可连续地压送混凝土。

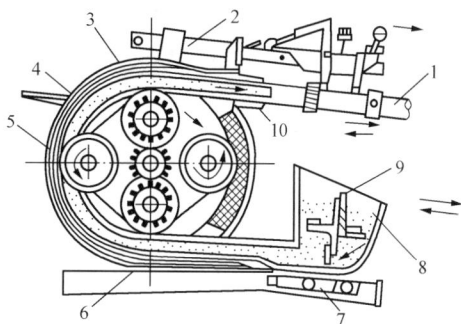

图 4-40 转子式双滚轮型挤压泵

1—输送管；2—缓冲架；3—垫板；4—链条；5—滚轮；
6—挤压胶管；7—料斗移动油缸；8—混凝土料斗；
9—搅拌叶片；10—密封套

2. 水压隔膜式混凝土泵

水压隔膜式混凝土泵，其最大输送高度约为 20～25m，最大水平输送距离可达 100～150m；适宜压送坍落度 8～22cm 的混凝土；自重仅为 1t，最大输送量为 20～25m³/h，如图 4-41（a）所示。水泵 6 把水箱 7 中的水吸来，经控制阀 5 压入混凝土泵体之中，压缩缸中的隔膜 3 随之立即关闭与搅拌器集料斗相通的单向活门，混凝土即被压送入输送管中。图 4-41（b）所示为混凝土泵处于进料时的状态。

水压隔膜式混凝土泵的特点是泵本身没有传动件、机动性好、构造简单、故障较少、质量很轻、维修费用低。但该泵的排量和输送距离都不及活塞式泵，可输送的混凝土骨料粒径也较小，用来输送骨料粒径不大于 25mm 的普通混凝土、骨料粒径不大于 15mm 的细骨料及轻质混凝土。

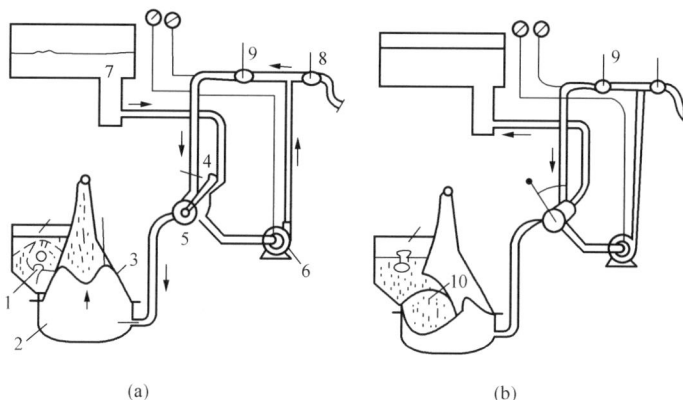

(a)   (b)

图 4-41 水压隔膜式混凝土泵

1—搅拌器；2—泵体；3—隔膜；4—手柄；5—控制阀；6—水泵；7—水箱；8—冲洗阀门；10—单向活门

3. 风动罐式混凝土泵

风动罐式混凝土泵用空气作为混凝土输送的动力源，分单罐式和双罐式，目前主要用单罐式。其构造如图 4-42 所示。泵体 1 的上部有受料口及锥形管 6 相接，压缩空气进入总进气管 2 后分为两路，一路通过泵体顶部用来压送混凝土，另一路通过锥形管 6 的后部，用来吹松混凝土，防止堵管。

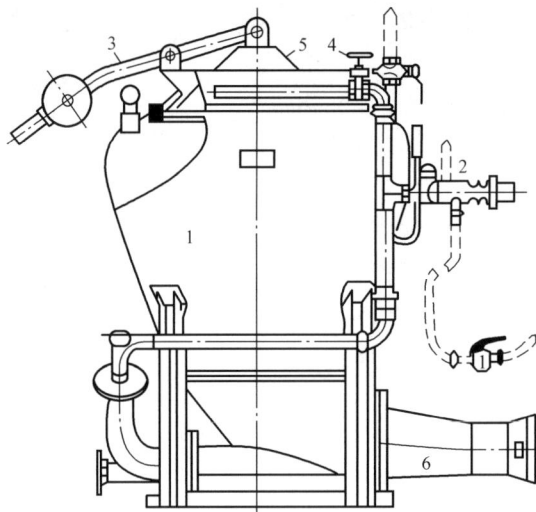

图 4 - 42   风动单罐式混凝土泵

1—泵体；2—总进气管；3—操纵杆；4—气门；5—锥形活门；6—锥形管

第五节   混凝土布料装置及混凝土泵车

一、布料杆的结构

用混凝土泵向建筑物输送混凝土，由于供料是连续的，而且单位时间内混凝土泵送量较大，因而在浇筑地点必须设置布料装置，对混凝土进行及时分布与摊铺，以充分发挥混凝土泵的工作效率。

理想的布料装置可以将混凝土输送管路像臂架式起重机一样，装在机身及其臂架上，并在输送管端部连一橡胶软管。如此就可以进行大范围的变换浇筑，由臂架的行走、回转及变幅动作来完成；而小范围的、细小的浇筑位移，依靠人力掌握橡胶管就可以实现。这种既担负混凝土输送又完成浇筑、布料的臂架及输送管道组成的装置被称为布料杆。

布料杆的基本构造原理如图 4 - 43 所示，图中底座 4 是固定部分，其上通滚珠盘 8 与回转架式相连，回转架经空心销轴 9 与臂杆 2 相连，臂杆 2 又经空心销轴 10 与臂架 3 相连。空心销轴使臂杆可以回转折叠。

混凝土输送管 5 通过回转盘中心及回转盘接头 11 与上面的输送管 7 连成通路。这样回转架 1 可以带着 2、3 节臂杆对底座回转，而臂杆 3 与臂杆 2、臂杆 2 与臂杆 1 之间又可以

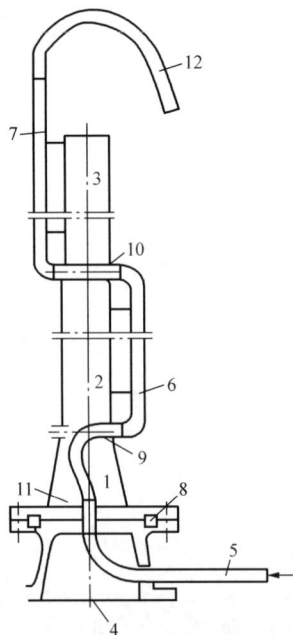

图 4 - 43   布料杆结构

1—回转架；2、3—臂架；4—底座；5、6、7—输送管；
8—滚珠盘；9、10—空心销轴；11—回转接头；12—橡胶管

回转折叠,而不影响混凝土在输送管中的流动。为了便于布料,在输送管的末端都增加一段柔软的橡胶管或塑料管。布料杆各节臂杆之间的相对转折,都是依靠液压缸和连杆机构来完成的。

布料杆分为独立式布料杆和混凝土泵车布料杆两大类。

二、独立式布料杆

独立式布料杆的种类很多,根据支撑结构的不同有移置式布料杆、固定式布料杆、移动式布料杆和自升塔式布料杆等形式。不同形式的布料机构具有不同的特点,可适应不同的建筑物和构筑物的混凝土浇筑工作。

图 4-44 所示为安装在底座上的移置式布料杆,水平外伸长可达 32m,向下可达 25m。将其安放在楼面上用于浇筑楼板等构件,也可向下浇筑各种结构的布料杆。

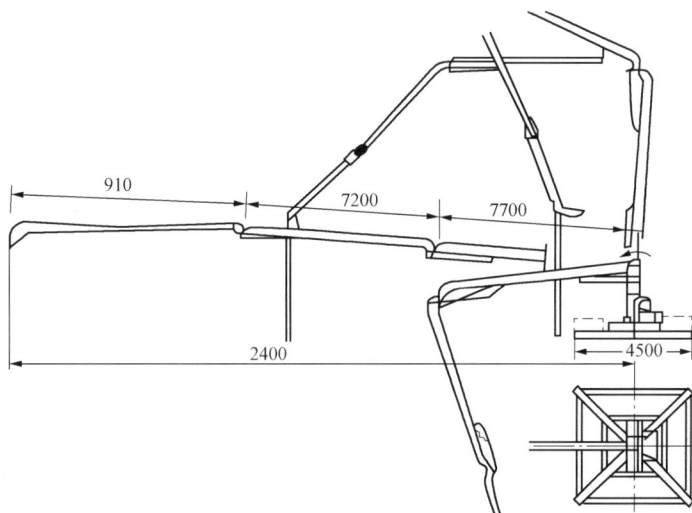

图 4-44 安装在底座上的移置式布料杆

图 4-45 所示为安装在爬升塔架上的固定式布料杆,这种塔架带液压装置,可自行接高,因而可用于高大构筑物的浇筑。

图 4-46 所示为安装在塔式起重机上的自升塔式布料杆。这种布料杆附着在塔式起重机上,它是在塔式起重机的两臂头部,经局部改装,便于安装布料杆。因布料杆借助于塔式起重机的运动,所以其输送高度随着塔式起重机的升高而升高。这种布料杆的优点是输送高度高,自身结构简单。但是其使用幅度受到限制,不能变幅,而且布料与起重作业有时会发生冲突。

移动式布料杆实际上就是在固定式布料杆的基础上安装了行走装置,混凝土泵也可以装在行走装置上或被其拖着一起行走。这种布料杆灵活方便,布料范围大,但其输送高度受到限制。

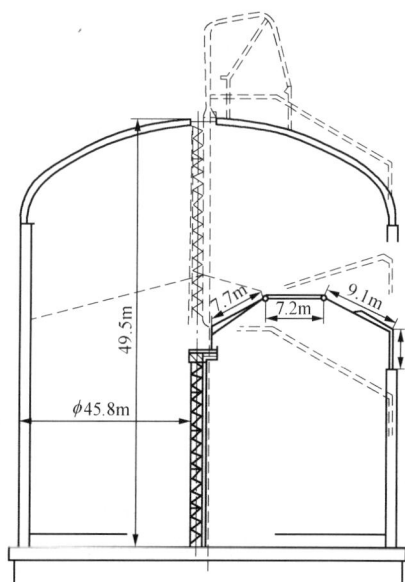

图 4-45 安装在爬升塔上的固定式布料杆

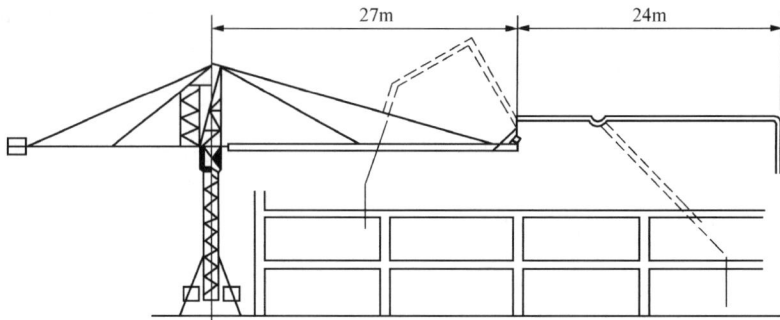

图 4-46 安装在塔式起重机上的自升塔式布料杆

三、混凝土泵车（臂架式泵车）

混凝土泵车就是布料杆与混凝土泵一同装在汽车底盘上的一种混凝土布料装置，JPF85B 型混凝土泵车如图 4-47 所示。

这种布料装置的布料杆的形式，过去有接高式、伸缩式和折叠式三种，但现在生产的布料杆，几乎全是液压驱动的三节折叠式，因为其服务的范围大。

布料杆的各节臂杆之间皆有液压缸，用其可对布料杆进行调幅和折叠。缸体的进出口应设有液压锁，以防输油管破裂而发生臂架坠落事故。为了进行远距离操纵，还可以用遥控的电路液压缸。

布料杆的仰俯角可为 120°，臂杆可以依次展开，最前端臂杆动作最频繁，它可以摆动 180°。为便于浇筑，在最前端臂杆的末端再接一软管（橡胶或逆料管），这也可防止混凝土下落高度过大

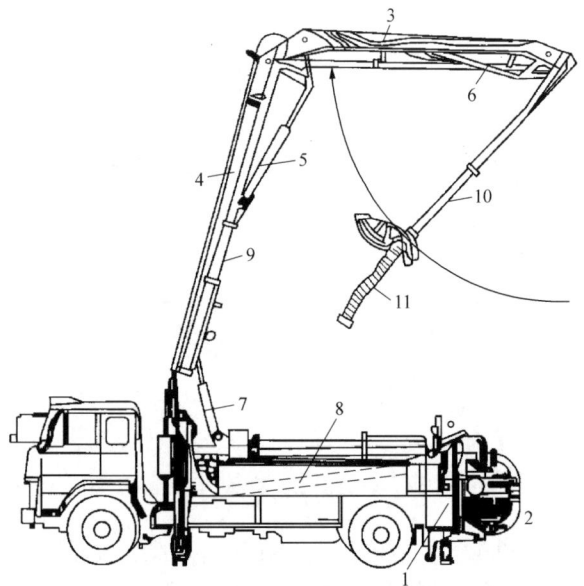

图 4-47　JPF85B 型混凝土泵车
1—混凝土泵；2—混凝土输送管；3—布料杆支承装置；
4—布料杆臂架；5、6、7—油缸；
8、9、10—输送管；11—软管

而产生离析。至于回转支座的位置和臂杆的折叠方式，有多种多样，常用的如图 4-48 所示，基本可分为回折形、Z 形和 S 形三种，其构造基本相同，由臂架、调幅油缸和伸缩油缸组成。

为便于混凝土搅拌运输车向泵的料斗喂料，混凝土泵一般装在汽车尾部，如图 4-49 （a）所示。其泵出的混凝土，经过混凝土输送管送到驾驶室后方的输送管，经安装于布料杆上的输送管到软管排出。

臂架式泵车，特别适用于基础工程、地下室工程、七层以下的公共建筑物以及水塔等混凝土浇筑。除了汽车式布料杆泵车外，还有拖式的布料杆泵车和把布料杆、泵都安装在搅拌车上的布料杆泵车。如图 4-49 （b）所示 DC-S115B 型混凝土泵车，其生产率为 15～

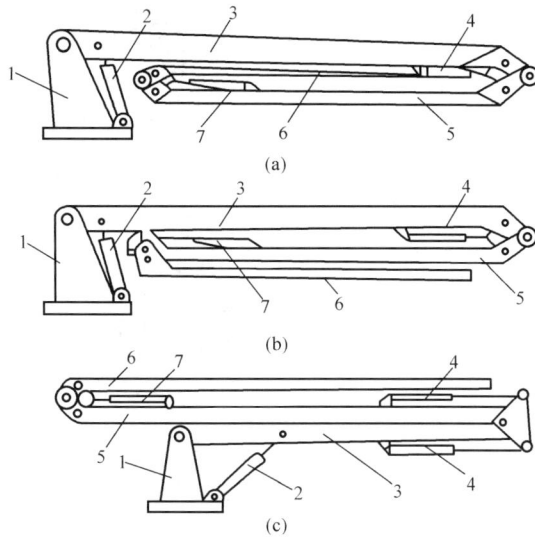

图 4-48　布料杆的折叠形式

(a) 回折形；(b) Z 形；(c) S 形

1—回转支承装置；2—变幅油缸；3—第一节臂架；

4—1 号伸缩油缸；5—第二节臂架；6—第三节臂架；7—2 号伸缩油缸

$70m^3/h$，最大水平输送距离（150mm 输送管）为 530m，最大垂直输送距离（150mm 输送管）为 100m。

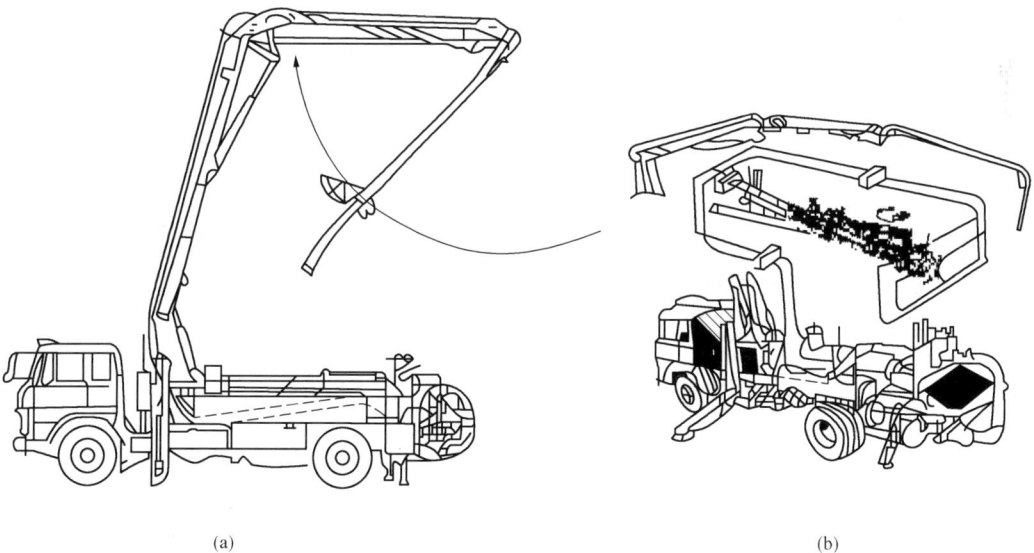

(a)　　　　　　　　　　　　　　　(b)

图 4-49　混凝土泵车

(a) 臂架式泵车外观；(b) 泵结构

图 4-50 所示是泵车布料杆在一个固定点的一平面内的工作范围，因为有回转机构，故实际上可以形成这样的立体空间。

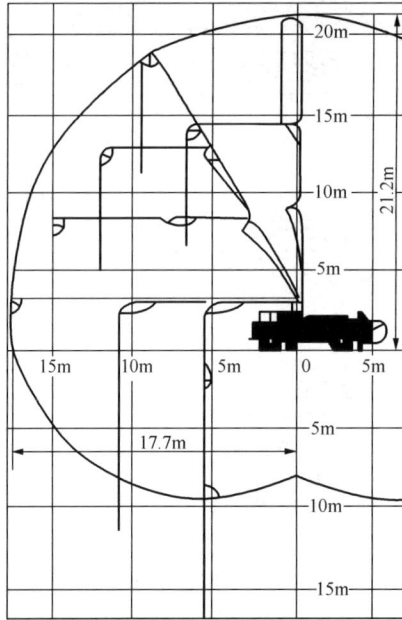

图 4 - 50 泵车布料杆工作范围

第六节 混 凝 土 输 送 与 浇 筑

一、混凝土输送与浇筑的基本要求

（1）浇筑混凝土前，应清除模板内或垫层上的杂物。表面干燥的地基、垫层、模板上应洒水湿润，现场环境温度高于 35℃时宜对金属模板进行洒水降温，洒水后不得留有积水。

（2）混凝土浇筑应保证混凝土的均匀性和密实性。混凝土宜一次连续浇筑，当不能一次连续浇筑时，可留设施工缝或后浇带分块浇筑。

（3）混凝土运输、输送入模的过程宜连续进行，从运输到输送入模和总延续时间不宜超过表 4 - 3 的规定。掺早强型减水外加剂、早强剂的混凝土以及有特殊要求的混凝土，应根据设计及施工要求，通过试验确定允许时间。

表 4 - 3 　　　　　混凝土运输到输送入模及其间歇总的时间限制 　　　　　min

条件	气温≤25℃		气温>25℃	
	输送入模时间	总时间限制	输送入模时间	总时间限制
不掺外加剂	90	180	60	150
掺外加剂	150	240	120	210

（4）混凝土浇筑的布料点宜接近浇筑位置，应采取减少混凝土下料冲击的措施，并应符合下列规定：

1）宜先浇筑竖向结构构件，后浇筑水平结构构件。

2）浇筑区域结构平面有高差时，宜先浇筑低区部分再浇筑高区部分。

（5）柱、墙模板内的混凝土浇筑倾落高度应符合表4-4的规定；当不能满足表4-4的要求时，应加设串筒、溜管、溜槽等装置。

表4-4　　　　　　　　　　柱、墙模板内混凝土浇筑倾落高度限值　　　　　　　　　　m

条　件	浇筑倾落高度限值
粗骨料粒径大于25mm	≤3
粗骨料粒径小于或等于25mm	≤6

注　当有可靠措施能保证混凝土不产生离析时，混凝土倾落高度可不受本表限制。

（6）混凝土浇筑后，在混凝土初凝前和终凝前宜分别对混凝土裸露表面进行抹面处理。

（7）柱、墙混凝土设计强度等级高于梁、板混凝土设计强度等级时，混凝土浇筑应符合下列规定：

1）柱、墙混凝土设计强度比梁、板混凝土设计强度高一个等级时，柱、墙位置梁、板高度范围内的混凝土经设计单位同意，可采用与梁、板混凝土设计强度等级相同的混凝土进行浇筑。

2）柱、墙混凝土设计强度比梁、板混凝土设计强度高两个等级及以上时，应在交界区域采取分隔措施。分隔位置应在低强度等级的构件中，且距高强度等级构件边缘不应小于500mm。

3）宜先浇筑高强度等级混凝土，后浇筑低强度等级混凝土。

二、泵送混凝土施工对浇筑的要求

（1）宜根据结构形状及尺寸、混凝土供应、混凝土浇筑设备、场地内外条件等划分每台输送泵浇筑区域及浇筑顺序。

（2）采用输送管浇筑混凝土时，宜由远而近浇筑；采用多根输送管同时浇筑时，其浇筑速度宜保持一致。

（3）润滑输送管的水泥砂浆用于湿润结构施工缝时，水泥砂浆应与混凝土浆液同成分；接浆厚度不应大于30mm，多余水泥砂浆应收集后运出。

（4）混凝土泵送浇筑应保持连续；当混凝土供应不及时，应采取间歇泵送方式。

（5）混凝土浇筑后，应按要求完成输送泵和输送管的清理。

三、大体积混凝土结构施工对浇筑的要求

（1）用多台输送泵接输送泵管浇筑时，输送泵管布料点间距不宜大于10m，并宜由远而近浇筑。

（2）用汽车布料杆输送浇筑时，应根据布料杆工作半径确定布料点数量，各布料点浇筑速度应保持均衡。

（3）宜先浇筑深坑部分再浇筑大面积基础部分。

（4）宜采用斜面分层浇筑方法，也可采用全面分层、分块分层浇筑方法，层与层之间混凝土浇筑的间歇时间应能保证整个混凝土浇筑过程的连续。

（5）混凝土分层浇筑应采用自然流淌形成斜坡，并应沿高度均匀上升，分层厚度不宜大于500mm。

（6）抹面处理应符合相关规定，抹面次数宜适当增加。

（7）应有排除积水或混凝土泌水的有效技术措施。

复 习 思 考 题

1. 简述混凝土流变学原理及主要流变参数的含义。
2. 简述泵送混凝土的流变学特征。
3. 简述混凝土组成材料对可泵性的影响规律。
4. 简述混凝土搅拌运输车的组成与工作原理。
5. 简述混凝土泵的种类、特点及工作原理。
6. 简述混凝土布料装置的种类和工作原理。

第五章 混凝土的密实成型工艺

混凝土原材料经搅拌后获得的混凝土拌和物，在浇筑入模后呈松散状态，其中含有占混凝土体积5%～20%的孔洞和气泡。只有通过合适的密实成型工艺，才能使混凝土拌和物填充到模板的各个角落和钢筋的周围，并排除混凝土内部的空隙和残留的气泡，使混凝土密实。

混凝土的成型和密实，其实属于两个不同的概念。成型是混凝土拌和物在模型内流动并充满模型，从而获得所需外形的过程；而密实是指混凝土拌和物向其内部空隙流动的过程。通常情况下成型和密实是同时进行的，而有些混凝土如泡沫混凝土仅需要成型工艺而不需要密实工艺。

目前，混凝土的密实成型工艺主要有振动密实成型、离心脱水密实成型、真空脱水密实成型、喷射密实成型、压制密实成型等。

（1）振动密实成型工艺。是利用机械措施迫使混凝土拌和物的各颗粒发生振动，从而使不易流动的拌和物液化，以达到密实成型的目的。这种方法设备简单，效果较好，能保证混凝土达到良好的密实度；并且振动还加速了水泥的水化作用，使混凝土的早期强度增长速度加快，所以该方法的应用非常广泛。但是这种方法有能耗大、噪声大等不足之处。

（2）离心脱水密实成型工艺。是利用环形模型在离心机上高速旋转，模型内的混凝土拌和物受离心力的作用，脱去部分水分而密实成型，这种方法一般用于生产管状制品。

（3）真空脱水密实成型工艺。是利用机械抽真空的方法，将混凝土拌和物中的多余水分和空气排除，从而使混凝土密实，这种方法常用于流动性混凝土拌和物的成型过程。

（4）喷射密实成型工艺。是借助喷射机械，利用压缩空气或其他动力，将按一定配合比的水泥、砂、石子及速凝剂等拌和物，通过喷管喷射到受喷面上，在数分钟之内凝结硬化而成型的混凝土。

（5）压制密实成型工艺。是利用机械对浇筑入模的混凝土拌和物施加压力（静力）排除空气，使拌和物颗粒相互挤紧而密实；当水量较多或压力较大时，也可脱去多余水分。

第一节 振动密实成型工艺

一、混凝土拌和物的振动密实成型原理

振动密实成型混凝土是指由振动设备所产生的振动能量，通过一定的方式传递给已浇筑入模的混凝土，使混凝土内部发生变化以达到密实的工艺方法。

混凝土拌和物密实成型过程是在搅拌后不久，此时水泥的水化反应尚处于初期，生成的凝胶体的数量尚少，拌和物内主要是由粗细不均的固体颗粒堆积而成，在静止状态下，如加以振动，拌和物就开始流动。其原因在于：

（1）水泥浆体的触变作用。水体浆体中胶体颗粒扩散层中的弱结合水，由于受到荷电颗粒的作用而吸附于胶体颗粒表面，当受到如振动作用和搅拌作用等外力干扰时，这部分水将

解除吸附变成自由水，使拌和物呈现塑性性质（即触变作用），使胶体由凝胶转变成溶胶。

（2）颗粒间黏结力的破坏。混凝土拌和物中存在大量连通的微小孔隙，从而组成错综复杂的微小通道，由于部分自由水的存在，在水和空气的分界面上产生表面张力使颗粒互相靠近，形成一定的结构强度，也即产生了颗粒间的黏结力。在振动作用下，颗粒的接触点被松开，从而破坏了内部的微小通道释放出部分自由水，最终破坏了颗粒间的黏结力，使拌和物易于流动。

（3）颗粒间机械啮合力的破坏。由于拌和物中颗粒的直接接触，其机械啮合力极大，内阻大大加强。在振动的作用下，颗粒的接触点互相松开，从而大大降低了内阻，使拌和物易于流动。

由于上述原因，振动作用实质上是使拌和物的内阻大大降低，释放出部分拌和水，从而使拌和物部分或全部液化。拌和物的振动液化效率，用其液化后所具有的结构黏度来衡量。当无振动作用时，拌和物基本上符合宾汉姆体的特点，详见第四章。

经搅拌以后的混凝土拌和物，由于混入了大量的空气，因此结构非常松散。在振动液化过程中，固相颗粒由于拌和物结构黏度的降低，并在重力作用下纷纷下落并趋于最适宜的稳定位置，其中水泥砂浆填实于粗骨料的空隙中，而水泥净浆则填充于细骨料的空隙中，由于密度的不同，使原来存在于拌和物中的大部分空气被排出，使原来的堆聚结构大大密实。必须指出的是，在振动过程中，拌和物不断排出部分气体，同时也吸入部分气体，但总的来说是排出量多于吸入量，从而使混凝土密实性不断提高。

由试验结果可知，拌和物的屈服剪应力 τ_y 在某个极限速度 v_{lim} 以下为速度的函数，超过极限速度 v_{lim} 则屈服剪切应力急剧下降并趋于某一常数，详见图 5-1。由此可知，当混凝土拌和物内某点颗粒的实际运动速度大于 v_{lim} 时，则整个拌和物接近于完全液化。拌和物的 v_{lim} 主要取决于振动器的振动频率和振幅，并与水泥的细度、水灰比、骨料的级配和粒径等有关。

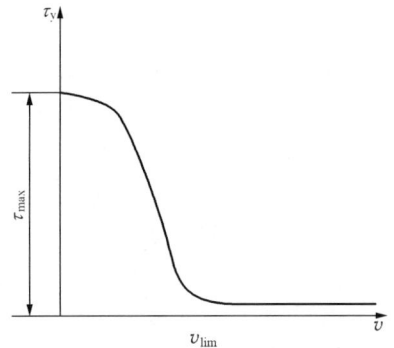

图 5-1　屈服剪切应力与速度关系

二、振动参数和振动制度

振动密实成型的效果和生产率，与振动器的类型和工作方式（插入振动或表面振动）、振动参数和制度（振动频率、振幅、振动速度、振动加速度、振动烈度及振动延续时间）以及混凝土的性质有密切关系。

1. 振动频率和振幅

振动频率和振幅是振动的两个基本参数。对于一定的混凝土拌和物，振幅和频率的数值应该选相互能够协调，使颗粒振动衰减小，并在振动过程中不致出现静止状态。振幅与骨料的粒径大小及和易性有关，振幅过大或过小都会降低振动效果。如振幅偏小，粗颗粒不起振，拌和物不足以密实；振幅偏大，则易使振动转化为跳跃捣击，而不再是谐振运动，拌和物内部产生涡流，这样不仅使振动效率降低延长振动时间，而且使拌和物呈现分层现象，跳跃过程使拌和物吸入大量空气，将降低混凝土的密实度。通常的振幅取值为 0.1~0.4mm，对于干硬性混凝土拌和物可适当提高。

对于表面振动器，当振动速度或振动加速度一定时，宜采用较大振幅。这是由于振动波向下传播比向其他方向传播时振幅衰减更快，为了增加有效作用深度，增大振幅较为有利。但一般不宜大于 0.5mm，否则平板将脱离混凝土表面变成捣击，反而使振动效果和作用深度下降。

强迫振动的频率如果接近混凝土拌和物的固有频率，将会产生共振。此时的衰减最小，振幅可达到最大。根据这个原理，可确定合适的频率，以提高振动效率。混凝土骨料的粒径 D 与振动频率 f 存在式（5-1）的关系

$$D=14\times10^6/f^2 \tag{5-1}$$

不过，在混凝土拌和物中，通常含有不同粒级的骨料，不可能施加如此多种的频率，因此在使用上只采取平均粒径或以含量最多的一种粒径来选择振动频率，具体情况见表 5-1。

表 5-1　　　　　　　　　　　振动频率与骨料粒径的关系

骨料平均粒径（mm）	振动频率（次/min）
5～10	6000～7500
15～20	3000～4500
25～40	2000
＞40	＜2000

2. 振动速度

混凝土拌和物受到一定的振动后，当拌和物中大部分颗粒的振动速度超过某一极限速度（下限）时，整个拌和物体系处于液化状态，即混凝土拌和物从原来松散的、难以流动的堆聚结构，变成密实的、易于流动的重质液体。如小于这个极限速度，就不能保证混凝土拌和物充分液化，混凝土就不能达到应有的密实度。如振动速度超过极限速度而继续增大，拌和物结构黏度降低至一定程度时，粗骨料的沉降（或浮起）作用显著，以至于引起混凝土结构的分层。因此，有时振动延续时间需受分层作用的限制，所以振动速度还应有个上限要求。在已知振幅和频率的条件下，可用式（5-2）计算出极限速度

$$v_{lim}=0.105Af \tag{5-2}$$

式中　v_{lim}——振动极限速度，cm/s；

　　　A——振幅，cm；

　　　f——频率，次/min。

由此可见，拌和物颗粒振动频率与速度密切相关。拌和物过渡到流动状态的决定因素是频率和振幅两者的函数。只有当颗粒运动速度足以克服阻碍拌和物流动的极限剪应力时，振动才是有效的，即颗粒运动速度必须超过极限速度。

3. 振动加速度

振动加速度也是混凝土拌和物达到振动密实的参数之一，振动加速度对于拌和物结构黏度有决定性的影响。当加速度由小增大时，黏度急剧下降；但随着加速度逐渐增加，黏度下降渐趋缓慢；待加速度增大到一定数值以后，黏度趋于常数。振动加速度与混凝土拌和物的性质密切关系；一般对于干硬性混凝土拌和物，当振动加速度增加，振动时不易分层；而对于大流动性混凝土拌和物，当振动加速度增大时，会导致分层，并最终会导致混凝土强度的降低。

4. 振动烈度

决定振动效果好坏的是振动烈度，只要振动烈度相同，振动效果就是相同的。这种观点的依据是，振动同一拌和物所消耗的能量是相同的。谐振时传播的能量与振幅的二次方及频率的三次方乘积 $A^2 f^3$ 成正比，$A^2 f^3$ 即振动烈度指标。振动烈度越大，拌和物的结构黏度越小，振实效果越好，即达到相同的振实程度所需的时间越短。

5. 振动延续时间

当振动频率和振幅一定时，振动所需的最佳延续时间取决于混凝土拌和物的性质、制品（或结构）的厚度、振动设备及工艺措施等，其数值可在几秒钟至几分钟之间。最佳振动时间应该依据具体条件通过试验确定。如果振动时间低于最佳值，则拌和物不能充分振实；如果高于最佳值，混凝土的密实度也不会显著增加，甚至会产生分层离析现象，从而降低混凝土的质量。在振动时，若没有气泡排出，拌和物不再下沉并在表面出现水泥砂浆层时，表明拌和物已经充分振实。

6. 振动制度

由上述的叙述可知，混凝土拌和物振动密实的基本参数是频率、振幅及振动延续时间（如果需要加压时，还应包括压强）总称为振动制度。

在选择振动制度时，首先可以选出振动烈度和振动延续时间，一般来说，振动烈度对振动效果的影响不及振动时间大，所以通常将振动烈度选小些而将振动时间选长些。但必须指出，如果时间过长，除浪费能量外，还将破坏混凝土的均匀性，并加大设备磨损程度，对操作工人的健康也有较大影响。所以合适的做法是将振动烈度选在最佳值以内，然后再相应地确定振动时间。一般常用的振动烈度范围为 $80\sim300\text{m}^2/\text{s}^3$。

三、常用的混凝土振动器

目前，我国主要采用的是以电为动力的振动设备，其他形式的振动设备应用很少。振动器的振幅一般都控制在 $0.7\sim2.8\text{mm}$。振动器频率在 50Hz 左右时为低频振动器，在 200Hz 左右时为高频振动器。

在混凝土施工中使用的振动密实机械品种和类型很多，根据对混凝土的作用方式不同，大致可以归纳为内部振动器、附着振动器、表面振动器、振动台等，如图 5-2 所示。

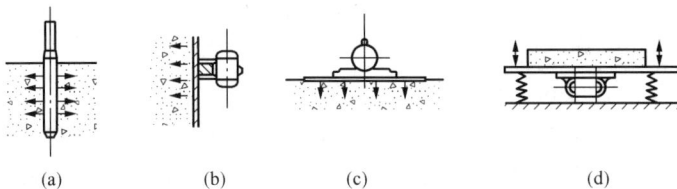

图 5-2　混凝土振动密实机械示意

（a）内部振动器；（b）附着振动器；（c）表面振动器；（d）振动台

1. 内部振动器

内部振动器是一种可以插入混凝土中进行振动密实的机械，又称插入式振动器。目前绝大部分振动器采用高频振动。其工作部分是一个棒状圆柱体，内部安装着偏心振子，在动力源驱动下，由于偏心振子的振动使整个棒体产生高频微幅的机械振动。工作时，将它插入到混凝土中，通过棒体将振动能量直接传给周边混凝土，因此其振动密实的效率高，一般只需

10～20s 的振动时间即可将棒体周围 10 倍于棒径范围内的混凝土密实。内部振动器适用于深度或厚度较大的混凝土构件或结构，如基础、梁、柱、墙等，对于钢筋分布情况复杂的混凝土结构，使用内部振动器具有显著的密实效果。

内部振动器工作时，通常是由人工手持操作，并随时转到下一个捣固点，对于较大的振动棒也可以通过机械吊挂进行工作。内部振动器的种类很多，一般可按下列特征加以区分：

（1）按驱动方式来分，有电动、气动、液压和内燃机驱动等方式。气动和液压振动器各有特点，但受使用条件限制，内燃机驱动的振动器只有在缺乏电源的场合使用，而电动振动器由于电源可随时架设，电动机和上述几种动力设备比较，具有结构简单、体积小、质量小等优点，因而内部振动器大部分均采用电动机驱动。

（2）按动力设备（主要是电动机）与工作部分（振动棒）之间的传动形式来分，有软轴和电动机内装式两种。为了便于移动作业，尽量减轻工人手持操作部分的质量，对于中小直径振动器都将电动机和振动棒分开，中间接以较长的挠性传动软轴进行驱动。对于大直径的内部振动器，因为振动棒直径大，软轴力矩大而难制造，所以都将电动机装入振动棒内直接驱动偏心轴。

（3）按振动棒激振原理的不同来划分，有偏心式和行星式两种。其激振结构和工作原理如图 5-3 所示。

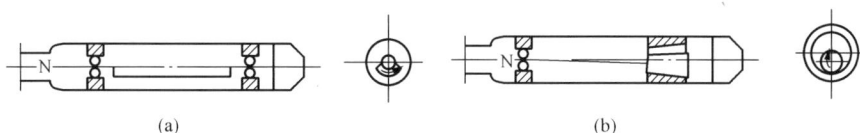

图 5-3　振动棒激振原理示意
(a) 偏心式；(b) 行星式

偏心式如图 5-3（a）所示，它是利用振动棒中心安装的具有偏心质量的转轴，在作高速旋转时产生的离心力通过轴承传递给振动棒壳体，从而使振动棒产生圆振动。

为适应各种性质的混凝土和提高生产率，现在对插入式振动器的振动频率一般都要求达到 125Hz 以上或更高，对偏心式振动器来说其偏心轴的转速将达到 7500r/min 以上，而一般电动机难以达到这样高的转速，所以这种振动器主要采用转速较高的串激电动机驱动并经软轴传动，即电动软轴偏心插入式混凝土振动器或以变频机组供电的电动机式振动器，即电动机内装插入式混凝土振动器。由于偏心式振动器工作时的激振力主要通过轴承传递，因而转轴两端的支承轴承经常在高速重载条件下工作，这将影响其使用寿命。另外，对于软轴传动的偏心插入式混凝土振动器来说，又受软轴承载能力的限制，所以这种振动棒的棒径一般都在 50mm 以下。

行星式的激振原理如图 5-3（b）所示，它是利用振动棒中一端空旋的转轴，在它旋转时其空旋下垂端圆锥部分沿棒壳内的圆锥面滚动，从而形成滚动体的行星运动以驱动棒体产生圆振动。转轴滚锥沿滚道每公转一周，振动棒体即产生一次振动。只要适当选择滚道和滚动锥的直径，即可使振动棒在一般电动机的驱动转速下获得较高的振动频率，通过改变高速滚道和滚动锥体的直径比值，即可取得不同的振动频率值。行星式激振克服了偏心轴式的主要缺点，因而在电动软轴式振动器中得到了最普通的应用。

电动软轴行星插入式振动器（见图5-4）被广泛用于建筑工程施工中，为适应各种混凝土工程的需要，电动软轴行星插入式振动器已发展成了许多规格的系列产品，并且都按振动棒直径系列化。目前这种振动器的棒径大多为25～70mm。使用的振动频率也很宽，从200Hz到260Hz。这种振动器具有结构简单、传动效率较高、振动件质量小、软轴使用寿命长等优点，因而在所有振动器中是应用量最大、使用范围最广的一种振动器。

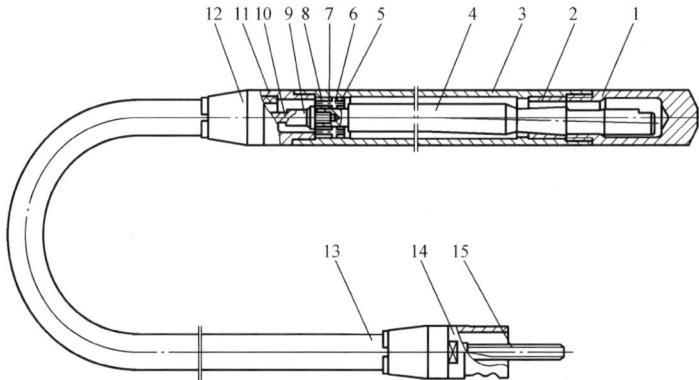

图5-4　行星式振动器构造

1—棒头；2—滚道；3—振动棒壳体；4—转轴；5—油封；6—油封座；7—垫圈；8—轴承；
9—软轴接头；10—软轴；11—软管接头；12—锥套；13—软管；14—连接头；15—圆形插头

插入式振动器的振动棒直径对生产率的影响是明显的，但电动软轴插入式振动器由于软轴传递扭矩的局限性，使其棒径最大为70mm。小棒径的振动器产生的激振力小，无法适应大型混凝土工程，所以发展了电动机内装插入式振动器。这种大棒径的振动器的特点是电动机和振动子直接连接并旋转，使振动棒产生高频振动，所以电动机内装插入式振动器有时又称电动机直联插入式振动器，图5-5为其结构示意。这种振动器的优点是激振力大、生产效率高、质量小（相对于风动），能适应大粒径骨料，低流态的混凝土施工和机械化施工。

2. 附着振动器

对于面积比较大或钢筋十分密集而形状复杂的薄壁构件（如墙板、拱圈等），在施工中使用插入式振动器有时也感到不便和效果不好。这时只能从混凝土结构模板的外部对混凝土施加振动以使之密实，附着振动器即是这种密实机械。

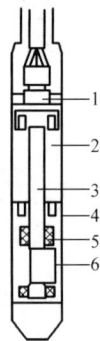

图5-5　电动机内装插入
式振动器

1—电源接头；2—电机定子；
3—电机转子；4—棒壳；
5—轴承；6—偏心轴

附着振动器的特点是其自身附有夹持或固定装置，工作时将它附在混凝土施工模板上，就可以将振动波传递给混凝土，以达到将混凝土拌和物捣实的目的。在一个成型构件的模板上或成型机上，可根据需要装上一台或数台附着式振动器，同时进行振动，但因振动是从表面传递进去的，所以效果不如内部振动器，且易受模板重量和刚度的影响。

附着振动器按动力及频率的不同，有多种规格，但其构造基本相同，都是由主机和振动装置组合而成，如图5-6所示。

图5-6中主机是特制铸铝外壳的三相二极电动机，在机壳内装有电动机的定子和转子，

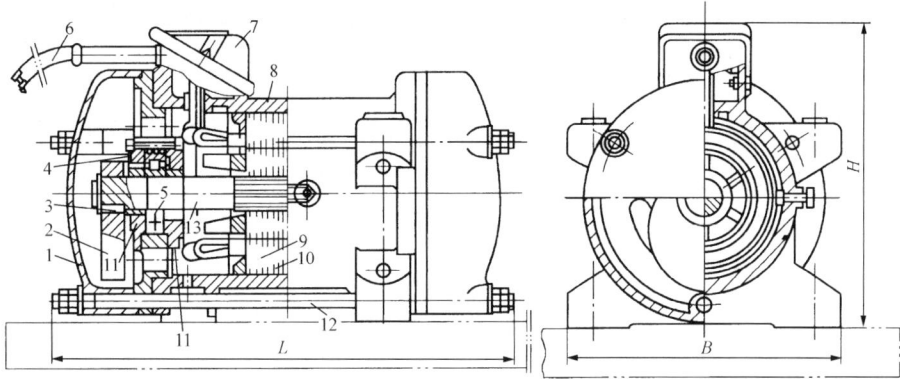

图 5-6　附着振动器结构示意

1—端盖；2—偏心振动子；3—平键；4—轴承压盖；5—滚动轴承；6—电缆；7—接线盒；
8—机壳；9—转子；10—定子；11—轴承座盖；12—螺栓；13—轴

转子轴的两个伸出端上各装有一个圆盘形偏心振动子，振动器两端用端盖封闭。外壳上有 4 个地脚螺栓孔，使用时用地脚螺栓将振动器固定在模板或平板上进行作业。

附着振动器的电动机为卧式，在转子轴两端装有偏心振动子，由轴承支承。电动机转动时，带动偏心振动子运动，由于偏心力矩的作用，从而产生振动。有的附着式振动器在电动机转子轴两端装有动、静偏心振动子各一对，其偏心力矩大小可在一定范围内调整，使转动时的激振力也随之改变。当要调整激振力时，只要将振动器两端盖卸下，松开调偏块紧固螺钉，将调偏块分别旋转到需要位置，再予以紧固，装上端盖后即可使用。

3. 表面振动器

表面振动器实际上是附着振动器的一种变型，它是在附着振动器下装上一个底板，工作时将底板放在混凝土表面上，并沿混凝土构件表面缓慢滑移，振动能量即从混凝土上表面传入。它的振动深度一般为 150～250mm，适用于坍落度较小的塑性、干硬性、半干硬性混凝土或浇筑层不厚、表面较宽敞的混凝土，如用于预制构件板、路面、桥面等最为合适。

表面振动器的构造和附着振动器相似，如图 5-7 所示。不同处是振动器下部装有钢制

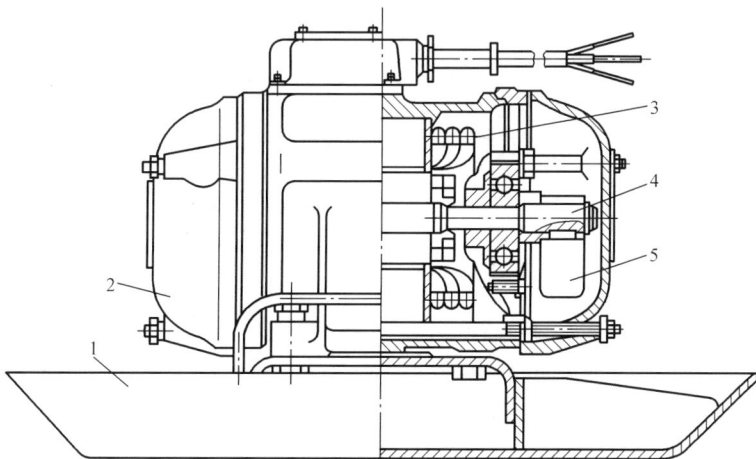

图 5-7　表面振动器外形结构示意图

1—底板；2—外壳；3—定子；4—转子轴；5—偏心振动子

振板，振板一般为槽形，两边有操作手柄，可系绳提拖着移动。底板能使振动器浮放在混凝土上达到振实混凝土的作用。

4. 振动台

混凝土振动台又称为台式振动器，振动台的机架支承在弹簧上，机架下装有激振器，机架上安置成形制品钢模板，模板内装有混凝土拌和料，在激振器作用下，机架连同装有混凝土拌和料的模板一起振动，使混凝土在振动作用下密实成形。它是预制构件厂的主要成形设备，用于大批量生产厚度不大的各类混凝土构件。

振动台根据其载重量不同有多种型号，除台面尺寸不同外，其构造基本相同，现以 ZT3 型（原 ZT1.5×6 型）为例，简述其构造。

ZT3 型振动台由上部框架、下部框架、支承弹簧、电动机、齿轮同步器、振动子等组成，如图 5-8 所示。上部框架为振动台台面，它通过 10 对螺旋弹簧支承在下部框架上；电动机通过齿轮同步器将动力等速反向地传给固定在台面下的 2 行对称偏心振动子，其振动力的水平分力在任何情况下都相互平衡，而垂直分力则相叠加，因此只产生上下方向的定向振动，以满足振动台下模板内的混凝土振动成形的需要，其传动系统如图 5-9 所示。

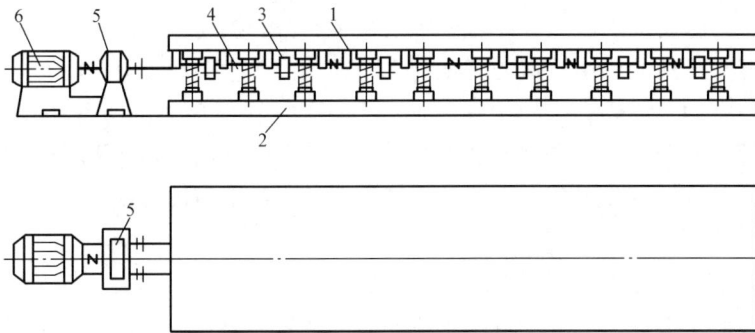

图 5-8　ZT3 型振动台结构示意

1—上部框架（台面）；2—下部框架；3—振动子；4—支承弹簧；5—齿轮同步器；6—电动机

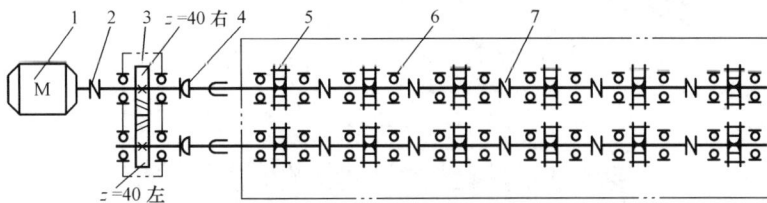

图 5-9　ZT3 型振动台传动示意

1—电动机；2—弹性联轴器；3、6—轴承；4—万向联轴器；5—偏心振动子

ZT3 型振动台的偏心振动子共 2 行 6 对，通过 12 对轴承分别安装在台面下。它是由偏心销、传动轴、偏心块等组成，在传动轴上固定着偏心块，在偏心块上对称钻有 6 个孔，只要在不同位置的孔内配置偏心销，就可以调整偏心力矩，从而使振动台的台面得到 0.2～0.7mm 的不同振幅。在安装或调整偏心振动子的偏心力矩时，必须注意使每行 6 个振动子的偏心销位置和数量完全一致，两行振动子的偏心销完全对称，以保证台面的振幅均匀和同步。

振动台的最大优点是其所产生的振动力和混凝土的重力方向是一致的，振波正好通过颗粒的直接接触由下向上传递，能量损失较少。而插入式振动器只能产生水平振波，和混凝土重力的方向不一致，振波只能通过颗粒间的摩擦来传递，所以其效率不如振动台高。

第二节　离心密实成型工艺

离心密实成型工艺是混凝土拌和物成型工艺中的一种机械脱水密实成型工艺，它是由离心力将拌和物挤向模壁，从而排出拌和物中的空气和多余的水分（20%～30%），使其密实并获得较高的强度。该工艺适用于制造不同直径及长度的管状（或环形）制品，如环形电杆及管桩等。

一、离心脱水密实成型过程

离心密实成型过程中，由于辊圈和托轮间的接触程度、辊圈加工同心度、托轮安装精度等问题，产生振动是不可避免的，而适度的振动对拌和物的液化有利。

离心成型过程中的拌和物可视作黏度很小的不可压缩的液体，这种假定对流动性拌和物，在不计模型和钢筋骨架的阻力时，是符合实际情况的。如无离心力作用，则液体在重力作用下其自由表面为水平面；当离心力增至一定值时，液体的自由平衡表面则是圆柱面。

在离心过程中，混凝土拌和物在离心力及其他外力（重力、冲击振动）作用下，粗细骨料和水泥颗粒沿离心力方向运动，也可视作沉降，结果是将多余的水分挤出，从而提高混凝土的密实度，但同时也产生了内外分层。

混凝土拌和物就其组成来讲，可以近似地认为是一个多相的悬浮系统，即粗骨料与砂浆、细骨料与水泥浆、水泥与水三个悬浮系统。在离心时，这 3 个系统将分别产生沉降和密实。如果用 V_1 表示粗骨料在砂浆中的沉降速度，V_2 表示砂在水泥浆中的沉降速度，V_3 表示水泥在水泥浆中的沉降速度，那么随沉降速度的不同，将得到不同的混凝土结构和性能。

首先假定 $V_1 > V_2 > V_3$，而且速度差很大时，可将这 3 个同时开始而不同时结束的沉降过程看做是顺序进行的。即发生粗骨料在砂浆中的沉降，继而是砂在水泥浆中的沉降，最后是水泥颗粒在水中的沉降。在悬浮体内，固相颗粒受到的离心力，首先压于其附近的液相上，液相在压力作用下，将向表面流动。固相颗粒在不断下沉的过程中也逐渐相互靠近，最后颗粒受到的离心力全部通过底层颗粒而传给钢模。此时，液相由于解除了固相压力作用，停止向外流动，固相颗粒产生相互搭接，而水泥颗粒沉降的结果，把一部分水挤出混凝土外，而少部分水却保留在骨料间的空隙中。由于颗粒距离很近，上述沉降过程并非是完全自由沉降，相互之间还有干扰沉降和压缩沉降，故上述规律只能是大致的。

混凝土拌和物在离心沉降密实后明显地分成混凝土层、砂浆层和水泥浆层，称为外分层；而在粗骨料间因水泥、砂的沉降而分层，称为内分层。当 V_1 与 V_2 相近而大于 V_3 时，则在内壁将形成较厚的水泥浆层，一般发生于水灰比高而砂率较低的情况。当 V_1 与 V_2 相近而小于 V_3 时，将形成较厚的砂浆层，一般发生于砂率高、坍落度小的情况下。

如果离心过程中有冲击振动，则上述情况将发生一定的变化，即 V_1、V_2 与 V_3 的关系将发生变化。一般来说，低频振动有利于粗骨料的沉降。因此，用自由托轮式离心时，一般都将产生分层现象，如图 5 - 10 所示。

综上所述，混凝土拌和物在离心成型后，将产生下列主要变化：

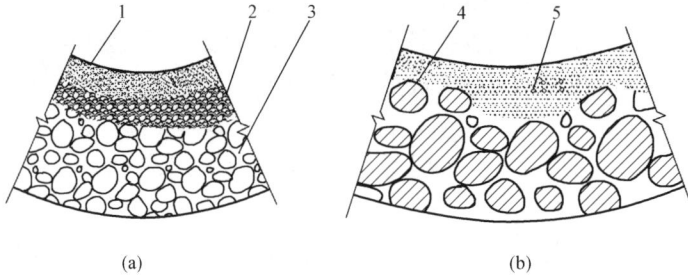

图 5-10　离心混凝土结构分层情况示意

（a）外分层；（b）内分层

1—水泥浆层；2—砂浆层；3—混凝土层；4—骨料；5—水膜层

（1）密实度提高。坍落度为 $50\sim70$mm 的混凝土拌和物，经离心成型后，排出水分约 $20\%\sim30\%$，混凝土的密实度显著提高。

（2）外分层。经离心成型后，混凝土的结构里层为水泥浆、外层为混凝土、砂浆为中间层。这种混凝土结构，强度低于与离心成型后混凝土配合比和密实度相同的匀质混凝土。这是因为在承载时，混凝土层因具有较高的弹性模量而承受较大的荷载，砂浆与水泥浆的弹性模量低而承受较小的力，因而在总荷载比匀质混凝土小的情况下即遭破坏。

由于破坏了毛细通道的水泥浆层具有较高的抗渗性，因此，在一定限度内，外分层对保证混凝土的抗渗性是有利的。

（3）内分层。当骨料沉降稳定后，由于水泥颗粒继续沉降的结果，在骨料颗粒的下表面处将形成水膜，从而局部破坏了骨料颗粒与水泥石界面的黏结力。因此内分层对混凝土的强度、抗渗性是不利的。

离心时适度的振动作用加速混凝土结构的形成，但当混凝土基本密实以后再进行过大的振动，反而会使已成型的混凝土振裂。

可以看出，离心成型过程不仅是混凝土内部结构强化（提高密实度）的过程，同时还伴随着结构的破坏过程（内、外分层和振动的破坏作用）。

在离心初期，因密实度提高较快，此时内分层及冲击振动的破坏作用尚未产生，所以硬化后混凝土的抗压强度随离心时间的延续而提高，但提高的速度越来越缓慢。到离心成型后期，即随离心时间延续，密实度不再显著变化时，上述的不利因素将占据优势。从此时起，硬化后混凝土的抗压强度将随离心时间延续而降低（见图 5-11）。

图 5-11 中，强度曲线由提高段 I 和降低段 II 两段组成。根据原材料、混凝土配合比不同，高峰 B 可能提前或推迟，而当离心力过小时也可能不出现（或出现的时间无限推迟），相应的强度值也将发生变化，变化速率也不相同。

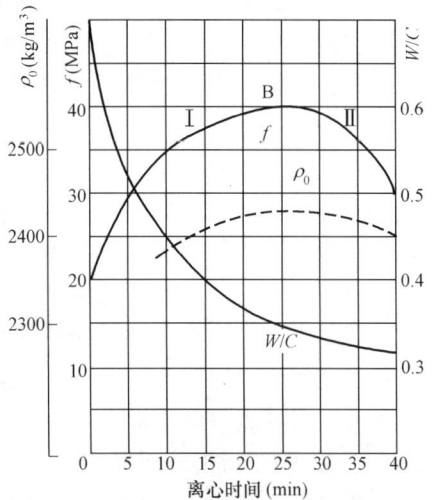

图 5-11　离心混凝土强度（f）、剩余水灰比（W/C）、体积密度（ρ_0）与离心时间的关系

还可以看出，强度高峰 B 产生在剩余水灰比或体积密度趋于稳定阶段。此后，随着离心时间延长，不利因素增长，强度反而下降。

二、离心密实成型制度

混凝土的分层现象除与原材料和拌和物的性质有关外，离心成型制度也是一项重要的影响因素。离心成型制度主要指各个阶段的离心速度和离心时间。此外，分层投料对离心制度和混凝土性能也有很大影响。

1. 离心速度

离心速度一般按慢、中、快 3 档速度变化。慢速为布料阶段，其主要目的是在离心力作用下，使拌和物均匀分布并初步成型；快速密实阶段，其主要目的是在离心力作用下使拌和物充分密实；中速则为必要的过渡阶段，不仅是由慢速到快速的调速过程，而且还可以在继续布料及缓和增速过程中达到减弱内外分层的目的。

（1）布料阶段转速（慢速）n_m 的确定。在离心过程中，布料阶段转速不宜很大，否则拌和物将迅速密实而不易沿模壁均匀分布，同时还将产生严重的分层现象。在 $mr\omega^2 = mg$，即 $\omega = \sqrt{g/r}$ 时，物料在旋转过程中已不下落。此时的转速为临界转速 n_l，则

$$n_l = \frac{30}{\pi}\omega \approx \frac{30}{\sqrt{r}} \qquad (5-3)$$

由于在旋转的同时往往还有振动作用，因此实际慢速转速 n_m 要比临界转速 n_l 大 K 倍，即

$$n_m = K\frac{30}{\sqrt{r}} \qquad (5-4)$$

式中　K——经验系数，可取 $1.45 \sim 2.0$；

　　　r——制品的内半径，m。

在生产中还要根据具体条件进行调整，一般慢速 n_m 约为 $80 \sim 150 r/min$。

（2）密实成型阶段转速（快速）n_k 的确定。假定制品的壁厚较均匀，在转速很大时，可略去重力对壁厚的影响，只计算离心力对混凝土所产生的挤压力 p，即作用于钢模内表面上单位离心压力。从旋转中的混凝土拌和物中取一微元体 dm 来分析（见图 5-12），它距旋转中心的距离为 r，则此单元上的压力为

$$dp = r\omega^2 dm \qquad (5-5)$$

其中　　　　$$dm = \frac{\rho}{g}dr\left(r + \frac{dr}{2}\right)d\phi h = \frac{\rho}{g}rh\,dr\,d\phi + \frac{\rho}{g}\frac{(dr)^2}{2}d\phi h \qquad (5-6)$$

式中　ρ——混凝土表观密度，kg/m^3；

　　　h——垂直于图面方向的管件长度，取 $h=1$。

略去微分高次项，即得

$$dm = \frac{\rho}{g}r\,dr\,d\phi \qquad (5-7)$$

$$dp = \frac{\rho}{g}r^2\omega^2\,dr\,d\phi \qquad (5-8)$$

则作用在钢模上单位长度的总压力 p 为

$$p = \int_0^{2\pi}\int_{r_1}^{r_2}\frac{\rho}{g}r^2\omega^2\,dr\,d\phi = \frac{\rho}{g}\omega^2\int_0^{2\pi}\int_{r_1}^{r_2}r^2\,dr\,d\phi = \frac{2\pi\rho\omega^2}{3g}(r_2^3 - r_1^3) \qquad (5-9)$$

式中　r_1、r_2——制品的内、外半径。

作用在钢模单位面积上的压力 p_0 为

$$p_0 = \frac{\rho}{2\pi r^2} = \frac{\alpha \omega^2}{3g}\left(r_2^2 - \frac{r_1^3}{r_2}\right) \tag{5-10}$$

因为 $\omega = \frac{2\pi n_k}{60}$，若取 $\rho = 2400 \text{kg/m}^2$，$g = 9.81 \text{m/s}^2$，令 $A = \left(r_2^2 - \frac{r_1^3}{r_2}\right)$，则

$$n_k \approx \sqrt{1.12\frac{P_0}{A}} \tag{5-11}$$

由式（5-11）可知，离心密实成型阶段的转速应由制品的截面尺寸和密实拌和物所需的压力来决定。p_0 一般可取 $0.05\sim0.1\text{N/mm}^2$，但 p_0 取高限时算出的 n_k 很大，这时钢模将产生剧烈的跳动，甚至有从托轮上飞出的危险，并使混凝土强度下降，为了避免这种情况，实际生产中的常采用不太大的 n_k 而适当延长离心时间以弥补快速离心转速导致的不足，以达到所需要的密实层。根据制品直径的不同，转速 n_k 一般为 $400\sim900\text{r/min}$。

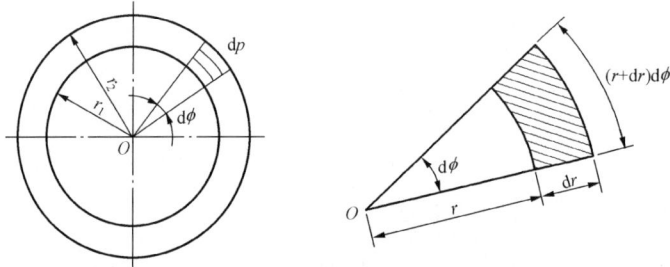

图 5-12　离心密实阶段转速计算示意

（3）过渡阶段转速（中速）n_z 的确定。实验表明，最佳的 n_z 和 n_k 存在式（5-12）的关系

$$n_z = \frac{n_k}{\sqrt{2}} \tag{5-12}$$

目前生产中采用中速转速为 $250\sim400\text{r/min}$ 左右。

2. 离心延续时间

离心过程中各阶段的延续时间，一般由实验来决定。其延续时间的长短，对制品质量起很大影响作用。

（1）慢速离心时间的确定。慢速阶段所需时间主要随管径大小和投料方式而变化，一般控制在 $2\sim5\text{min}$。

在其他工艺参数不变的条件下，慢速时间、混凝土强度和拌和物坍落度三者关系如图5-13所示，由图可见，硬化后的混凝土强度随着慢速时间增加而逐渐增加，当混凝土强度达到最大后，如再延长时间，强度反而有渐减的趋势，故称混凝土强度最大值时所要求的慢速时间为最佳慢速时间。混凝土的坍落度越小，则最佳慢速时间越长。

（2）快速离心时间的确定。快速离心时间随管径

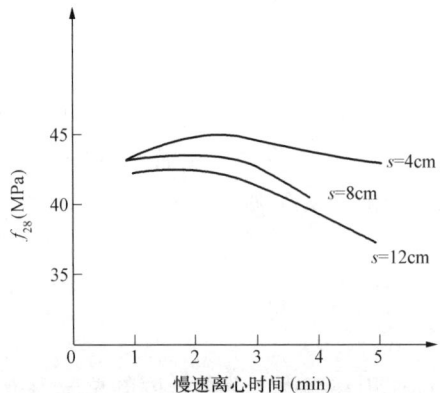

图 5-13　不同坍落度拌和物慢速离心
时间与硬化后强度的关系

的不同而变化，且时间有最佳值。如快速离心时间过短，拌和物中多余水分未完全排出，即水灰比未能降低至最佳值；相反，快速离心时间过长，会使混凝土产生裂缝等，从而降低了制品的质量。

快速旋转时间、转速和硬化后混凝土强度三者关系如图 5-14 所示，图中所用混凝土的配合比为：水泥：砂：砾石＝1：1.5：2.7，在小型轴式试验室离心机上成型，慢速转速 125r/min，慢速旋转时间为 3min。

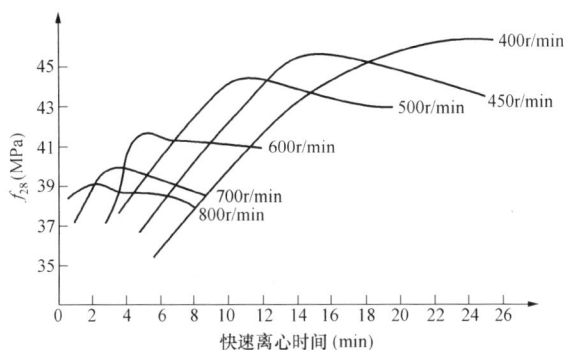

图 5-14　不同转速时混凝土强度与快速时间的关系

由图 5-14 可见，当快速离心速度一定时，随着离心时间的延长硬化后的混凝土强度逐渐降低，每一快速离心速度均有一个强度高峰值及与之相对应的最佳旋转时间。随着离心速度的增加，最佳离心时间越来越短，而混凝土强度也越来越低，这是由于剩余水灰比过大和材料的内分层现象的影响所致。另外，由于快速离心时间和转速不同，则剩余水灰比就不相同，故也使混凝土强度有差异。因此合理选择快速离心时间，有利于提高混凝土强度和生产率，并改善混凝土的性能，快速离心时间一般为 10～20min。

（3）中速离心时间的确定。应尽量减少甚至克服离心力的突增，使拌和物能很好地分布就位，初步形成混凝土骨架和毛细管通道，使多余水分和空气沿此通道及时排出，从而减少内分层现象，提高制品的密实度和抗渗性。中速时间一般控制在 2～5min。

当快速离心速度与时间不同，混凝土配合比及慢速离心制度与前相同时，中速离心时间对混凝土强度的关系如图 5-15 所示，由图可见，中速离心时间也不是越长越好。不同的中速离心速度，硬化后强度的最高值也不同；中速离心速度越大，达到强度最高值的中速延续时间越短。所以要选择合适的中速离心速度。

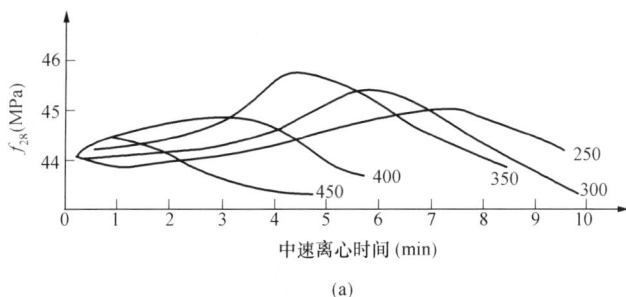

(a)

图 5-15　不同转速的中速离心时间与混凝土强度的关系（一）

(a) 快速转速与时间分别为 500r/min，10min

(b)

(c)

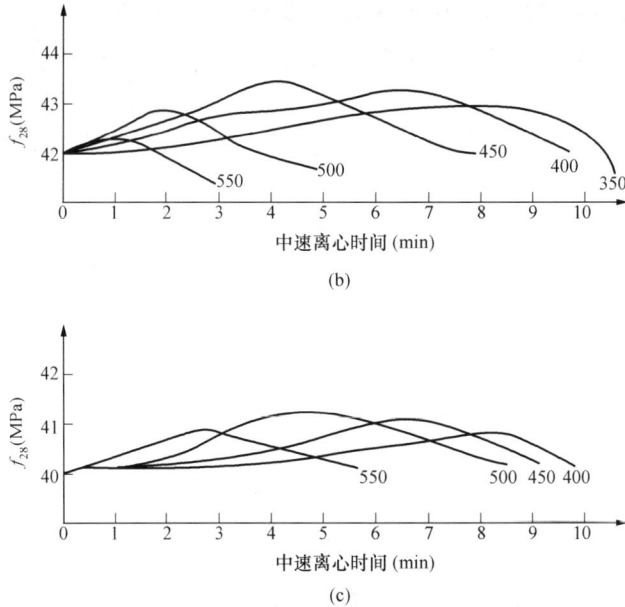

图 5-15 不同转速的中速离心时间与混凝土强度的关系（二）

（b）快速转速与时间分别为 600r/min，5min；（c）快速转速与时间分别为 700r/min，3min

三、离心成型混凝土配合比设计的特点及离心成型混凝土的性能

1. 离心成型混凝土配合比设计的特点

离心混凝土配合比的设计可用质量法或体积法进行，但必须考虑到离心工艺的以下特点：

（1）离心过程中，拌和物会挤出 20% 左右的水，流失 5%～8% 的水泥。

（2）离心后，拌和物体积缩小 10%～12%，表观密度增加 8% 左右。

（3）在水灰比相同的条件下，离心混凝土 28 天强度比一般振实混凝土强度提高 20%～30%。

（4）离心混凝土的水泥用量一般不低于 350～400kg/m³。

（5）采用质量法时，混凝土的假定表观密度为 2650～2700kg/m³。

（6）离心混凝土宜采用洁净的粗细骨料，粗骨料最大粒径不应超过制品壁厚的 1/4～1/3，并不能大于 15mm；砂率应为 40%～50%；拌和物的坍落度应控制在 3～7cm。

2. 离心成型混凝土的性能

（1）强度。原始水灰比相同时，由于离心脱水的作用，离心成型混凝土的强度比振动成型混凝土的强度高，由表 5-2 看出，随着原始水灰比的增大，强度提高系数（f_1/f_2）也增大，这是由于剩余水灰比大大小于振动成型混凝土的水灰比。

表 5-2 离心成型混凝土与振动成型混凝土的强度对比

原始水灰比	28 天抗压强度（MPa）		强度提高系数
	离心成型	振动成型	
0.70	50.3	23.0	2.19

续表

原始水灰比	28 天抗压强度（MPa）		强度提高系数
	离心成型	振动成型	
0.60	52.1	25.9	2.01
0.50	63.8	31.9	2.00
0.45	66.8	35.3	1.89
0.40	70.7	46.2	1.53

（2）抗渗性。由于离心过程中拌和物各组分的沉降速度不一，因而形成了各层组分比例不同的混凝土层状结构。从离心前后的各层材料的组成情况（见表 5－3）可见，离心后混凝土各层的剩余水灰比由内壁到外层递增，水泥含量则由内层到外层递减。在管芯内壁的水泥浆层主要起抗渗作用，壁厚为 30mm 的预应力管芯，抗渗试验的压力可在 1.5MPa 左右，较普通混凝土高。

表 5－3　　　　　　　　　离心密实成型前后混凝土各层的材料组成

项目	离心前	离心后		
		水泥浆层	砂浆层	混凝土层
层厚（mm）	70	5	12	53
水灰比	0.45	0.22	0.26	0.30
砂率（%）	44	0	100	39.1
水泥含量（kg/m³）	625	1045	620	576
体积密度（kg/m³）	2100	1275	1560	2480
配合比	水泥：砂：石：水 = 1：1.2：5：0.45	水泥：水 = 1：0.22	水泥：砂：水 = 1：1.26：0.26	水泥：砂：石：水 = 1：1.18：1.83：0.30

（3）抗冻性。因为离心成型混凝土剩余水灰比大大低于原始水灰比，所以硬化以后的孔隙率和吸水率均较小。因此，在混凝土原始配合比相同的条件下，离心成型混凝土比振动成型混凝土的孔隙率低，因而抗渗性提高，而使抗冻性也随之提高。

四、常用的混凝土离心成型设备

图 5－16 所示为常用的离心成型设备，该设备架设在底座上的托轮在电动机带动的主轴旋转下将作用力传递给环形模具，经模具再将动力传到从动轮上，从而使环状模具在电动机作用下产生不同速率的转动，最终使模具内的拌和物在所产生的离心力作用下脱水密实成型。

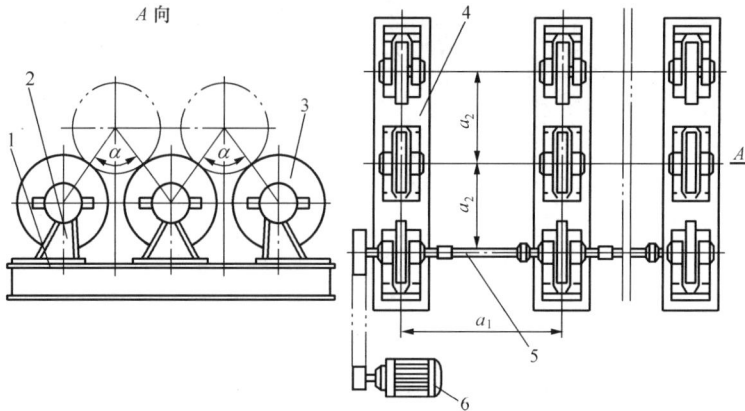

图 5 - 16　离心成型设备

1—底座；2—轴承座；3—托轮；4—托轮组；5—轴；6—电动机

第三节　真空密实成型工艺

　　为了使原始水灰比较大的塑性混凝土拌和物密实成型，除可采用离心法排除多余水分外，还可采用真空方法脱去部分多余水。这时，必须使制品的局部形成负压，使大气压作用于另一部分，部分多余水及空气即在此压力差的作用下被排出体外，在此过程中制品将整体收缩、密实，因而称为真空脱水密实成型工艺。在实际生产中，常将真空脱水与振动配合使用，效果更佳。

　　真空脱水密实成型工艺是机械脱水方法之一，这种工艺可以采用塑性稍大的混凝土拌和物，既便于浇筑厚度较小、形状复杂的制品，又可在脱水成型后获得较高的初始结构强度，以便立即脱模及蒸养。硬化后的混凝土密实度较高，耐久性及耐磨性较好。目前，该工艺在现浇混凝土方面应用较广，如道路、楼板、停车场、飞机场以及水工构筑物等。

一、真空脱水密实成型的原理

　　真空脱水密实成型原理存在两种并不矛盾的原理，即过滤脱水原理和挤压脱水原理。

　　1. 过滤脱水原理

　　过滤脱水原理认为混凝土拌和物是一个滤水器，在压差作用下，滤液——游离水通过过滤介质而脱出。并假定真空向拌和物内部传播，被束缚在拌和物中的小气泡产生附加膨胀压力，使其容积增大，产生挤水作用。

　　过滤脱水原理只有在混凝土一面有可能从外部渗入空气的情况下才是正确的，而且没有考虑到在脱水过程中拌和物的体积压缩及三相结构不断变化对脱水密实的影响。

　　2. 挤压脱水原理

　　挤压脱水原理认为混凝土拌和物为由水饱和的分散介质，在拌和物内部存在两种压力：一为中和压力，即作用在液体上产生的静水压力；二为有效压力，即作用在固体颗粒上而产生的挤压力。拌和物借助于中和压力而达到平衡。当真空处理时，中和压力降低，有效压力提高，使固体颗粒紧密排列，并挤出多余水分。从均匀连续相体系的条件出发，在完全密封情况下，脱水仅仅在固相密实时进行，脱水量应符合拌和物的孔隙变化。

挤压脱水原理在完全密封、不能从外部渗入空气的情况下是基本正确的，脱水量近似于拌和物的体积压缩量。按此原理，当拌和物内部剪应力增加到能承受相当于真空度的外部荷载时，固相密实与脱水过程即告终止。可见，这一原理的局限性在于，没有考虑到在有可能从外部渗入空气的情况下，拌和物的体积虽未压缩，但脱水仍在进行。

真空密实成型可分为上吸法、下吸法、侧吸法及内吸法 4 种方式，如图 5－17 所示。

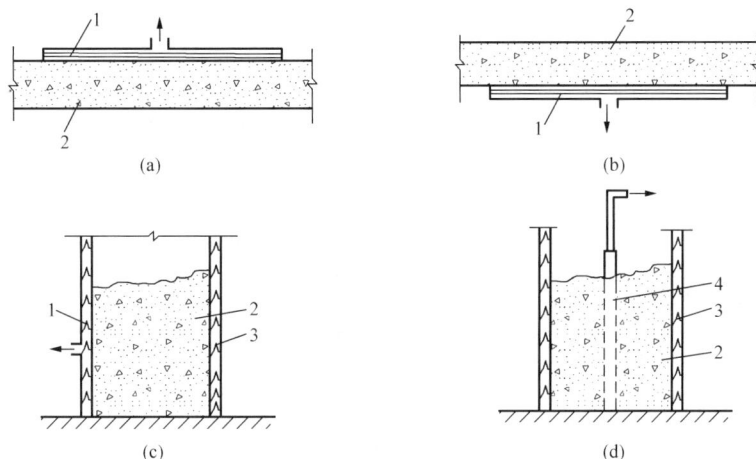

图 5－17　真空脱水方法

(a) 上吸法；(b) 下吸法；(c) 侧吸法；(d) 内吸法

1—真空吸垫；2—混凝土；3—模板；4—内吸管

二、真空脱水密实成型的过程

基于对上述两种脱水密实成型原理的阐述，结合实际工艺过程的分析表明，真空脱水密实成型过程分为 3 个阶段。

1. 初始阶段

由脱水之初至固相颗粒开始接触为止，游离水连续挤压吸滤脱出。固相颗粒未接触之前，τ_0 与 η 均变化不大，因此脱水速度近似于常数。脱水量与时间近似呈直线关系，脱水量大，时间短，密实度显著增大。

2. 延续阶段

由固相颗粒开始接触至颗粒紧密排列为止。混凝土的可压缩性显著降低，液相的连续性不断被破坏，颗粒之间的水膜层厚度减小。τ_0 与 η 增大，以致固相承受的外部荷载增大而水所承受的荷载减小，因而脱水速度减慢。

3. 停止阶段

混凝土内部的剪应力达到最大值时，真空处理密实程度降低。同时，由于静水水头和混凝土渗透性明显降低，真空脱水速度也显著减慢。当作用在混凝土上的荷载等其剪应力及水的残余压力时，真空处理过程即告结束。在此阶段，混凝土体积不再压缩，除局部区域在气相膨胀（气泡膨胀及水分汽化膨胀）作用下仍有少量脱水外，脱水密实过程基本停止。继续进行真空处理，只能导入过量的空气，形成贯穿毛细孔。

真空脱水密实成型是脱水与密实同步进行的过程，在理想状态下，体积脱水量 ΔV_w 应等于混凝土体积压缩量 ΔV_c。试验表明，真空脱水量通常大于混凝土体积压缩量 $\Delta V_w >$

ΔV_c。也就是说，脱水以后固相颗粒未能填充所有孔隙，而 $\Delta V_w - \Delta V_c$ 即为孔隙体积的增量 ΔV_p。因此，真空混凝土的孔隙率实际上高于振实混凝土的孔隙率，而硬化后的强度则稍低。真空脱水密实成型混凝土的这种特征，与真空处理过程中的脱水阻滞及混凝土的分层离析现象有关。局部区域颗粒间摩阻力过大，细颗粒无法填充脱水空穴，使脱水受阻，形成负压空间．即发生脱水阻滞现象。近真空腔的混凝土表面形成薄而密实的砂浆层，又称表面结皮。在该层中，细骨料颗粒及水泥含量增大，使远离真空腔的水分无法排出。因而，表面水灰比常低于内层，强度也有一定差异。

三、振动真空密实成型工艺制度

为了提高真空处理的有效系数，常将真空密实工艺与振动密实工艺配合使用，从而进一步提高混凝土的密实度。试验表明，真空处理时辅以间歇振动比持续振动效果更佳。真空处理时振动时间的长短对脱水量及剩余水灰比无显著的影响。这时施加振动的主要作用在于使混凝土处于液化状态，消除脱水阻滞现象，均匀脱除内部多余水分，排出气泡，使细颗粒填入脱水空穴，最终使混凝土在压力差的作用下达到更高的密实度。真空处理时，振动延续时间不宜过久，因为真空处理的后期，混凝土已由流动性变为干硬性，尤其对于薄壁构件（厚度为 60～100mm），振动过久将导致开裂。

振动真空工艺制度包括真空腔的真空度、真空处理延续时间及真空处理时的振动制度。

（一）真空度

真空处理时，足够的真空度是建立压力差、克服拌和物内部阻力、排除多余水分及空气的必要条件。真空度越高时。脱水量越大，真空延续时间越短，混凝土也越密实。在实际生产中，一般选用的真空度为 500～600mmHg（$1mmHg = 1.3 \times 10^2 Pa$）。一般情况下，真空度低于 400mmHg 时，总脱水量较少，真空处理时间延长，生产效率相应降低。

（二）真空处理延续时间

真空处理延续时间与真空度、混凝土制品的厚度、水泥用量和品种、混凝土拌和物的坍落度及温度等因素有关。

1. 混凝土厚度对真空处理延续时间的影响

真空度和混凝土配合比一定时，混凝土厚度越大，真空所需的延续时间越长。在 500mmHg 真空度下，用水灰比为 0.60～0.65 的普通混凝土所做的实验结果列于表 5-4。

表 5-4　　　　混凝土厚度与真空处理延续时间的关系（真空度为 500mmHg）

混凝土厚度 d(cm)	真空处理延续时间(min)	混凝土厚度 d(cm)	真空处理延续时间(min)
<5	$0.7d$	16～20	$16+2(d-15)$
6～10	$3.5+(d-5)$	21～25	$26+2.5(d-20)$
11～15	$8.5+1.5(d-10)$		

还应指出，真空处理开始时有大量多余水分和空气从混凝土中排出，随着真空处理过程的延续，脱水效率急剧下降。实际真空度低于 500mmHg 时，真空处理时间应比表 5-4 所列数值延长很多。因此，实际真空度较低时，制品厚度不宜过大。

2. 水泥用量、品种及拌和物坍落度对真空处理延续时间的影响

一般情况下，水泥用量越大，混凝土拌和物坍落度越大，真空处理时间就越长，反之亦然。如采用火山灰水泥，由于其保水性较大，所需真空度及真空处理时间应适当提高和延

长。在相同真空度下，其延续时间较普通水泥混凝土延长 1.5 倍。因此，每一特定情况下的真空处理时间应从实验中获得。

3. 真空处理时的振动制度

真空处理时的长时间振动将引起混凝土的分层离析，因此宜进行短暂间歇振动，每次振动时，应暂停抽真空。因为真空腔内的真空度较大时，作用于混凝土拌和物的压力差使空隙内进入空气而提高压力，而混凝土内部仍处于真空状态，这时若进行振动，混凝土内部阻力最小，振动效果最好。因此，中断真空后，应立即振动，否则振动效果就会降低。每次间断振动后，真空腔内又恢复真空度，真空又传播到混凝土制品整个厚度，因此每次间断振动的间隔时间应等于真空传播到制品整个厚度的时间。制品厚度为 7、10、14cm 时，真空传播到制品整个厚度的时间约为 60、100、200s。根据有关资料，振动间断时间少于或超过上述时间，将使混凝土抗压强度降低，最多可降低 20%。

四、真空脱水密实混凝土的物理力学性能

由于真空处理从混凝土中排除了部分多余水分和空气，因而改善了混凝土的许多物理力学性能。

1. 初始结构强度

真空处理结束后，混凝土内的孔由于失去部分水分而形成弯月面，并产生使孔壁收缩的微管压力，从而将混凝土的颗粒骨架约束在一起。此外，密实成型后，混凝土的内摩擦力也必然增加。在微管压力和内摩擦力的作用下，使混凝土具有较高的结构强度。因此，真空处理后，混凝土制品可以立即脱模，从而大大提高模型的周转率。

2. 不同龄期的强度

在自然养护条件下，振动真空密实混凝土的强度增长较快。与未经真空处理的普通振动混凝土相比较，抗压强度 3 天约提高 46%，7 天约提高 35%，28 天约提高 25%；抗拉强度 7 天约提高 21%，28 天约提高 15%。真空混凝土强度提高的主要原因是：因初始含水量较高，和易性较好，因而易于搅拌均匀；经真空处理后，水灰比降低；真空脱水密实与振动密实相结合，可达到较好的密实效果，而相同最终水灰比的干硬性混凝土要达到真空处理的密实效果是不容易的。

3. 收缩率、抗渗性及抗冻性

由于真空混凝土的密实度较高，其初期的收缩与膨胀同采用最优配比的振动混凝土基本一致，其后期的收缩与干硬性混凝土没有本质上的区别，而较普通振动混凝土小得多。对于真空密实成型砂浆，其收缩率的降低更为明显，只相当于振动密实成型砂浆的一半，而与普通混凝土相近。真空密实混凝土密实度高，毛细管小，孔隙率降低，表面坚实光滑，所以不易透水。一般其饱和吸水率比振动密实成型混凝土低 40%～50%。因此，真空密实混凝土的抗渗性好。由于真空密实混凝土具有坚实的表面，因而其抗冻性也比一般混凝土提高 2～2.5 倍。

4. 表面硬度与耐磨性

真空混凝土由于水灰比降低、密实度提高而使表面硬度增大，耐磨性能提高。这在真空盘一侧表现得尤为显著，如在真空处理后立即进行机械抹光，则其表面硬度与耐磨性还能进一步提高。

五、真空密实成型混凝土设备

混凝土真空吸水处理设备主要包括真空泵机组、气垫薄膜吸水装置、振动梁、抹光机等组成，其工艺顺序如图5-18所示。

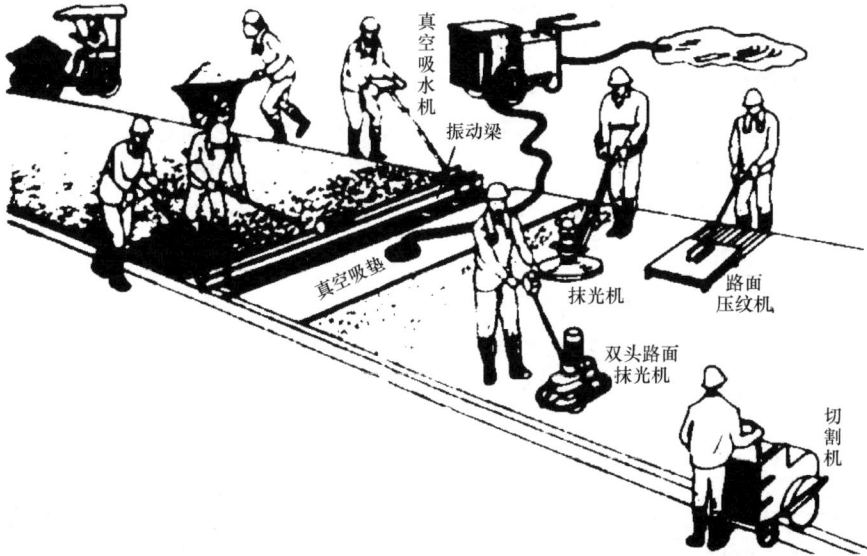

图5-18　真空密实成型设备与工艺顺序

第四节　压制密实成型工艺

在一般情况下，混凝土拌和物经振动处理，可以获得较好的密实成型效果。但是，其不足之处在于：整体振动时由于带动模型一起振动，因此能量使用不够合理，能耗较大，对于水灰比较小的干硬性拌和物，其振动能耗更大，振动时间也较长，振幅衰减也慢，因而很难达到较高的密实度。

压制密实成型工艺，不是将能量均匀分布到混凝土的整个体积，而是集中在局部区域内。应力集中，使混凝土容易发生剪切位移，颗粒较易产生移动。这样，在外部压力的作用下，拌和物即发生排气和体积压缩过程，并逐渐波及整体，最终达到较好的密实成型效果。随压力的大小及拌和物性能不同，有时压制工艺仅起密实成型作用，有时则在密实成型的同时还可起到脱水作用。

压制成型按其是否与振动作用相配合，可分为静力压制与动力压制。

一、压制过程中拌和物各组分的作用及其结构的变化

混凝土拌和物是在搅拌过程中混入大量空气，因而拌和物应视为一个三相系统，即由固相、液相和气相所组成。固相颗粒有大有小，呈不规则形状，表面或致密或多孔，随着粒径的减小和比表面积的增加，颗粒相互靠近时所产生的附着力增大。

除参与水化作用的水外，拌和物中多余的水分起下列作用：①润湿固体颗粒并使颗粒间发生湿接触；②提高拌和物塑性并降低成型时的摩擦力；③有助于良好地和较为均匀地成型并制取强度较好的制品；④由于毛细管压力而集结粉状材料，有助于提高颗粒间黏结力。但

是拌和物中过多的水分也是有害的，因为在成型时水分妨碍颗粒的相互靠近，增加了弹性变形并会助长裂纹和层裂。这是由于压制成型时，部分水膜从颗粒间的接触处被挤入气孔中，当卸去外压力后，水又重新进入颗粒之间，将颗粒推开，使成型结束的试件发生膨胀。因此，从拌和物的均匀性和密实性考虑，在压制成型时，适宜的液相量是极其重要的。

在成型时，拌和物中所含的空气不论在什么条件下都起着不良作用，如妨碍填充密实、降低颗粒的堆积密度和影响颗粒的均匀分布、造成成型密度不匀并且增大残余应力。成型后留在制品中的空气会造成附加的弹性力，此时随其他因素一起，在卸去负荷后，引起了制品的弹性变形。

二、压制成型的过程和方法

（一）压制成型过程

1. 压制开始前

压制开始前，拌和物是一种不密实的、松散的宏观均质体，只有在自身所受重力作用下才发生塑性变形，并认为它是各向同性的。

2. 压制开始后

压制开始后，拌和物即处于三向应力状态，拌和物在模头的压力下发生压缩变形，首先受力的是大粒径骨料，并楔入比较小的颗粒，颗粒互相靠近，重新组合，空气通过颗粒间隙排出，坯体体积显著减小，气孔率下降，颗粒接触面积增大。由于毛细管压力，固体颗粒松散的匀质体转变为连续的、有一定密实度的均质体，坯体的塑性强度提高。模箱侧壁由于受到模头压力使坯体产生侧向膨胀压力而变形，变形值根据模箱刚度而定，变形值的大小就是坯体侧向膨胀值。当继续加大压力时，颗粒产生塑性、脆性及弹性变形，颗粒接触表面有可能遭到破坏，内部空气通路堵塞，内部空气受到压缩并部分溶于液相。由于水膜的黏滞力和颗粒的机械咬合作用而阻碍颗粒的迅速移动，延长了颗粒的移动时间，因而坯体的弹性变形增大，坯体已转变为成型的制品。

3. 制品推出模箱后

制品推出模箱后，由于模头压力和模箱侧压力突然消失，制品内部的压缩空气压力及颗粒的弹性膨胀力使制品在三维方向产生弹性膨胀，制品尺寸将大于模箱尺寸，制品的湿体积密度降低。

（二）压制密实成型工艺方法

压制密实成型工艺方法一般有静力压制、压轧、挤压、振动加压、振动压轧、振动挤压及振动模压工艺方法等。

静力压制工艺制度包括成型最大压力、压制延续时间及加压方式。该种成型方法需采用较高的成型压力，其压强达数兆帕至数十兆帕。

因为静力压制工艺所需的成型压力较大，故一般只适用于成型小型制品。加压时间一般以较缓慢为宜，这样使拌和物中的气体在压力作用下较易排出，但会涉及生产量问题。

加压方式一般有一次加压、二次或多次加压、单面加压或双面加压等几种。双面加压可以获得较均匀的结构，但加压机构较为复杂。二次或多次加压比一次加压效果好，即先以较低的压力预压，再以较高的压力压实。从而可以减少压力在传递过程中的衰减，并使气体有充分的时间排出。多次加压时，应使压力逐步提高。已压实的制品，不能重复压制，以防再次泌水、表面黏皮、层裂及强度下降。

振动加压工艺是先对拌和物施加振动，使之达到初步密实和表面平整，再进行加压振动，以达到最终密实成型状态。

对于挤压或振动挤压工艺，则是利用螺旋铰刀挤压拌和物，或再辅以振动，使之成型和密实。

第五节 喷射成型工艺

喷射混凝土是借助喷射机械，利用压缩空气或其他动力，将按一定配合比的水泥、砂、石子及速凝剂等拌和料，通过喷管喷射到受喷面上，在很短的数分钟之内凝结硬化而成型的混凝土。

与传统的现场浇筑混凝土不同，喷射混凝土一般不需立模，也不用振捣，而是依靠高速喷射的压力，将拌和物连续喷敷到受喷面上，冲击挤压达到密实的混凝土。在物相组成与结构上，喷射混凝土与普通混凝土没有本质区别，但由于其施工技术及施工工艺特点不同于传统现浇混凝土，因此喷射混凝土的物理力学性能及工程应用范围与现浇混凝土有着显著的不同。现在，喷射混凝土已成为建筑物衬砌、补强最有效的手段之一，得到越来越广泛的应用。

喷射混凝土均采用速凝剂，速凝剂的作用是使混凝土喷射到工作面上后很快能凝结。其基本特点是：它能使混凝土在较短时间内（一般 3～5min 初凝，10min 以内终凝）；使混凝土的早期强度明显提高，而后期强度降低幅度不大（小于 30%）；使混凝土具有一定的黏度，以防回弹量过高；使混凝土保持较小的水灰比，以防收缩过大，并提高抗渗性能。

常采用的速凝剂按组分分类可分为铝氧熟料加碳酸盐类、硫铝酸盐类、铝酸盐类及水玻璃类；按状态分类可分为粉状速凝剂和液体速凝剂。

一、喷射混凝土的工艺种类

喷射混凝土的工艺流程主要有干喷、潮喷、湿喷、混合喷射等，它们之间的主要区别在于各工艺流程的投料程序不同（主要是加水和速凝剂的时间不同）。下面主要介绍干喷法和湿喷法。

（一）干喷工艺

1. 干喷施工工艺流程

干喷工艺施工工艺流程如图 5-19 所示。干喷工艺是将水泥、砂子、石子、粉状速凝剂等按一定比例混合成干拌和料后，用强制式搅拌机拌和均匀，再投入到干式喷射机内用压缩空气输送到喷头，在喷头处加入水混合之后，以一定的压力、距离喷射到受喷面上的方法。

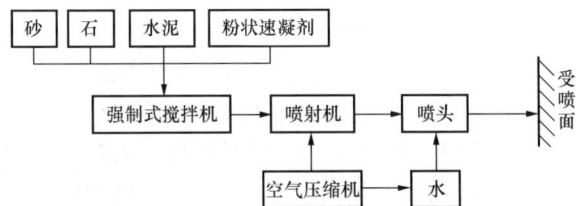

图 5-19 干喷工艺施工工艺流程图

2. 干喷施工工艺的特性

（1）施工工艺流程简单、方便，所需施工设备机具较少，只要有强制搅拌机和干喷机械即可。

（2）输送距离长，施工布置较方便、灵活，输送距离可达300m，垂直距离可达180m。

（3）速凝剂可在进入喷射机前加入，拌和较容易均匀。

（4）干喷工艺工作面粉尘及回弹量均较大，工作环境差，喷料时有脉冲现象，喷射出的混凝土均匀度较差。

（5）拌和水在喷头处才施加，喷射混凝土的均匀性较差、实际水灰比不易准确控制，喷射施工人员的经验和临场应变调节能力对喷混凝土质量影响很大，喷射混凝土质量有时不够稳定。

（二）湿喷工艺

1. 湿喷施工工艺流程

为了克服干喷法粉尘浓度大、回弹损失多等缺点而发展了湿喷工艺。湿喷施工工艺流程如图5-20所示。湿喷工艺是将所有喷射骨料事先加水拌匀，即骨料进入喷射机或在喷射机中加入足够的拌和用水（扣除液体速凝剂所占的水量）拌和均匀，再由各类湿喷机喷送到受喷工作面上。

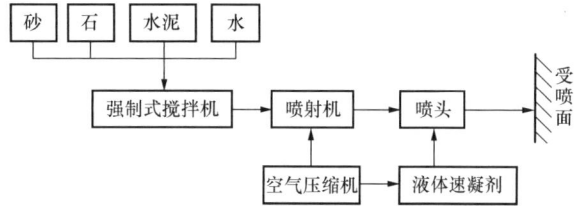

图5-20　湿喷施工工艺流程图

2. 湿喷法施工工艺特性

（1）喷混凝土拌和料可掺入全部拌和用水，充分拌和，这有利于水泥充分水化，因而混凝土强度较高。

（2）水灰比能较准确控制，但比干喷法用水量多。

（3）速凝剂一般不能提前加入。

（4）粉尘、回弹量均较低，生产环境状况较好。

（5）湿喷机具设备较复杂。

（6）输料距离和高度远比干喷法要小，喷射系统布置需靠近工作面。

（7）由于拌和物事前加水，故施工中途不得停机，停喷后要尽快将设备冲洗干净。

（8）水泥用量相对干喷法要多，一般达500kg/m³。

（三）湿喷工艺施工工艺参数选择与比较

为了说明湿喷工艺与干喷工艺各自的工艺特点，把各指标的性能比较列于表5-5。

表5-5　　　　　　　　干喷工艺与湿喷工艺技术性能比较

指　标	干喷法	湿喷法（风动型）	湿喷法（泵送型）
机械设备	简单	较简单	较复杂
粉尘浓度	一般大于50mg/m³	可降低50%～80%	可降低80%以上
耗风量	较大	可降低50%左右	可降低50%以上
回弹率	20%～40%	可降低至10%左右	可降低至5%～10%
水灰比	0.4～0.5	0.5～0.55	0.55（掺入高效减水剂）
压送距离(m)	200～300	水平60,垂直30	水平100,垂直30
设备清洗	容易	困难,中途不能停歇	困难,中途不能停歇
水泥用量(kg/m³)	400	450～480	480～560
混凝土所需坍落度(mm)	50～70	80～100	100～120

二、混凝土喷射机

按照混凝土拌和料的加水方法不同，喷射机可分为干式、湿式和介于两者之间的半干式三种；按照喷射机结构型式不同，喷射机可分为缸罐式、螺旋式和转子式三种，其差异性见表5-6。

表5-6 喷射机结构型式与性能

结构型式	特点
缸罐式	坚固耐用，但机体过重，上、下钟形阀的启闭需手动繁重操作，劳动强度大，且易造成堵管，故已逐步淘汰
螺旋式	结构简单、体积小、质量小、机动性能好，但输送距离超过30m时容易返风，生产效率低且不稳定，只适用于小型巷道的喷射支护
转子式	具有生产能力大、输送距离远、出料连续稳定、上料高度低、操作方便，适合机械化配套作业等优点，并可用于干喷、湿喷和半湿喷等多种喷射方式，是目前广泛应用的机型

下面以广泛使用的转子式喷射机（ZP-V111型）为例，简述其工作原理及构造。

1. 工作原理

如图5-21所示，电动机动力经过减速器减速后，通过输出轴带动转子旋转，料斗中的混凝土拌和料经搅拌后落入直通料腔中，当拌和物随转子转到出料口处时，压缩空气经上座体的气室，吹送料腔中的物料进入出料弯头，并通过助吹器，另一股压风呈射流状态再一次吹送物料进入输料管，再经喷头处和水混合后，喷至工作面上。转子连续旋转，料腔依次和弯头接通，如此不断循环，实现连续喷射作业。

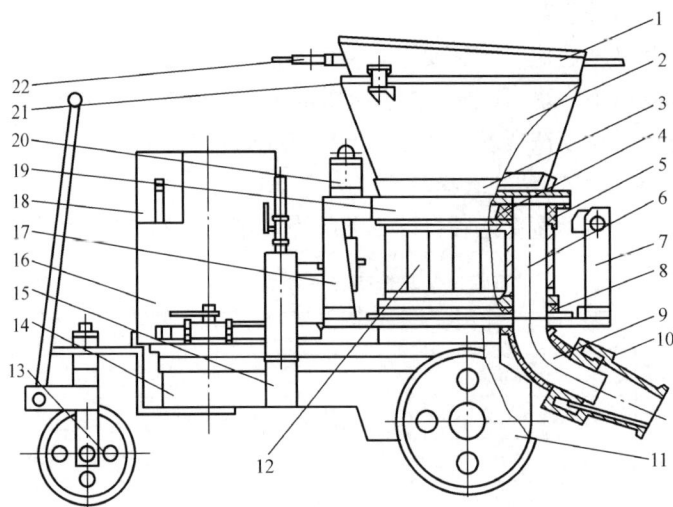

图5-21 转子式喷射机外形结构示意

1—振动筛；2—料斗；3—上座体；4—上密封板；5—衬板；6—料腔；7—后支架；8—下密封板；
9—弯头；10—助吹器；11—轮组；12—转子；13—前支架；14—减速器；15—气路系统；
16—电动机；17—前支架；18—开关；19—压环；20—压紧杆；21—弹簧座；22—振动器

2. 喷射机构造

转子式喷射机主要由驱动装置、转子总成、压紧机构、给料系统、气路系统、输料系统等组成。

（1）驱动系统。驱动装置由电动机和减速器组成。电动机轴端连接主动齿轮轴，通过减速器减速后，驱动安装在输出轴上的转子旋转，传动齿轮由减速器箱体内的润滑油飞溅润滑，并由测油针测定油位。

（2）转子总成。主要由防黏料转子、上衬板、下衬板、上密封板及下密封板组成。防黏料转子的每个圆孔中内衬为不易黏结混凝土的耐磨橡胶料腔，该结构提高了喷射机处理潮料的能力，减少了清洗和维修工作。转子上、下料各有一块衬板，采用耐磨材料制造，使用寿命较长；上下密封板由特殊配方的橡胶制成，耐磨性较好。

（3）压紧装置。压缩机构由前支架、后支架、压紧杆、压环等组成。前后支架在圆周上固定上座体，压紧杆压紧后通过压环把压力传递给上座体，使转动的转子和静止的密封板之间有一个适当的压紧力，以保持结合面间的密封。拆装时，压环带动上座体绕前支架上的圆销转动，可方便维修和更换易损件。

（4）给料系统。主要由料斗、振动筛、上座体和振动器等组成。上座体是固定料斗的基础，其上设有落料口和进气室。振动器为风动高频式，有进气口（小孔），安装时注意进气口处的箭头标志，防止反接。

（5）气路系统。主要由球阀、压力表、管接头和胶管等组成。空气压缩机通过储气罐提供压缩空气，三个球阀分别用于控制总进气和通入转子料腔内的主气路以及通入助吹器的辅助气路，另外一个球阀用以控制向振动器给压缩空气。系统中设有压力表，以便监视输料管内的工作压力。

（6）输料系统。主要由出料弯头和喷射管路等组成。出料弯头设有软体弯头和助吹器，用以减少或克服弯头出口处的黏结和堵塞，喷头处设有水环，通过球阀调节进水量。喷射管路装配结构如图 5-22 所示。

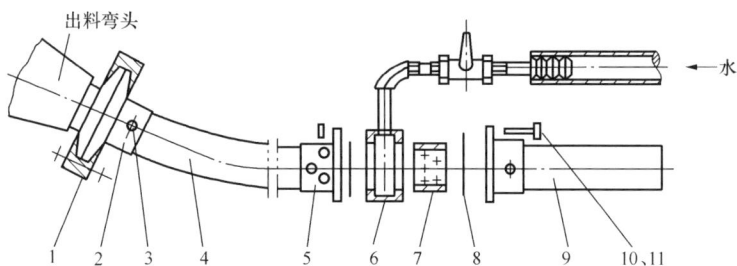

图 5-22　喷射管路装置结构示意

1—卡套；2—输料管接头；3—木螺钉；4—输料胶管；5—连接套；6—外套；
7—铜水环；8—橡胶垫板；9—螺旋喷嘴；10—螺栓；11—螺母

复习思考题

1. 简述混凝土的密实成型工艺种类及基本原理。

2. 简述振动密实成型工艺的原理、振动参数及振动制度。

3. 简述常用的混凝土振动器工作原理及适用范围。

4. 简述混凝土离心密实成型工艺的原理及工艺制度。

5. 简述混凝土真空密实成型工艺的原理。

6. 简述混凝土压制密实成型工艺的原理。

7. 简述混凝土喷射成型工艺的原理、种类及适用范围。

第六章　混凝土的养护工艺

第一节　混凝土养护分类

混凝土拌和物经密实成型后，其凝结硬化过程继续进行并逐步形成坚硬的水泥石结构。为使密实成型后的混凝土进行充分水化反应，达到所需的物理力学性能及耐久性等指标所采取的工艺措施称为混凝土的养护。

养护是获得优质混凝土的关键工艺之一，其中养护的湿度、温度和时间是养护过程中控制的三大要素。根据介质温度和湿度条件的不同，养护工艺可分为标准养护、自然养护和快速养护三种类型。

1. 标准养护

标准养护是指混凝土在温度为 20℃±2℃、相对湿度为 95％以上的条件下进行的养护。

采用标准养护的目的是为工程实际提供科学合理的测试数据，揭示混凝土的强度及其他性能指标发展变化的规律，预测实际混凝土在自然养护或快速养护条件下的性能指标。

2. 自然养护

自然养护是指在自然气候条件下，采取保湿、保（降）温等措施进行的养护，有湿养护、保湿保（降）温养护和太阳能养护等 3 种方法。

自然养护多用于现浇混凝土结构（或构件）的养护，主要养护措施包括洒水养护、蓄水养护、覆盖养护、遮盖棚养护、喷涂养护剂养护等，这些方法统称为混凝土的表层养护。对于高强高性能混凝土而言，为降低混凝土在低水胶比下自干燥带来的危害，通常采用内养护的方法。

3. 快速养护

标准养护和自然养护时混凝土的硬化缓慢，因此凡能加速混凝土强度发展过程的工艺措施，均属于快速养护。

快速养护在混凝土制品生产中占有重要地位，是继搅拌及密实成型之后，保证混凝土内部结构和性能指标的决定性工艺环节。采用快速养护还有利于缩短生产周期，提高模板、台座及设备的利用率，降低生产成本。快速养护按其作用的实质可分为热养护法、化学促硬法、机械作用法及复合法。

（1）热养护法。热养护是利用外界热源加热混凝土，以加速水泥水化或其他硅质材料和钙质材料反应的方法，是使用最广泛的养护方法。

使用的加热介质和加热方式有饱和蒸汽、热空气、热水、热油、太阳能、电能、远红外线及微波等。根据热养护过程中的湿度条件，热养护又可分为湿热法和干热法。湿热养护法是以相对湿度大于 90％的热介质加热混凝土，升温过程中仅有冷凝而无蒸发过程发生。根据介质压力的不同，湿热养护又有常压、微压及高压湿热养护之分。干热养护是指混凝土制品可不与热介质直接接触，或以低湿介质升温加热，升温过程中以蒸发过程为主。热养护是快速养护的主要方法，效果显著，但能耗较高。

（2）化学促硬法。化学促硬法是利用化学外加剂或早强快硬水泥加速混凝土强度发展的养护工艺。该方法简便易行，节约能源。

第二节　现浇混凝土的自然养护

一、自然养护的通用措施及规定

随着混凝土配制技术及混凝土机械化施工水平的不断提高，现浇混凝土结构在整个混凝土工程中所占比例越来越大。为获得优质混凝土工程，混凝土现场施工后必须确保正确的养护条件。现浇混凝土多采用自然养护，就其实质而言，养护就是在适宜的温度条件下，为防止水分蒸发而采取的一系列措施。

自然养护常采用的措施有潮湿养护、保水养护及保温养护等方法。其中潮湿养护又分为洒水养护、蓄水养护、湿砂养护、湿布养护等方法，保水养护包括薄膜养护、内养护及喷涂养护剂养护。

潮湿养护和保水养护更多地是防止炎热环境及大风环境下防止水分过分蒸发而采取的养护措施，而保温养护则主要是针对低温环境下采取的养护措施。工程实际中经常是不同自然养护方法的综合应用。

混凝土浇筑后应及时进行保湿养护，保湿养护可采用洒水、覆盖、喷涂养护剂等方式。选择养护方式应考虑现场条件、环境温湿度、构件特点、技术要求、施工操作等因素。根据《混凝土结构工程施工规范》（GB 50666—2011），混凝土养护有以下规定。

1. 对混凝土的养护时间的规定

（1）采用硅酸盐水泥、普通硅酸盐水泥或矿渣硅酸盐水泥配制的混凝土，不应少于 7 天；采用其他品种水泥时，养护时间应根据水泥性能确定。

（2）采用缓凝型外加剂、大掺量矿物掺合料配制的混凝土，不应少于 14 天。

（3）抗渗混凝土、强度等级 C60 及以上的混凝土，不应少于 14 天。

（4）后浇带混凝土的养护时间不应少于 14 天。

（5）地下室底层墙、柱和上部结构首层墙、柱宜适当增加养护时间。

（6）基础大体积混凝土养护时间应根据施工方案确定。

2. 对洒水养护的规定

（1）洒水养护宜在混凝土裸露表面覆盖麻袋或草帘后进行，也可采用直接洒水、蓄水等养护方式；洒水养护应保证混凝土处于湿润状态。

（2）当日最低温度低于 5℃时，不应采用洒水养护。

3. 对覆盖养护的规定

（1）覆盖养护宜在混凝土裸露表面覆盖塑料薄膜、塑料薄膜加麻袋、塑料薄膜加草帘进行。

（2）塑料薄膜应紧贴混凝土裸露表面，塑料薄膜内应保持有凝结水。

（3）覆盖物应严密，覆盖物的层数应按施工方案确定。

4. 对基础大体积混凝土养护的规定

（1）裸露表面应采用覆盖养护方式。

（2）当混凝土表面以内 40～80mm 位置的温度与环境温度的差值小于 25℃时，可结束覆盖养护。

（3）覆盖养护结束但尚未到达养护时间要求时，可采用洒水养护方式直至养护结束。

5. 对柱、墙混凝土养护方法的规定

（1）地下室底层和上部结构首层柱、墙混凝土，带模养护时间不宜少于 3 天；带模养护结束后可采用洒水养护方式继续养护，必要时也可采用覆盖养护或喷涂养护剂养护方式继续养护。

（2）其他部位柱、墙混凝土可采用洒水养护；必要时也可采用覆盖养护或喷涂养护剂养护。

二、养护剂养护

目前我国仍大量采用的是盖草袋洒水或覆塑料薄膜的传统养护方法，不仅要消耗大量的人力和物力，而且养护质量也不稳定，对于立面和复杂部位更是难以养护，所以不能适应现代建筑工业的迅速发展。喷洒养护剂是混凝土养护工艺的一项新技术，它不受施工场地、构件形状和施工条件的限制，而且快捷方便，不仅能保证混凝土的养护质量，还可以节省人力、物力，降低工程成本。西方发达国家自 20 世纪 70 年代初就已采用了养护剂养护方法，在公路、桥梁、大坝、机场、隧道以及形状复杂的大型构筑物中广泛使用，并取得了非常显著的技术经济效果。

养护剂是一种喷洒或涂刷于混凝土表面，能在混凝土表面形成一层连续不透水的密闭养护薄膜的乳液或高分子溶液。目前，养护剂的化学品种主要有水玻璃基、石蜡基、聚合物单体树脂基和反光隔热有色染料等四大类。

1. 有机高分子型养护剂

有机高分子型养护剂（如聚合物单体类）的养护机理，是通过喷涂在新浇筑水泥混凝土的表面上，靠自身形成一种有机薄膜，堵塞混凝土表层的毛细孔，延缓水分蒸发，从而使水泥混凝土充分水化而达到养护的目的。

2. 无机硅酸盐型养护剂

无机硅酸盐型养护剂（如水玻璃基）的养护机理，则是利用养护剂自身组分（硅溶胶）与水泥混凝土水化产物进行化学反应，在混凝土表面形成一薄层硬质层，阻止混凝土水分的进一步蒸发，而达到养护目的。水泥与水的主要反应产物是水化硅酸钙与氢氧化钙，养护剂喷洒在混凝土表面后，在渗透剂的作用下能渗入混凝土表面，并在短时间内与氢氧化钙发生式（6-1）所示反应

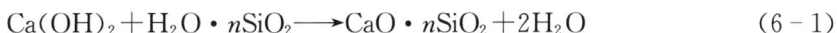

$$Ca(OH)_2 + H_2O \cdot nSiO_2 \longrightarrow CaO \cdot nSiO_2 + 2H_2O \qquad (6-1)$$

同时，由于界面活性剂的作用，在混凝土表面所形成的硅酸钙薄膜具有较强的极性，易与含结晶水的水泥水化产物形成氢键，从而增加混凝土与后抹砂浆层之间的黏结力，避免了普通养护剂导致抹灰砂浆层与基层之间的黏结力低的缺点。

喷涂养护剂养护时，养护剂应均匀喷涂在结构构件表面，不得漏喷；养护剂应具有可靠的保湿效果，保湿效果可通过试验检验。

三、内养护

高强混凝土（high strength concrete，HSC）和高性能混凝土（high performance concrete，HPC）的出现，在很大程度上推动了现代混凝土理论研究与应用技术的发展，低水

胶比、高效减水剂以及各种矿物外加剂的大量掺入，使其具有优异的力学性能和耐久性，因此在大跨度桥梁、高层建筑中得到了日趋广泛的运用。但是高强、高性能混凝土早期自收缩（指混凝土成型后，在与环境无水分交换条件下，由于水泥水化导致混凝土内水分减少而发生的体积减缩）明显，容易引起混凝土开裂。

Powers 与 Brownyard 提出的硬化水泥浆相体积分布经验模型奠定了当今高强、高性能混凝土内养护技术的基础。当水泥完全水化时，1g 水泥大约结合 0.23g 水（化学结合水），存在 0.19g 凝胶水，需要的水灰比大约为 0.42。水灰比小于 0.42 时，就会存在大量的未水化水泥熟料，并且由于内部相对湿度的降低引起不可逆的自收缩变形。而高强、高性能混凝土的水胶比往往低于 0.42，也就是说高强、高性能混凝土的自收缩是不可避免的。

Koendors 认为自收缩变形是由毛细孔相对湿度的降低造成的，避免自收缩就必须改善混凝土内部的湿度场，提高混凝土内部的含湿量。但是高强、高性能混凝土硬化后，会形成致密的结构，外界的养护水很难进入混凝土内部，因此无法改善其内部湿度环境。所以对于高强、高性能混凝土，传统的外部供水的养护技术无法抑制自干燥以及早期内部结构开裂。为此，一些学者提出了自养护或内养护的技术路线。

混凝土内养护是指在混凝土中引入一种组分作为养护剂，并将它均匀地分散在混凝土中，起到内部蓄水池的作用，当混凝土水化过程中出现水分不足时，养护剂中的水分便补给水化所需的水分，支持混凝土水化反应继续进行。

国内外常用的混凝土内养护组分包括饱水轻骨料和高吸水树脂。其中，饱水轻骨料（light weight aggregate，LWA）使用最早，但使用 LWA 作为内养护材料，易产生一系列问题，如拌和物工作性能变差，骨料上浮，混凝土强度、弹性模量明显下降等。而后来使用高吸水树脂（super‐absorbent polymer，SAP）来改善混凝土的收缩，解决了轻骨料工作性能变差的问题，且其掺量很小，在解决早期收缩开裂和耐久性问题的同时，强度不会受到很大的影响，在控制 SAP 粒径和掺量后混凝土的抗压强度还能有所增加。

1. 饱水轻骨料内养护

轻骨料为烧结熔融材料，其内部分布着直径 $10\sim100\mu m$ 近似于球形的孔隙。轻骨料的吸水率与其内部连续孔的数量存在必然联系。一般用于高性能混凝土的轻骨料其吸水率约为 5%。

根据物理化学知识，随表面张力变化而变化的毛细孔中水的蒸汽压降低，并与混凝土干燥过程中水分的迁移和失水存在密切联系，可用式（6‐2）表达

$$p_v - p_c = \frac{2\sigma\cos\theta}{r} \qquad (6\text{-}2)$$

式中　　σ——水/水蒸气界面张力；

　　　　θ——润湿角；

　　　　p_c——水的压力；

　　　　p_v——水蒸气的压力；

　　　　r——呈新月形孔的半径。

压差为轻骨料及硬化水泥浆体中毛细水的迁移提供了动力。研究表明，在给定非饱和状态下，存在一个临界孔径，所有小于临界孔径的毛细孔均为饱水孔，所有大于临界孔径的毛细孔均为干涸孔，且水分总是从大孔向细孔迁移。假定高性能混凝土中的轻骨料均匀分布于

混凝土中，则可将轻骨料中的孔与硬化水泥浆体中的孔作为一个整体来加以研究。由于轻骨料中孔的尺度远大于水泥基材中毛细孔的尺度，因而轻骨料中的水将逐渐向硬化水泥浆体迁移，形成微养护机制。图 6-1 所示为轻骨料的微养护过程。

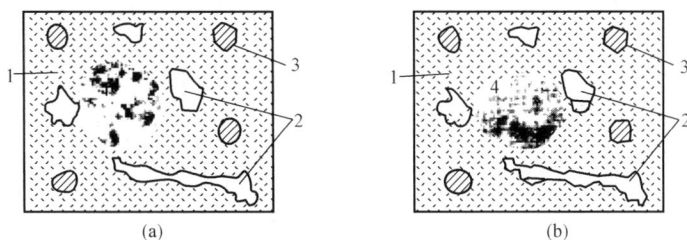

图 6-1　轻骨料微养护示意
(a) 轻骨料饱水，毛细孔无水；(b) 轻骨料中的水分部分迁移到毛细孔中
1—CSH 凝胶；2—毛细孔；3—未水化水泥颗粒；4—轻骨料

设保证混凝土中胶凝材料达到最大水化程度，单方混凝土所需的额外水的质量 M_w 与单方混凝土胶凝材料用量 B 的比值为 δ（可取 $0.06M_{max}$，M_{max} 为不同水胶比所对应的水泥最大水化程度），考虑轻骨料的饱和度 α（$0 < \alpha \leqslant 1$）时，式（6-3）成立

$$\alpha P_w V_{lwa} \rho_{lwa} \geqslant B\delta M_{max} \tag{6-3}$$

其中
$$1 - P' = \frac{0.68M_{max}}{0.32M_{max} + W/C} \tag{6-4}$$

式中　P_w——轻骨料质量吸水率；

V_{lwa}——轻骨料的体积；

ρ_{lwa}——轻骨料的表观密度；

P'——轻骨料的空隙率；

W/C——水灰比。

因此，微养护所需轻骨料的体积为

$$V_{lwa} \geqslant \frac{\delta B M_{max}}{\alpha P_w \rho_{lwa}} \tag{6-5}$$

轻骨料对骨料的体积取代率 P_v 为

$$P_v \geqslant \frac{\delta B M_{max}}{\alpha P_w \rho_{lwa}(S/\rho_s + G/\rho_g)} \tag{6-6}$$

式中　S——1m³ 混凝土中砂的质量，kg；

G——1m³ 混凝土中石子的质量，kg；

ρ_s——砂的表观密度，kg/m³；

ρ_g——石子的表观密度，kg/m³。

2. 高吸水性树脂内养护

高吸水性树脂（SAP）又称超强吸水剂，其分子结构如图 6-2 所示。作为一种新型功能性高分子材料，一般是由亲水性单体共聚或接枝共聚，并低度交联而成的三维互穿网络结构（interpenetrating polymer network，IPN）。

高吸水性树脂特殊的互穿网络结构能使其吸收自身重量百倍甚至千倍的水。溶胀的吸水树脂会在介质 pH 值或反离子浓度（通常指阳离子）增大的情况下释放出水分。如水泥矿物

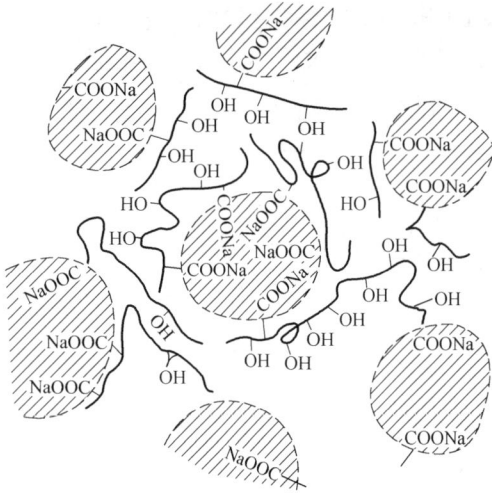

图 6-2　高吸水性树脂分子结构图

成分开始水化以后，由于水化生成的阳离子（主要是 Ca^{2+}）溶解到水中，体系的 pH 值可在数分钟内达到 12～13，促使 SAP 不断释放出水来，供给水泥进一步水化。另外，由于 SAP 中未被释放的水与树脂是以氢键形式结合的，因而这部分水的蒸发所消耗的能量较大，加上 SAP 粒子表面成膜，使干燥速度减慢，从而减缓了由蒸发引起的水分损耗。

因此，从理论上推测，SAP 可以使水泥水化体系在较长时间内保持较高的内部相对湿度，这便保证了水泥水化的持续进行并抑制了早期干燥。

研究结果表明，SAP 对混凝土收缩开裂性能有显著的改善作用，且其效果优于预湿轻骨料的作用效果；掺 SAP 混凝土的抗压强度几乎不受影响，而抗折强度却明显降低。此外，SAP 能对混凝土的抗冻性能起到有利作用，其原因为吸水饱和的 SAP 在水泥水化过程中颗粒会收缩，形成气泡，这和引气剂作用机理一样能够提高混凝土的抗冻性能，而且能够改善掺引气剂的不足之处，例如，可通过控制 SAP 的粒径（最佳的 SAP 颗粒粒径为 $100\mu m$）有效地控制引气量和气泡的尺寸。

四、寒冷条件下的养护方法

寒冷条件下的养护方法有热混凝土法、蓄热法、掺用外加剂法及热养护法，其中一些方法，就作用的实质而言，属复合养护法。

1. 热混凝土法

热混凝土法分为原料预热、热搅拌、混凝土混合料在中间料斗预热等三种方法，目的在于使浇捣成型完毕后的制品仍蓄有一定热量，保持正温，并增长至所需强度防止冻害。

其中原料预热法，因为水的比热比骨料高 5 倍左右，故应优先考虑水的预热，若仍不能满足要求，则再考虑其他原材料预热。混合料在中间料斗中的电加热，能耗低、时间短，有些国家已有应用。

2. 蓄热法

混凝土或热混凝土成型后的覆盖保温，防止预加热量和水化热过快损失，减缓混凝土冷却速度，使之保持正温并增至所需强度的方法均属蓄热法。

蓄热法无需热养护设施、费用低廉、简便易行，是寒冷条件下首先应予考虑的方法，尤其适用于初冬、冬末季节及室外平均气温在 -15℃ 以上时，或表面系数为 6～8 的厚大实心制品。

3. 掺用外加剂法

混凝土中掺用外加剂，使其强度在负温下能继续增长并不受冻害，与其他方法复合应用，更能加速养护，保证质量，节约能耗。

寒冷条件下常用外加剂有为混凝土早强剂或防冻剂。

第三节 混凝土制品的常压湿热养护

混凝土制品的养护工艺作为生产过程中的一个重要环节，对加速模型、设备和设施的周转，提高生产效率和产品质量具有重要的意义。混凝土制品的养护方式按照养护介质的不同，一般包括湿热养护（常压湿热养护、压蒸养护）、干热养护和干湿热养护三种。

混凝土制品湿热养护的实质是使混凝土在湿热介质的作用下，发生一系列化学、物理化学及物理的变化，从而加速其内部结构的形成，并获得快硬早强、缩短生产周期的效果。

混凝土制品的结构形成和破坏是贯穿于热养护过程中的一对主要矛盾，热养护制度的确定和所养护混凝土的性能取决于这对矛盾的正确解决。

湿热养护混凝土的性能与标准养护混凝土相比，有明显区别。蒸养硅酸盐水泥混凝土的28天抗压强度比标准养护条件下低 $10\%\sim15\%$，且养护温度越高、升温速度越快，相差越大。如快速升温至 $100℃$ 的蒸养混凝土 28 天强度可损失 $30\%\sim40\%$。蒸养混凝土的弹性模量约比强度相同的标准养护混凝土低 $5\%\sim10\%$，蒸养混凝土的耐久性（如抗冻性）也有所降低。这些数据表明湿热养护在加速混凝土结构形成的同时，还造成了其结构的损伤。

一、湿热养护过程中硅酸盐水泥的化学变化

温度升高时，硅酸盐水泥中的矿物成分溶解度增大，水化反应加速。$Ca(OH)_2$ 析出量及结合水量的测定结果表明，$80℃$ 蒸养与 $20℃$ 时的水化过程相比，水化反应加速了 5 倍，$100℃$ 时加速了 9 倍，这时水化过程进行的总规律未发生根本变化，只是各水化期的延续时间随温度的升高而缩短（见图 6-3）。随着养护时间的延续，温度加速水泥水化进程的影响效果逐渐减小，这是由于水化产物在未水化的水泥颗粒周围形成的屏蔽膜，阻碍了水分子向

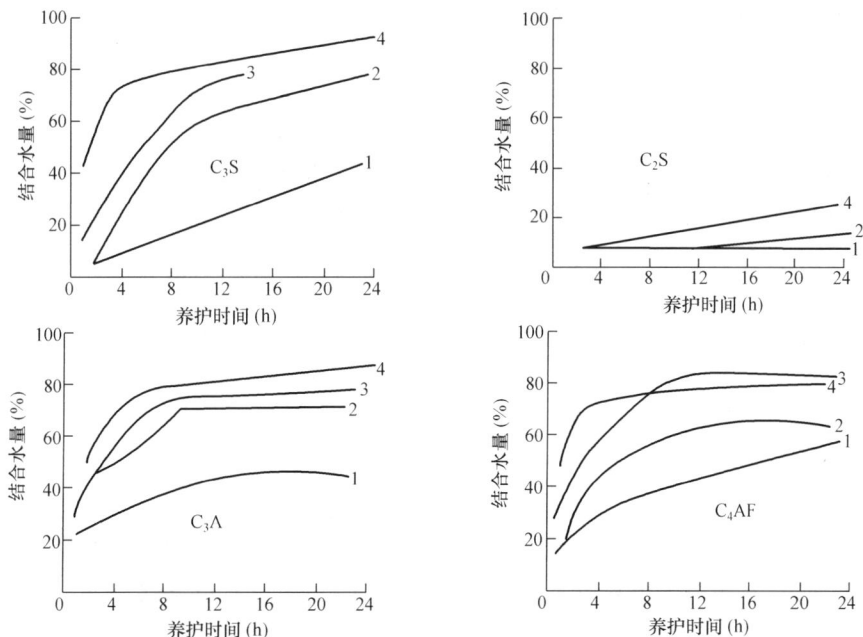

图 6-3 水泥中矿物水化速度与温度的关系
1—水化温度 20℃；2—水化温度 50℃；3—水化温度 70℃；4—水化温度 90℃

水泥颗粒的渗入，使内扩散减慢。

　　蒸汽养护时硅酸盐水泥生成的主要水化产物，与标准养护时的水化产物基本相同，其主要组成依然是以 C-S-H（Ⅰ）、C-S-H（Ⅱ）为主的 C-S-H 微晶或非晶型水化硅酸钙，C_3AH_6 和 $C_4AH_{11\sim19}$ 水化铝酸钙，C_3FH_6 及 C_4FH_{13} 水化铁酸钙，$C_3A \cdot 3CaSO_4 \cdot 32H_2O$ 及 $C_3A \cdot CaSO_4 \cdot 12H_2O$ 水化硫铝酸钙，还有 $Ca（OH）_2$。

　　水化反应的介质温度、湿度对水化产物的组成及形成过程也有一定的影响，如熟料矿物的溶解度、液相的浓度、被溶解的氧化物（CaO、SiO_2、Al_2O_3 等）的比例等。此外，C_3S 在 50℃水化时可能出现强度较低的高碱度亚稳中间相。水化硫铝酸钙的稳定性虽较铝酸钙及铁铝酸钙高，但在热养护环境下也不稳定，低硫型易分解为低强度的 C_3AH_6 及石膏。温度为 70～110℃时，在 CaO 浓度较低的溶液中，无论石膏掺量如何，高硫型硫铝酸钙均将脱水分解。

二、湿热养护过程中硅酸盐水泥的物理化学变化

　　硅酸盐水泥蒸养过程中的物理化学变化，主要表现在水泥颗粒表面屏蔽膜的增厚和增密、晶体颗粒的粗化等方面，这些变化对混凝土结构的形成及其物理力学性能均产生一定的影响。

　　水泥颗粒与水接触时，由于颗粒表面形成水化物屏蔽膜以及水泥颗粒尺寸减小，反应速度逐渐衰减。屏蔽膜再进一步水化时，更趋密实。这时，不同离子在膜内、外的扩散速度不同，Ca^{2+} 和 OH^- 进入溶液，颗粒表面形成缺钙的富硅层。水泥石密度的测定结果表明，蒸汽养护条件下形成的凝胶体的密实度比标养条件下提高 15%～20%，因而屏蔽膜更加密实而不易渗透，这对水化系统的内扩散是不利的，并对硬化后期的反应速度和深度产生影响。因此，蒸养混凝土的水化程度和强度均比标准养护的混凝土低。

　　湿热养护过程中，恒温时间越长，温度越高，新生物的结构越粗。根据 T. C. Powers 的测定，室温下硬化 28 天的水泥石比表面积为 $(2.1\sim2.3)\times10^6 \, cm^2/g$；经 60～90℃蒸养后，其比表面积减少 20%～40%；而经 200℃下湿热养护 6h，则降至 $0.7\times10^6 \, cm^2/g$。这说明，湿热养护的水化物颗粒尺寸由数微米增大到数十微米，分散度降低。

　　水泥硬化时形成的结构及其物理力学性能，在很大程度上取决于新生成物粒子的分散度及其在单位体积中的浓度，以及新生成物填充水泥石内部空间的程度。新生成物比表面积越大，单位体积浓度越高，则粒子间可能形成的接触点也必然增多。这时，粒子间取决于范德华力及静电引力的结合力就越强，黏结性能就越高，硬化体的强度也就越高。

　　湿热养护过程中，增加水泥的水化程度，并不能完全补偿新生物结构粗化对强度的有害作用。因此，水泥石的强度既取决于水泥水化程度及新生物在单位体积中的浓度，还与新生物的分散度有关。凝胶粗化的影响还反映在水泥石和混凝土的其他物理力学性能上，如收缩及蠕变有所减少，弹性增长而塑性降低。

　　湿热养护过程中凝聚结构初步形成、强度快速增长的同时，部分晶体仍在增长，由此产生的结晶压力引起了结构内部拉应力的出现，这也将使结构强度削弱。可见，湿热养护过程中水泥石及混凝土的结构是不断变化着的，其结果是在强度增长的同时，还可能造成某些缺陷，使强度受到损失。

　　此外，还有一些物理化学因素也可能造成水泥石的结构缺陷和强度损失，如水化初期生成的亚稳相的解体及变态、水化产物的再结晶、硬化系统中颗粒的重新排列和密实，还有渗

透现象等。

三、湿热养护过程中混凝土的物理变化

新成型的混凝土在热介质作用下发生的物理变化，对其结构形成及物理力学性能的影响最为显著。在初始结构强度尚很低的升温期，结构形成及破坏的矛盾尤为尖锐。由物理变化造成的混凝土结构损伤程度，集中表现为混凝土在养护过程中的体积变形。

（一）升温期混凝土的物理变化

升温期是造成混凝土结构破坏的主要阶段，引起其结构破坏的因素有各组分的热膨胀、热质传输过程、混凝土的减缩及干缩等。体积变形就是由这些因素引起的体积变化的综合表现。升温期的体积变形急剧增长，升温末期可能达到最大值。然而，升温期混凝土的初始结构强度较低，如不足以抵抗结构破坏因素造成的内应力，必将产生大量孔隙和微裂缝缝，使结构受到损伤。与此同时，这种混凝土结构随着水化作用的进行而趋于稳定；因此降温后体积膨胀不能完全清除，这就造成了热养护结束时的残余变形。

1. 混凝土气相中的剩余压力

新成型混凝土的组分如骨料、水、水泥浆及吸入的湿空气，受热均要膨胀。在 $20\sim80{}^\circ\mathrm{C}$ 时的体积膨胀系数（$1/{}^\circ\mathrm{C}$），湿空气为 $(3700\sim9000)\times10^{-6}$，水为 $(255\sim744)\times10^{-6}$，水泥石为 $(40\sim60)\times10^{-6}$，骨料为 $(30\sim40)\times10^{-6}$。由于水的热胀系数较大，未硬化水泥浆的热胀系数可能大于水泥石。可见，水的热胀超过固体物料 10 倍，气相的热胀超过固体物料 100 倍。一般普通混凝土在养护开始时约含 $170\sim200\mathrm{L/m^3}$ 的水和 $30\sim40\mathrm{L/m^3}$ 的气相。因此，混凝土气相及液相体积的热膨胀及各组分的不均匀热胀，导致混凝土体积膨胀及结构的内应力。

设被液体包裹的气泡充满湿空气。因为气相体积热胀系数大大超过其液体外壳，所以近似认为气泡是在等容条件下加热的。气泡压力由空气及蒸汽分压力组成。蒸汽分压力随温度的升高而增大，可从饱和蒸汽参数表查得。而空气分压力可根据查理定律算出（将湿空气视为理想气体）。若 $T<100{}^\circ\mathrm{C}$ 时的养护设备与外界相通，$T\geqslant100{}^\circ\mathrm{C}$ 时是在纯饱和蒸汽中加热的，则混凝土孔内将出现超过介质压力的剩余压力。理论计算表明，$80\sim100{}^\circ\mathrm{C}$ 常压蒸养时，混凝土气相的剩余压力为 $0.064\sim0.122\mathrm{MPa}$。

加热时试件封闭与否，水化过程无原则区别，但内部却产生了不同的剩余压力。因此可以认为，内外传质过程，尤其是传输方向，对剩余压力有较大影响。由外向里的传质过程越剧烈，内部压力就越大。向里传输的水分，使混凝土内部热胀的气相封闭住，并使气相热胀的压力与向里传输膨胀的水分对它的附加压力叠加，形成了超出介质压力的剩余压力。在混凝土初始结构强度较低的阶段，这种剩余压力足以使固体组分发生位移，以致孔隙增多，密度降低。制品较厚时，随厚度增大而直线增长的静水压力，将阻碍深处气相的膨胀，因而表面层酥松、肿胀、开裂。

2. 混凝土的减缩和收缩

水泥水化过程中，熟料矿物变为水化物，固相体积增大，但水泥—水体系的总体积却减少，这种由化学反应所致的体积减少称为化学减缩。以 C_3S 水化前后的体积变化计算过程为例（见表 6-1），100g 普通水泥最大减缩值平均为 $7\sim9\mathrm{cm^3}$，28 天时约为水泥石体积的 $5\%\sim8\%$。反应如下

$$2C_3S+6H_2O\longrightarrow C_3S_2H_3+3CH \tag{6-7}$$

表 6-1   C₃S 水化前后的体积变化

矿物及水化产物	C₃S	H₂O	C₃S₂H₃	CH
比密度	3.14	1	2.44	2.23
分子量	228.23	18.02	342.48	74.10
摩尔体积	72.71	18.02	140.40	33.23
体系中所占体积(cm³)	145.42	108.12	140.40	99.69
反应前后总体积(cm³)	253.54		240.09	

在低湿介质升温过程中，混凝土因为失水而发生收缩，这是由于微管（毛细管）中的弯（凹）月面所产生的微管压力引起的，故称为干缩或微管收缩。这时，微管压力 p 与介质相对湿度 φ 的关系可用式（6-8）表达

$$p = 1300\ln\frac{1}{\varphi} \tag{6-8}$$

此外还有关系 $p = 2\sigma/R$（其中 σ 为液体的表面张力系数，R 为微管半径）。对于圆孔，$p = 4\sigma/D$，则

$$D = 4\sigma/1300\ln\frac{1}{\varphi} \tag{6-9}$$

对于狭缝，$p = 2\sigma/D$，则

$$D = 2\sigma/1300\ln\frac{1}{\varphi} \tag{6-10}$$

式中 D——为微管直径或狭缝宽度。

由式（6-8）可见，φ 越小，p 越大。在早期，微管收缩使微管直径减小，物体密实度增大。新成型混凝土中微管充满水时，无弯月面形成，$p=0$。介质相对湿度降低，蒸汽分压低于孔内蒸汽分压时，自由水开始蒸发，依孔径的不同，由大至小，依次失水，微管中弯月面形成。随蒸发孔径的减小，微管中弯月面曲率半径减小，其液面下水的张力增加，微管壁固相必承受相应的微管压力才能达到平衡。随着 p 的增大，混凝土发生收缩，密实度增大，强度也有增长。

图 6-4 所示为混凝土失水时的微管压力及微管半径变化的一组实测曲线，由图可见，水泥浆体的微管收缩比混凝土进行得快。失水 20% 时，出现第一个转折点 r_1。这时，由于大孔全部失水，并在所有毛细孔中形成弯月面，使 p 增至 0.2MPa。此后，混凝土水分继续蒸发至 80%（余 20%），水泥浆的水分减至 50% 时，出现第二个转折点 r_2，在更小的

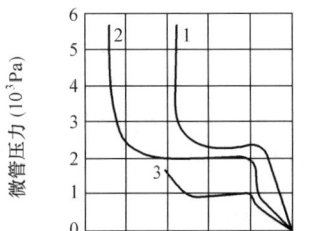

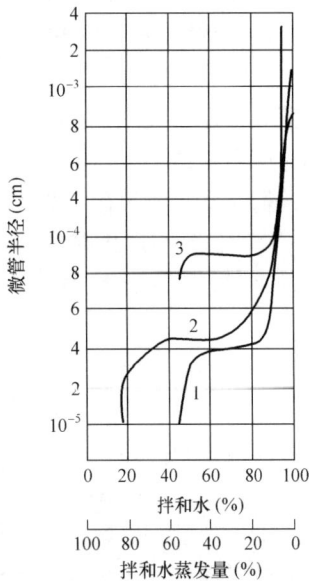

图 6-4 混凝土及水泥浆体微管压力
随水分蒸发的变化曲线

(a) 微管压力的变化；(b) 微管半径的变化
1—水泥净浆（$T=24℃$，$\varphi=50\%$）；
2—混凝土（$T=24℃$，$\varphi=50\%$，$W/C=0.45$）；
3—混凝土（$T=80℃$，2+3+4+22h，
热养护升温期 $\varphi=40\%$，$W/C=0.45$）

毛细孔中形成弯月面，p 又急剧增长。两个转折点之间，水分的蒸发未引起微管压力的显著变化。

微管压力引起混凝土体积的收缩。$p=0.2$ MPa 时，混凝土在 $T=24℃$、$\varphi=50\%$ 时的收缩为 0.82mm/m；$p>0.45$MPa 以后，收缩继续增长。热养护过程中，微管压力的增长速度随着混凝土强度的增长而减缓，而且其影响也渐减小。湿热养护时，微管半径比标准养护时大。低湿介质养护时，由于微管收缩，微管半径比湿热养护时小，而混凝土密实度则有所提高。

密闭模养护时，无外传质过程发生，收缩现象将导致内真空的发生。许多实测的混凝土内压力大大低于理论值，说明实测值可能是气相剩余压力与内真空的代数和。可见内真空的产生将有利于减少剩余压力对结构的破坏作用。

3. 混凝土的应力状态

由温度、湿度及压力差引起的三参数在制品不同层次中的不均匀分布，将引起温度、湿度及压差应力，若该应力大于当时材料的允许应力，即导致材料的开裂。因此，随着混凝土强度在热养护过程中的增长，有可能承受不同的应力。

首先分析湿应力的产生，如图 6-5 所示。设从经受热养护的无限长平板中割取一有限长度 l_0、厚 $2x$ 的平板。最初，沿平板厚度内的含水量 U_0 相同。若平板由无限薄而相互粘连的条带组成，经时间 t_1 后，由于热湿交换，表面含水量增为 U_b，中心层保持 $U_z=U_0$，湿度场以 $U_b U_z U_b$ 表示。润湿时，各条带长度与其湿度成正比 $l=f(U)$。此时，$l_z=l_0$，其他条带相应递增。t_1 时的外形如图 6-5（b）所示。实际上平板为一有机整体，t_1 时的最终长度达到 l_k。可见，表层胀得小，而中心胀得大，由此板内形成了表层受压、中心受拉，两侧 K 层则为中性层。如果压、拉应力引起的剪应力超过当时材料的允许应力，将导致开裂。温度应力的形成，与湿应力有类似的特征。不过实际带模养护时，并非所有表面均受介质的直接作用，又因模型有一定刚度，所以足以防止制品的变形。

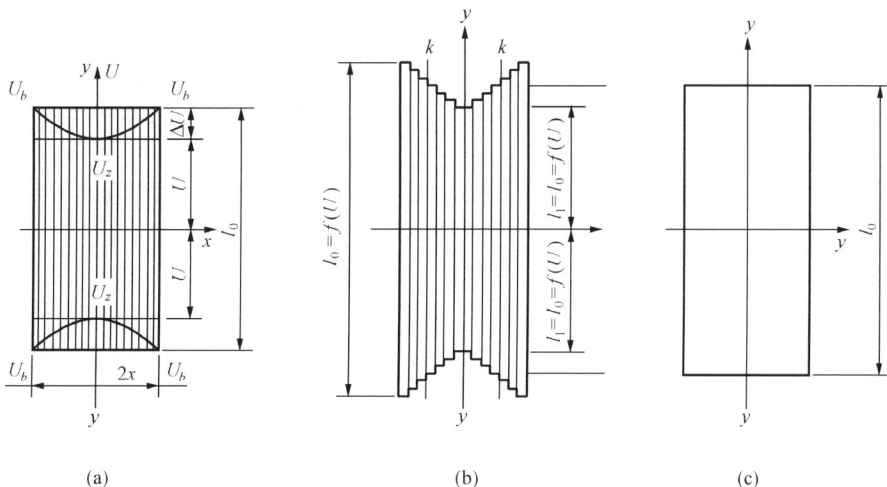

图 6-5 湿度差 ΔU 造成的应力状态
（a）应力状态；（b）截取平板上的应力分布；（c）平板尺寸

4. 混凝土的热质传输

混凝土湿热养护时，主要有接触加热和经模板传热二种加热方法。接触加热时，蒸汽与制品表面直接接触，发生对流及冷凝换热。经模板传热时，制品表面覆盖着不透汽的隔板，蒸汽与制品间无直接换热发生。

（1）接触加热时升温阶段的热质传输。接触加热时的常压升温阶段，蒸汽在制品表面迅速冷凝成冷凝水膜，并释放冷凝水加热混凝土。在制品内部温度 T_n、表面温度 T_b、冷凝水温度 T_{sh} 及介质温度 T_j 间形成 $T_n < T_b < T_{sh} < T_j$ 的温度梯度 ∇T。热流 q 则由外界输向内部。冷凝水膜的存在，又形成了由内部指向表层的湿度梯度 ∇U，并使水分由表及里地传输，湿流密度为 q_{mu}，而由 ∇T 产生的湿流密度则为 q_{mt}。

在 ∇U 及 ∇T 作用下传输的湿流，压缩混凝土孔内的气体，使其剩余压力增大，其数值则取决于该气泡至制品表面间的液体阻力。随气泡所处深度的增加，其移至表面所需克服的阻力也增加，由此形成了由表及里的压力梯度 ∇p^{I}，其数值与湿流密度成正比。内部气体由内向外迁移，与湿流移动方向相反，∇p^{I} 则阻碍水分向内渗入，而使内部气体排出。

在 ∇T 作用下，制品表层气泡比内部的热膨胀大，这种热膨胀程度的不同在制品截面内造成了气体压力的不同，从而形成了压力梯度 ∇p^{II}，其方向与 ∇p^{I} 相反。

预养期混凝土孔内的空气分压力与介质中的相等，而在常压升温时，热介质中的空气分压力则降低，孔内与介质空气分压的差值增大。因此，产生了压力梯度 ∇p^{III}，在其作用下，孔内的部分空气逸向介质。

若取温度递增方向为正方向，阻碍湿流密度 q_{mt} 及 q_{mu} 向混凝土内渗入的压力梯度为

$$\nabla p_1 = \sum \nabla p = -\nabla p^{I} + \nabla p^{II} - \nabla p^{III} \qquad (6-11)$$

若用 q_{mp} 表示由压力梯度产生的湿流密度，则总湿流密度等丁各分项的代数和，即

$$q_m = q_{mu} + q_{mt} + q_{mp} \quad \mathrm{kg/(m^2 \cdot h)} \qquad (6-12)$$

在上述压力梯度作用下，混凝土内部的气相外逸，其放气量与升温速度成正比，因此快速升温时，常产生较大的结构破坏作用。水分和气体在混凝土内的传输，使其中部分孔串通，形成定向串通孔缝，还使刚形成的晶体骨架受到一定破坏，而放气现象引起的破坏作用则更为显著。

（2）经模板传热时升温阶段的热质传输。制品在密闭的模中蒸养是用模板传热的典型方法。此时，制品内部的热质传输，与载热体的类型及性质无关，也与在饱和蒸汽中的接触加热完全不同。

这时，热量以导热的方式由外向内传递，内部的湿迁移对混凝土传热过程的影响比接触加热时小。对于密实混凝土尤其如此。

升温开始后，制品内部形成了由里向外的温度梯度 ∇T，由此产生的湿流密度 q_{mt} 由制品边缘向中心传输。因为制品的含水量不变，所以此时制品中心部分因外缘失水而增湿。这种水分的重分布又引起了与 ∇T 方向相反的 ∇U，在其作用下，水分又从中心向边缘传输。此时，失水区可能暂时出现负压，增湿区则暂时形成剩余压力，这就引起了 ∇P^{I}。因为湿传导与热湿传导方向相反，所以在升温开始后的某一时刻，水分达到动态平衡。

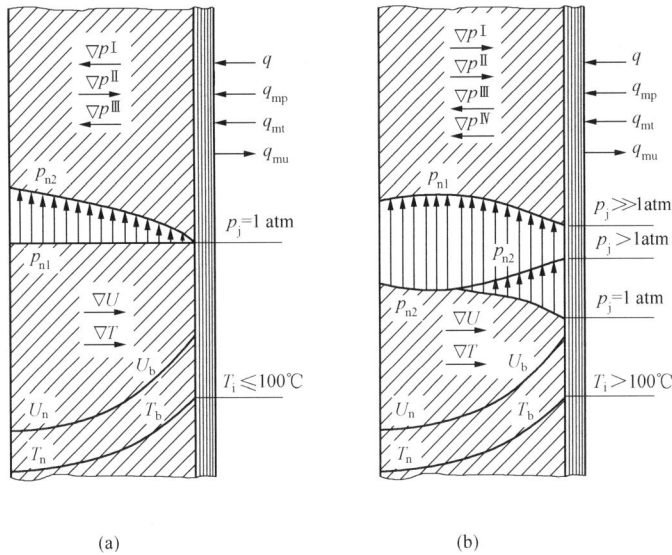

图 6-6　混凝土湿热养护过程中的热质传输示意

(a) 常压升温阶段；(b) 超压升温阶段

T_n、U_n、p_n—制品内部的温度、湿度及压力；T_b、U_b—制品表面的温度及湿度；q—热量通量；q_{mt}、q_{mu}、q_{mp}—由温度梯度、湿度梯度及压力梯度引起的湿流密度；∇p^{I}—在湿流密度（q_{mt} 及 q_{mu}）作用下制品内部气相产生的压力梯度；∇p^{II}—制品表层及内部气相由于热膨胀不同而产生的压力梯度；∇p^{III}—由于与制品孔内空气分压力不同而形成的压力梯度；∇p^{IV}—超压升温时，由于孔内气相压力滞后于介质压力形成的附加压力梯度

在温度作用下，制品边缘区的气相热膨胀得比中心区快，这就引起了压力梯度 ∇p^{II} 的出现。在其驱使下，部分气相及水分由边缘向中心传输。

经模板传导加热时，由于混凝土和介质之间无传质过程发生，而内部的湿迁移对加热过程影响又不大，因此制品的加热时间将比接触加热时长，结构破坏也较小。

（二）恒温期混凝土的物理变化

在接触加热的升温阶段，制品 T_n 滞后于 T_j，其厚度越大，温差也越大。当 T_j 升至最高值时，即进入了恒温养护阶段。恒温养护开始时，制品内部仍存在温差及湿差。水分在 ∇T 及 ∇U 作用下继续向内部传输。随着 ∇T 及 ∇U 的逐渐消失，制品内部温度场趋于均衡，q_{mt} 及 q_{mu} 的传输渐趋停止，∇p^{I} 也逐渐消失。这时，混凝土的热胀变形已达最大程度，在整个恒温过程中实际上稳定不变。

恒温阶段中，水泥水化反应迅速进展，混凝土的微管多孔结构逐渐形成。常压蒸汽养护时，水泥的放热反应常使混凝土 T_n 在某一时刻超出 T_j 约 $2 \sim 7$℃，即产生了由表及里的 $\nabla T'$。

恒温过程中，制品 T_b 不变，T_n 则不断升高，因此内部水分及气体继续加热膨胀。由于固体骨架的热膨胀比水或气体小几十或几百倍，所以孔内的压力增大，由此使原来形成的由里及表的 ∇p^{II} 逐渐减小，当内部温度高于介质时，使 ∇p^{II} 变为由表层指向内部。∇p^{II} 对总压力梯度的数值及方向影响很大，在其作用下混凝土的含湿量及气体含量均逐渐减少。随着 ∇T 的消失，∇p^{III} 也逐渐平息。

随着水化的进行，减缩也在增加，这也有助于总压力梯度的平息，所以混凝土气相中的剩余压力将降低。在一定条件下还可能出现负压。这使表面的冷凝水可能在内真空的作用下被吸收。

（三）降温期混凝土的物理变化

降温期内，混凝土的结构已经定型。这时，在其内部发生的变化有温差的产生、水分的汽化、体积的收缩及拉应力的出现。

常压降温时，∇T 及 ∇U 由表及里，水分向表层传输并蒸发。制品由于蒸发、对流、辐射换热而冷却。降温过快及蒸发面的蒸发负荷过大时引起的内应力，若超过硬化混凝土当时的极限抗拉强度，必将引起混凝土的结构损伤。

经模板传热时的冷却阶段，内部热质传输与升温期相反。∇T 指向制品内部，水分向边缘处传输。而边缘区增湿至一定程度后，又由于 ∇U 而形成反向湿流。在 ∇T 作用下产生的 ∇p^{II} 由边缘指向中心。水分及空气在 ∇p^{II} 的驱使下由制品内部向表层传输。

四、常压湿热养护制度

（一）常压湿热养护制度的确定原则

常压湿热养护过程如图 6-7 所示，一般分为预养期 Y、升温期 S（一次升温或分段升温）、恒温期 H 和降温期 J，为便于控制，各期温度均指介质温度。养护过程的主要工艺参数包括升温时间（或升温速度）、恒温时间和恒温温度、降温时间（或降温速度），总称湿热养护制度。必要时还应注明介质相对湿度。为便于表达，可联写为 $Y+S+H+J$。

制品外形尺寸、原料性能、混凝土配比及其他工艺条件一定时，湿热养护制度是决定混凝土性能及制品质量的重要因素。

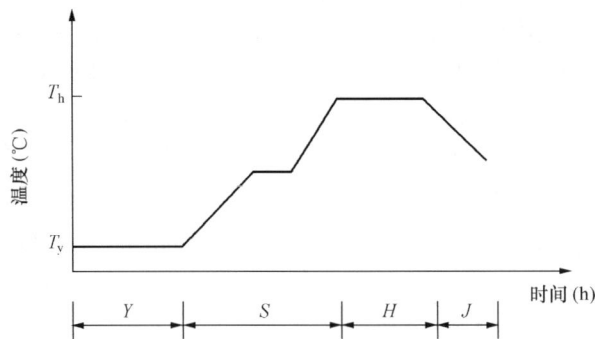

图 6-7　混凝土湿热养护过程

Y—预养期；S—升温期；H—恒温期；J—降温期；T_h—恒温温度；T_y—预养温度

1. 预养期

为增强混凝土对升温期结构破坏作用的抵御能力，制品成型后和热养护开始前应先行预养护，或在适当工位室温上静停，或在窑内余温预养。预养的实质在于提高水泥在热养护开始前的水化程度。一方面使水泥浆体中形成一定量的高分散水化物填充在毛细孔内并吸附水分，从而减少加热过程中危害较大的游离水；另一方面，使混凝土具有一定的初始结构强度，增强了抵御湿热养护对结构破坏的能力。

随预养期的延长，混凝土的初始结构强度增高，残余变形减小，密实度增大，养护后的强度显著提高（见图 6-8）。临界初始结构强度是指在一定的养护制度下，能使残余变形 ε 最小、获得最大密实度及最高强度的最低初始结构强度。而达到临界初始结构强度所需的预养时间，则为最佳预养期。

临界初始结构强度与湿热养护制度密切相关。带模养护、慢速升温及恒温温度较低时，相应的临界初始结构强度也较低，最佳预养期也较短。湿热养护过程中以外力（气压、水压或荷重）抑制体积膨胀时，可以缩短甚至取消预养期，并可快速升温。升温速度为 25℃/h，恒温温度为 100℃ 的养护制度下，建议砂浆以 2.4～2.9MPa 的初始结构强度决定最佳养护期，混凝土则为 0.39～0.49MPa。

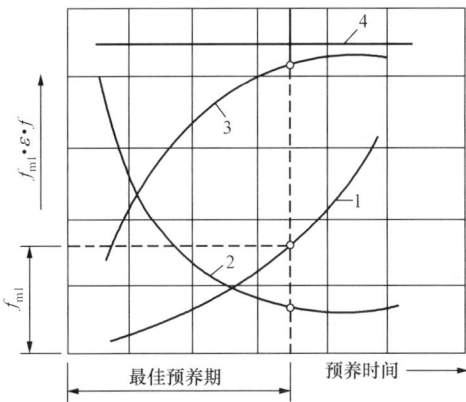

图 6-8 预养期对混凝土强度及变形的影响
1—混凝土的初始结构强度（f_{ml}为临界初始结构强度）；
2—蒸养后的残余变形 ε；3—脱模蒸养后的混凝土强度 f；
4—密闭模蒸养混凝土强度

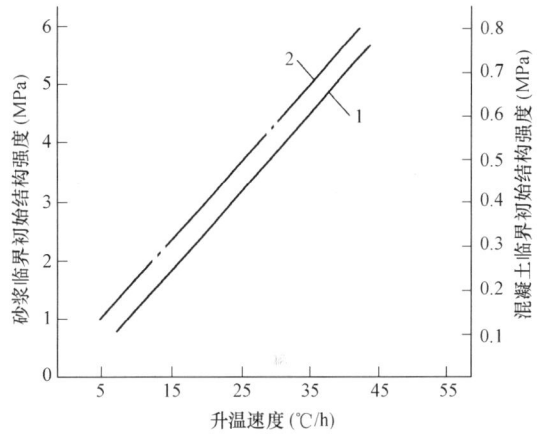

图 6-9 升温速度与临界初始结构强度的关系
1—砂浆；2—混凝土

2. 升温期

混凝土的结构破坏主要发生在升温期。未达到临界初始结构强度即进入升温期，将使结构受到损伤，养护结束后即构成残余变形，混凝土的性能也受到损害。因此，升温期是混凝土结构的定型阶段，在热养护过程中最为重要。

升温期混凝土结构破坏的主要表现是粗孔体积增大，这是由于内部气、液相在温、湿梯度作用下膨胀和迁移造成的。气、液相数量越多，升温速度越快，破坏作用就越大，所需临界初始结构强度也越高（见图 6-9）。

升温期混凝土的结构形成过程取决于初始结构强度、升温速度、内部气相及液相的含量和养护条件等。采用合理预养、限制升温速度、变速升温及分段升温、改善养护条件等措施，可减少升温期混凝土的结构破坏程度。一般情况下，升温速度不宜超过 15～20℃/h，具体可参照表 6-2 选用。

表 6 - 2　　　　　　　　　　　　　　　最 大 升 温 速 度

预养期(h)	拌和物的维勃稠度(s)	最大升温速度(℃/h)		
		密封养护	带模养护	脱模养护
>4	>30	不限	30	20
	<30	不限	25	—
<4	>30	不限	20	15
	<30	不限	15	—

3. 恒温期

恒温期是混凝土强度的主要增长期，也是混凝土结构的巩固阶段。在恒温期决定混凝土强度及物理力学性能的工艺参数是恒温温度和时间。

混凝土在恒温时的硬化速度取决于水泥品种、水灰比和恒温温度。在恒温温度及水灰比相同的条件下，硅酸盐水泥混凝土的强度增长最快。水灰比越小，混凝土硬化越快，所需恒温时间越短。如 $W/C=0.4$ 的硅酸盐混凝土在 80℃下达到 $70\%f_{28}$ 的时间，比 $W/C=0.8$ 时缩短了 50%。恒温温度越高，强度增长越快，如 $W/C=0.4$ 的硅酸盐混凝土，80℃和60℃时达到 $70\%f_{28}$ 的时间分别为 5h 和 7h。

恒温温度决定着不同品种水泥混凝土的硬化速度。硅酸盐水泥混凝土在 100℃下恒温养护时间过长，强度将下降，这可能与高温养护对混凝土结构的破坏作用较大，以及混凝土强度的波动现象有关。因而硅酸盐水泥混凝土的恒温温度不宜超过 80℃。矿渣水泥在 100℃下的养护效果较好，达到 $70\%f_{28}$ 所需的时间比 60℃和80℃下的恒温时间缩短 3～13h，火山灰质水泥混凝土与之类似。

影响恒温时间的因素有水泥品种、强度等级、预养时间、升温速度及恒温温度。对不同品种水泥的混凝土来说，均存在一个适宜的范围。硅酸盐水泥混凝土在 100℃下养护时不得超过 4～7h，80℃时为 12～18h，60℃时约为 20～24h。

4. 降温期

降温期混凝土结构的损伤主要表现为表面龟裂及酥松等现象。过快降温将使强度损失，甚至造成质量事故；同时，若降温过程中失水过多，还将减缓后期水化速度。

降温期的结构损伤与降温速度、混凝土强度、配筋情况等多种因素有关，强度低、配筋少的制品宜慢速降温。降温速度应按表 6 - 3 控制，出池时混凝土表面温度与气温温差限值按表 6 - 4 控制。

表 6 - 3　　　　　　　　　　　　　　　最 大 降 温 速 度　　　　　　　　　　　　　　　℃/h

水灰比	厚大构件	细薄构件
≥0.4	30	35
<0.4	40	50

表 6 - 4　　　　　　　　　　　　　混凝土表面温度与气温温差限值

混凝土强度(MPa)	混凝土表面温度与气温温差(℃)
≤30.0	≤60
≥45.0	≤75

（二）常压湿热养护制度的改进

1. 变速升温及分段升温制度

连续升温是常压湿热养护常用的一种升温制度。升温速度（直线斜率）依混凝土的干硬度、制品厚度、养护条件等因素之不同而异。这种制度，按 2h 预养、15～30℃/h 升温速度，总周期长达十余小时，是消极抑制升温速度的一种方法。

变速升温及分段升温制度则较为合理。随着混凝土强度的逐渐增长，在它所能承受的湿热作用范围内变速升温或分段升温，可使制品内的温差减小，结构破坏大大减弱。此法无需预养，在水泥用量不变的条件下可缩短养护周期 2～3h，有可能实现每日两次周转。

2. 微压养护制度

抑制热养护过程中混凝土内部剩余压力的方法有很多。在刚性模型中以机械施加挤压力的同时进行热养护的是机械挤压养护法。这时，由于挤出部分拌和水，限制了内部空气含量，并以外力克服湿热升温时的破坏作用，因而提高了混凝土的密实度和强度。还有将混凝土制品置于充满热水的密闭容器内进行热养护的水压养护法。水受热膨胀，产生巨大的压力，故可制得总孔隙率比标准养护时还低的高强混凝土。

微压养护法则是在升温的同时，快速升高介质的压力，使之超前于混凝土内部剩余压力的出现，以限制其破坏作用。介质工作压力基本上可消除混凝土内部剩余压力的破坏作用，与常压湿热养护相比，强度可提高约 20%。在相同条件下，由于抑制了结构破坏因素，可以快速升温，缩短养护周期 2.5～4.5h。脱模制品不经预养即可快速升温。

3. 热介质定向循环养护法

热介质定向循环湿热养护是供热方法的改进，不属于养护原理和养护制度上的创新。由于加速了升温期的热交换而使升温速度加快，不严加控制，将加剧升温期的结构破坏过程，后期强度损失更大。

传统的常压湿热养护设备用开有若干小孔（直径 $d=3\sim5mm$）的花管送汽，蒸汽进入养护设施后动能迅速消失，因此制品处于不流动的介质中养护。养护室内蒸汽分布不均，上下温差常高达 25～30℃。花管小孔常被堵塞，养护难于正常进行。若采用普通供汽管向一处集中供汽，不但无益于介质分层的解决，又易造成室内温度场的差异。传统供汽法无法在室内造成压力差，热介质无法进入制品间隙及其工艺孔洞，其中仍充满冷空气，造成了制品受热不均。静止态的热介质中即使只含少量空气，也会明显减弱热质交换过程。此外，室内空气含量高及工艺孔洞和制品间隙的冷空气层将促使恒温时混凝土水分的蒸发，以致影响其水化和强度的增长。而热介质的定向循环将有助于热质交换过程的改善，可克服上下部制品强度的不均匀性。

五、常压湿热养护的设备

（一）间歇养护设施

1. 普通养护坑

蒸汽养护坑是传统的热养护设备，应用最为广泛，我国养护坑养护的制品产量在全部制品中占相当大的比例。

养护坑的构造如图 6-10 所示。它是一种半地下式或地下式的构筑物，坑底一般用钢筋混凝土建造，坑壁为钢筋混凝土或砖砌筑。养护坑可设在露天场地上，也可设在工厂车间内。

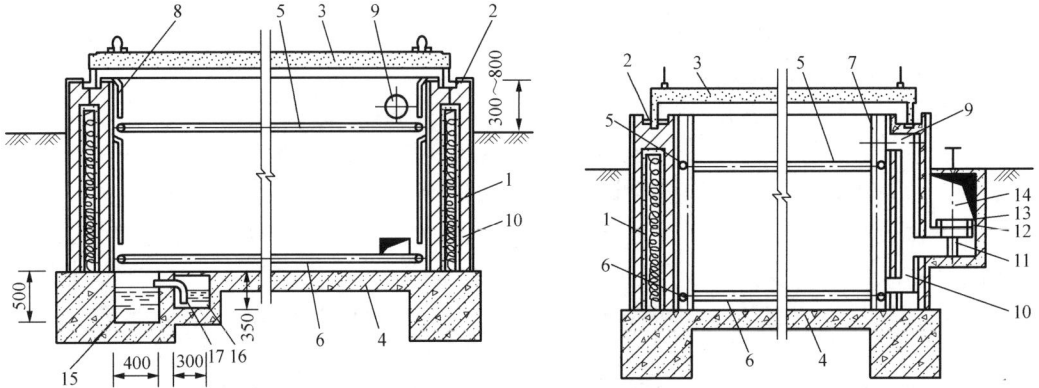

图 6-10 普通养护坑的构造图

1—围护结构；2、12—水封；3—坑盖；4—底板（厚 150～200mm，向集水坑方向坡度 $i=0.005$）；5—上部蒸汽管；6—下部蒸汽管；7—自动横担；8—保护槽钢；9—上部抽风口；10—通风管；11—导管；13—通风阀门；14—通风道（一般为 700mm×400mm～700mm×600mm）；15—集水坑；16—排水沟；17—溢水管（DN50）

坑的几何尺寸可从两方面来考虑决定，一是制品及模板的外形尺寸；二是成型台面的尺寸，详见表 6-5。

表 6-5 养护坑净空尺寸参考表

类型		净空尺寸(mm)		
		长	宽	深
成型台面尺寸(mm)	2000×6000	7000	2500	2500
	3000×6000	7000	3750	2500
	3000×1200	14500	4000	3000
按单一产品及模板外形尺寸决定	1. 养护坑净深 $H=nh_1+h_2+(n-1)h_3+h_4$ 式中 n—模板块数；h_1—模板高度；h_2—坑底垫块高度，为 150～200mm；h_3—模板间空隙，为 30～50mm；h_4—顶部预留间隙，为 200～300mm。 2. 模板水平间隙大于 200mm。 3. 模板与坑壁（或保护滑轨）间距为 200～300mm			

坑的平面尺寸根据模具的尺寸确定。一般模具间和模具与坑壁之间的距离不应小于 0.2m，以利装坑和出坑。养护坑深度取决于车间高度、钢模刚度、坑内温差、地下水位及工人劳动条件等因素，一般不超过 3.5～4.0m，通常为 2.5m 左右。坑盖是散热的主要部位，因此要求坑盖的保温性能和密封要好，质量要小。目前以型钢骨架内外薄钢板包盖、内填矿棉一类保温材料的坑盖应用较多。

蒸汽送入养护坑的方法是借助于铺设在养护坑底面四周的蒸汽花管送入，坑底向排水孔方向稍有坡度，以便及时排除坑底的冷凝水。

为了降温阶段加速制品冷却和利用余热，养护坑也可与通风设备连接。

养护坑的优点包括设备构造简单，建造容易，耗钢量和投资少，见效快，能较好地适应产品品种和规格的变化，实施变温变湿养护工艺比连续作业较方便等。

养护坑的缺点如下：

（1）蒸汽空气混合物介质沿坑的高度产生分层现象（蒸汽在上部，空气在下部），上、下部介质的最大温差为 10～15℃，导致上、下层构件强度差异较大。

（2）坑中的蒸汽与空气混合物基本上处于静止状态，使位于构件水平孔洞及模具间隙中的空气不易排除，造成同一制品的不同部位加热不均匀。

（3）使用条件较为恶劣，变温变湿，温差大，温度高，有腐蚀性冷凝水侵蚀和易于机械碰撞等。

（4）围护结构的热容量大，使蓄热量相当大，防水防蒸汽渗透未能很好解决，致使保温层失效或水泥砂浆开裂，剥落，增大了热损失。

（5）密封不严和坑的呼吸现象（即忽而呼出蒸汽—空气混合气体，忽而吸入冷空气）使介质逸漏损失大，恒温状态不稳定。

在坑的密封上存在着两个互相矛盾的因素，即从减小逸汽方面希望尽可能密封，但坑内蒸汽空气混合物温度的升高，导致坑内压力也随之升高。在完全封闭的情况下，坑内总压会超过大气压。通常的围护结构受不了如此大的内部压力，混合气体只能从薄弱部位（如墙缝隙、地漏，尤其是水封薄弱处）外逸，增大了热损失，养护温度越高，这部分损失的比重越大。同时，这种逸汽对车间环境也不利。此外，蒸汽花管的供汽小孔易堵塞。

为了提高养护坑的技术经济效果，国内外在改进养护坑方面作了不少研究工作，改进为无压纯饱和蒸汽养护坑、热介质定向循环养护坑和微压养护坑等。

2. 无压纯饱和蒸汽养护坑

无压纯饱和蒸汽养护坑如图 6-11 所示。在这种养护坑中，混凝土制品的加热是利用纯饱和蒸汽的高凝结放热能力。养护坑中除了有下部供汽的管道之外，还有上部供汽管道和与外界空气相通的带有控制作用的冷凝器 4。冷凝器通过排汽管 3 与室内相通。

养护坑开始工作时，先打开下部蒸

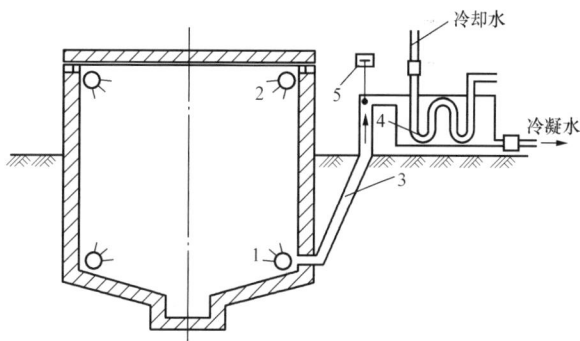

图 6-11 无压纯饱和蒸汽养护坑构造简图
1—下部喷汽花管；2—上部喷汽花管；
3—排汽管；4—冷凝器；5—接点温度计

汽管道的阀门，蒸汽通入坑内。当养护坑加热到 85～95℃时，停止用下部的蒸汽管道供汽，而改用上部管道供汽。由于纯蒸汽充满了养护坑上部，并往下挤压蒸汽—空气混合气体，于是蒸汽—空气混合气体就从下面的回汽管和控制式冷凝器排出坑外。当养护坑一旦被纯蒸汽充满，进入控制式冷凝器的多余蒸汽已不含空气，此时通过控制式冷凝器的膜片自动调节元件，关闭上部蒸汽管。

　　由于设置了回汽管，养护坑与外界相通，过多的蒸汽—空气混合物将沿回汽管排出，这样不会造成大量蒸汽损失，也避免了冷空气的漏入，因此养护坑的温度分布较均匀。

　　3．热介质定向循环养护坑

　　热介质定向循环养护坑的构造如图 6-12 所示。与无压纯蒸汽养护坑不同，这种坑式养护不必排除混合介质中的空气，而是通过拉伐尔喷嘴的增速作用，使坑内基本静止的混合气体产生定向强制的循环流动，流经制品和模具的所有热交换表面和孔洞。它用来改变坑内介质的静止状态，并通过改善坑内的热交换强度以达到养护均匀、缩短周期、节约能源的目的。

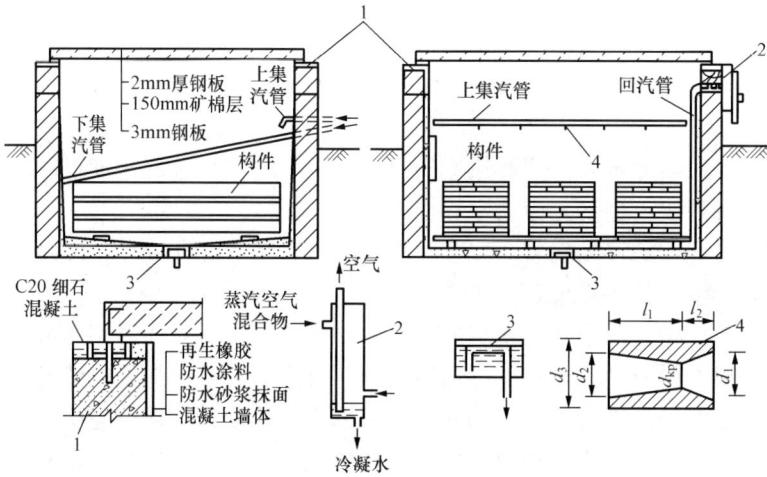

图 6-12　热介质定向循环养护坑构造示意
1—坑盖水封；2—冷凝水水封；3—坑底水封；4—喷嘴示意

　　热介质定向循环养护坑与普通坑的主要区别之一是供汽系统。为了使进坑蒸汽压力自动稳定在一定范围，并能在运行中方便地进行调节，供汽管路中装有减压阀门及阀前、阀后压力表。此外，还装有蒸汽电磁阀，作为简单自动控制系统的执行机构。为了在养护坑内保持较恒定的接近大气压的压力，坑外装有冷凝式水封，它的回汽管经密封通过坑墙伸入坑内，其下端距坑底 200mm。

　　根据制品种类及堆码方式恰当地布置集汽管，以得到最佳循环回路是该工艺的关键之一。对于多孔板，集汽管的轴线应垂直于多孔板的孔洞方向，以利于循环介质流排除孔洞中停滞的空气。上部集汽管在坑高的 2/3 处，其上的喷嘴方向朝下，向着养护坑的自由空间。下部集汽管在坑高的 1/3 处，其上的喷嘴的方向朝上。由于产品种类、尺寸、堆码方式的多样化，热介质循环回路也可相应变化。

　　研究和生产实践证明，定向循环养护坑与普通养护坑的热工状况有较明显的区别；上下层介质温差大为减小；尤为重要的是混凝土制品的加热速度可以通过改变进汽压力加以合理调整；能够根据构件种类、原材料和配合比以及其他工艺因素预先拟定加热强度，并以与之相适宜的进汽压力来实现所规定的养护制度。实施该工艺必须保证进坑蒸汽表压力为 0.1～0.15MPa，以得到必要的流速和加热强度。

4．微压养护坑

微压养护坑内介质的剩余压力为 0.02～0.06MPa。微压坑式养护的原理是以足够快的升压速度，迅速提高坑内介质压力，使之提前超过混凝土内部产生的最大剩余压力，用以有效地抑制升温期混凝土内部相继产生的破坏作用，从而达到显著提高制品质量，节约能源，缩短养护周期的目的。这种养护坑是一种较好的坑式养护设备。

微压养护坑的坑壁和坑底一般由 500mm 厚的 C20 混凝土构成，为便于设置坑盖的升降机构，放置升降机构的一面坑壁的厚度为 600mm。为了保证养护坑的密封性，坑内衬有厚 6mm 的不锈钢钢板。坑内设有导向和防护轨。除坑体外，该养护坑还有锚栓底部支架和坑盖上的液压传动装置，用来关闭和开启坑盖。盖子由型钢内外包薄钢板和内填保温材料构成。盖子的上下型钢带有一定形状的沟槽，用以设置橡胶密封胎带。为了保证盖子有效密封而形成介质剩余压力，在坑盖盖上之后向空心的橡胶胎内部空腔中充入压力为 0.5～0.6MPa 的压缩空气。

密封好的微压养护坑在通入蒸汽升温时，在 20～30min 内使坑内介质剩余压力达到 0.06MPa，在 60min 之内使坑内介质温度达到 95～105℃。

微压养护坑内的剩余压力和升温速度应根据混凝土的稠度而定。如对于塑性混凝土，其升湿速度为 60℃/h，剩余压力为 0.02～0.03MPa；对于工作度为 20～40s 的干硬性混凝土，相应的升温速度为 60～70℃/h 和 90℃/h，剩余压力均为 0.06MPa；当最高养护温度为 100℃左右时，热养护周期约为 5～5.5h。

实践证明：微压养护能够提高制品养护质量，大幅度减少蒸汽用量，并能缩短养护周期，提高生产率。

（二）连续式养护窑

国内连续式养护窑分为水平隧道窑、折线型隧道窑及立窑，水平隧道窑又分单层及双层两种。双层窑上下之间又有隔开和连通，而单层隧道窑又分升、恒、降温带隔开与不隔开等不同形式。按加热方式又可分为干热及干湿热两种。

1．隧道窑

隧道式蒸汽养护窑如图 6-13 所示，它近似于长条形的窑洞，故称隧道式养护窑，这类设备大多属于地上式构筑物，并都采取毗连建设。养护窑侧壁与间壁墙用砖砌筑并抹水泥砂

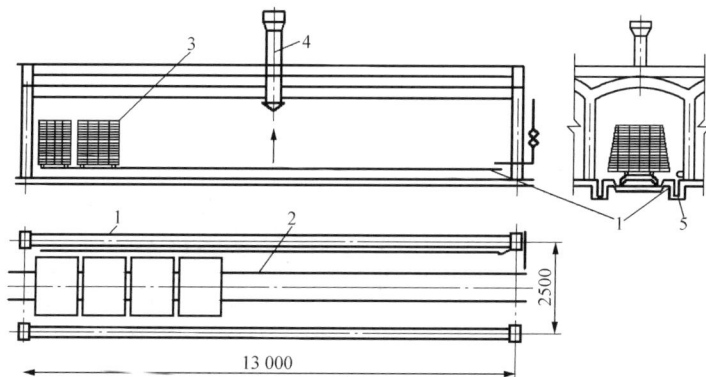

图 6-13　隧道式蒸汽养护窑示意（单位：mm）

1—蒸汽管道；2—轨道；3—热养护小车；4—排气孔；5—排水沟

浆面层，墙中间设有保温层，顶部用钢筋混凝土做成拱形（预制或现浇均可），也可砌筑而成，拱顶上部设有保温层。养护窑顶成拱形是为了使冷凝水沿壁流下，以防止损坏制品的表面。

隧道式养护窑两端设门的称为贯通式养护窑，一端设门的称为尽头式养护窑。对于贯通式养护窑，载制品的小车由一端进入，热养护结束后从另一端卸出。对于尽头式养护窑，载制品的小车由一个门进出养护窑。贯通式养护窑符合生产直线流水的原则，应用较多。但它要求车间应有足够的长度，并且多一道窑门，而窑门与窑体接合处是逸汽的主要部位。尽头式养护窑少一道窑门，漏汽部位较贯通式少，布置时对场地长度要求不高，主要缺陷是不能实现工艺直线流水。

隧道式养护窑的侧壁墙上设带孔的蒸汽管，向窑内供汽。蒸汽管可以安装在侧壁的上部或下部，也可以上、下部同时安装。一般将蒸汽管置于排水沟上部。蒸汽管的直径为 $40\sim50mm$，沿管长每间隔 $150\sim200mm$ 钻有直径为 $3\sim4mm$ 的朝下小孔，目的是使经由小孔流出的蒸汽喷至地面之后再向上，以提高加热的均匀性。

隧道式养护窑顶设带有蝶阀的排汽孔，以便排湿或排汽。养护窑底部设有冷凝水排水系统。

隧道式养护窑内一般设有轻轨，小车在轻轨上运动，小车的移动用人力或机械牵引。根据生产规模与制品情况，又分为双轨和单轨两种形式。

隧道式养护窑的净空尺寸取决于制品和小车的尺寸，一般宽 1.5m，高 1.8～2.0m，长 10～25m。养护窑的填充系数（养护窑内制品所占体积与养护窑净空容积之比）为 0.08～0.10 范围。

隧道式养护窑的优缺点如下：投资和耗钢少，建造和管理方便，实施变温变湿养护工艺容易；间歇式升温和冷却，热耗大，生产率低，机械化和自动化程度低，若以人力推动小车则劳动条件较差。

2. 折线型隧道窑

折线型隧道窑尺寸比例与水平隧道窑类似，它的突出特点是具有折线型外形，即它的纵断面相似于养护制度曲线。在折线型隧道窑内有明显的升温区、恒温区和降温区。升温区和降温区的窑体纵断面为斜坡形，一般升温区的坡度较降温区小。恒温区的窑体纵断面是水平时，由于窑体具有弓背形的纵断面，密度较小的蒸汽将上升并聚集于水平恒温区段，使该段保持稳定的高温高湿介质条件，以利于混凝土的结构形成和强度发展。折线型隧道窑外形示意及窑内温度分布如图 6-14 所示。

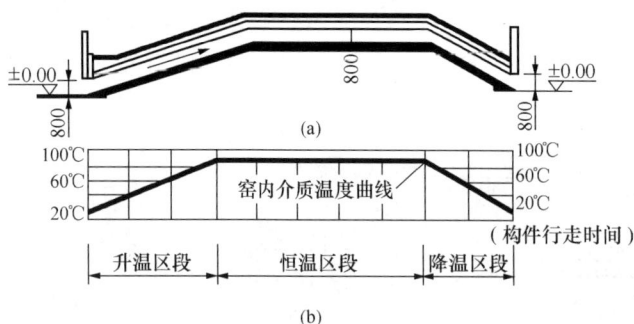

图 6-14　折线型隧道窑外形示意及窑内温度分布
(a) 外形示意；(b) 窑内温度分布

折线型隧道窑的两端不设窑门，蒸汽靠折线起拱高度造成的几何压头来阻止其外溢，折线型隧道窑相对压力分布如图 6-15 所示。

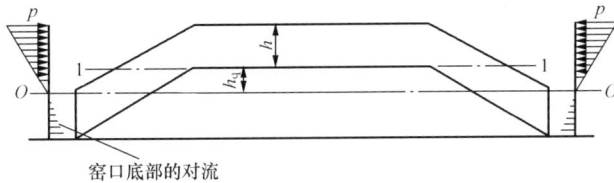

图 6-15 折线窑相对压力分布图

1—1 及 0—0—等压面；h_q—起拱高度（m）；h—折线窑内截面高度（m）；p—窑内相对压力

折线型隧道窑利用了热介质密度不同而分层的规律，使窑内温、湿度的分布依窑的外形而自然地与混凝土热养护历程对介质温度相适应。据测定，恒温区内各处的温度较稳定。介质的相对湿度一般在 95％以上。在升、降温区介质温度则近似呈直线上升和下降。当窑的起拱高度合适并且窑口处风力不大时，基本上不从窑口逸出蒸汽，即它具有较好的保汽性。折线型隧道窑保持了立窑的优点，但它不需要立窑复杂的顶升、横移机构，造价低、耗钢少、电耗少，并且运行可靠。折线窑在载制品小车的移动方式上保留了水平隧道窑的小车驱动方式。而与水平隧道窑相比，除了热工分带容易，不需要特殊的分段措施（如风幕、水幕等）外，水平隧道窑窑口外逸蒸汽较严重的弊病基本上得以克服。

目前，折线型隧道窑大部分采用湿热养护，在恒温段设置蒸汽花管，窑内供汽管道布置简单。有的折线型隧道窑采用干湿热养护，即在升温区段布置干热蒸汽排管或串片散热器，主要依靠辐射和对流传热加热模具及制品，实施低湿干热升温。升温速度明显增大。在恒温段制品靠从花管喷出的湿饱和蒸汽加热加湿，折线型隧道窑养护制度的控制目前多为温度单一参数的简单控制，沿窑长在有代表性的部位设置测温点，由检测与控制仪表和电磁阀调节和控制窑内介质温度。

综上所述，折线型隧道窑是一种较好的连续作业热养护设备。它的缺点是养护周期偏长，升温段沿窑高方向介质温差偏大，窑体占地面积稍大等。

（三）台座法

当采用台座法生产混凝土制品时，为了加快台座的周转，常采用热台座的养护方式，热台座上或加养护罩或盖两层塑料布。

露天混凝土热台座纵向每隔 10m 高设一温度缝，台座内加热管的布置应使其加热均匀，并设排汽孔及排水孔，如图 6-16 所示。

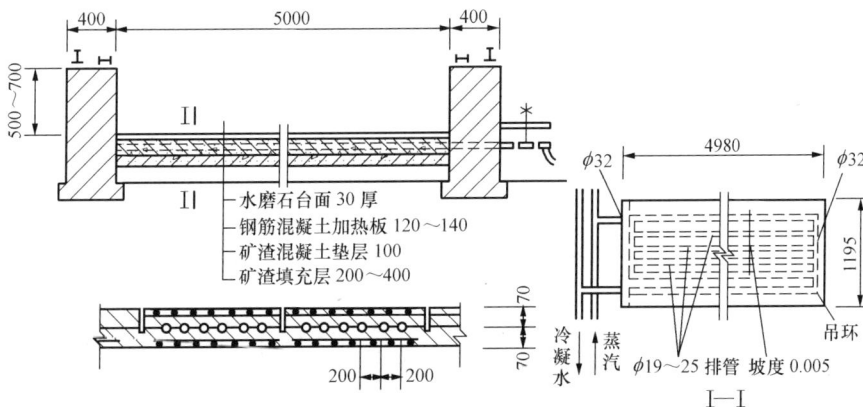

图 6-16 台座法湿热养护构造图（单位：mm）

第四节 混凝土制品的压蒸养护

对多孔混凝土制品或混凝土桩等高强混凝土制品，其养护时需要 100℃ 以上的温度，常压蒸汽养护条件无法达到此温度，就需要蒸压釜增加饱和蒸汽压力，以提高养护温度。通常情况下，釜内压力可达 6～20 个大气压，养护温度约为 160～210℃。

一、压蒸养护原理

硅质材料和钙质材料在 $T > 100℃$ 的饱和蒸汽介质中进行水热反应时，能生成结晶度较好、强度较高的托勃莫来石。在 100～200℃，饱和蒸汽的温度 $T(℃)$ 和绝对压力 $p(MPa)$ 之间的近似关系为

$$p = 0.0965(T / 100)^4 \tag{6-13}$$

控制饱和蒸汽的压力，就可以保证所需的温度，因而称为高压湿热养护，简称压蒸养护。

二、压蒸养护过程中混凝土的物理变化

1. 升温期的应力状态

进入升温期时，∇T、∇U 及 q_{mt} 和 q_{mu} 的起因、方向和相互关系与常压升温阶段相同，如图 6-6（b）所示。由 ∇U 及 ∇T 产生的湿流密度 $q_{mt} + q_{mu}$ 向混凝土内部传输，使孔内气相剩余压力增大，形成了由表及里的压力梯度 ∇p^{I}。为了判断 $q_{mt} + q_{mu}$ 及 ∇p^{I} 的变化，可先分析在开模中超压升温的试件温度的变化（见图 6-17）。由图 6-17 可见，随着介质升温并分别达到 75、120℃ 及 150℃ 时，上表面温差 θ_1、下表面温差 θ_2 及截面温差 θ 先后达到峰值，然后均迅速减小。随着各温差的增大，冷凝速度、表面含湿量、湿流密度 q_{mu} 也相应增大，而且热交换速度、截面温差 θ，及与之有关的 ∇T 及 q_{mt} 也均在增长。各温差达峰值后，

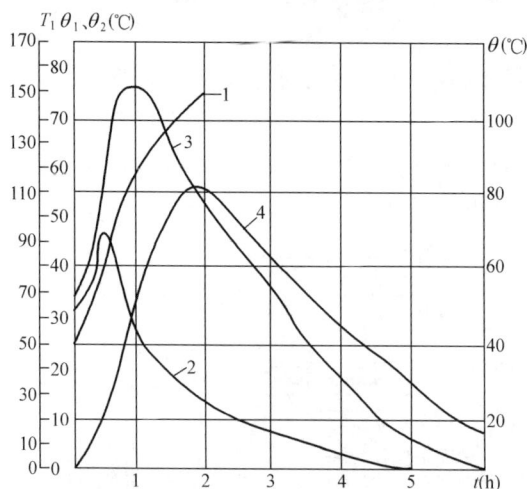

图 6-17 在开模中压蒸的密实硅酸盐混凝土试件的温度变化
1—介质温度 T；2—上表面温差 $\theta_1 = T_j - T_1$；
3—下表面温差 $\theta_2 = T_j - T_2$；4—截面温差 $\theta = T_b - T_{min}$

随着截面温差 θ 的减小，∇U、∇T 及 q_{mp} 与 q_{mt} 也相应减小。因为 ∇p^{I} 数值上与 q_m 成正比，方向也一致，所以只要材料在增湿，∇p^{I} 即指向内部，一旦增湿越过峰值后，随着 q_m 的减小，∇p^{I} 也即变为反向。

超压升温阶段中，随着介质压力的升高，其空气分压力降低的速度减慢，混凝土孔内空气分压力降低得更慢，这使 ∇p^{III} 仍由表层指向内部，并保持于升温全过程中。∇p^{III} 的存在使内部气相及水分外逸。

由于介质继续升压，以致孔内的压力滞后于周围介质的压力，就造成了由内向外的附加压力梯度 ∇p^{IV}，它使水分及气相向制品内部传输。∇p^{IV} 和釜内升压速度成正比，并保持到升温结束。

超压升温阶段总的压力梯度等于各分项的代数和。在一般情况下，∇p^{III} 及 ∇p^{IV} 的方向保持不变，而 ∇p^{I} 及 ∇p^{II} 的数值及方向则变化很大，所以它们决定着制品内压力变化的趋势及其放气现象的特征和速度。

缓慢升压时，起初介质压力大于制品内部压力。经一定时间后，后者超过前者，放气现象加剧。介质压力达最高值时，该压力差也达到最大值，放气现象达高潮，在恒温阶段中才平息下来。

快速升压时，$T_n < T_b$。在介质压力达最高值之前，混凝土含水量就可能已渐趋峰值。随着制品截面温差的减小，水分开始向表层迁移，以致在恒温开始以前混凝土含水量即已开始下降。

超压升温阶段，混凝土含水量的增量，比常压升温时增多 3~5 倍。随着釜内压力的升高，孔内的气体被压缩，所余空间又被冷凝水填充。空气的导热系数仅为 0.029W/（m·K），而水则比之大 19 倍，混凝土的充水使其导热系数大增。随着水分的渗入，混凝土的热阻及温度梯度均逐渐减小，所以从裸露面传给混凝土的热量远远超出来自封闭面的热量。对于多孔混凝土来说，其数值相差 5~6 倍；对于密实混凝土，则介于 1.2~1.4 倍。可见，混凝土孔隙率越大，传热效果也越大。

2. 恒温期的应力状态

超压升温才产生的 ∇p^{III} 及 ∇p^{IV}，可能持续到恒温阶段。快速升压时，这种可能性更大。∇p^{III} 由表层指向内部，使水分及气体排出体外；而 ∇p^{IV} 则相反，阻碍制品脱水及放气。进入恒温一段时间后，这两个梯度均逐渐消失。

3. 降温期的应力状态

超压冷却阶段，随着介质的降温降压，混凝土内部形成了由表及里的 ∇T、∇p 及 ∇U，这使混凝土的自由水吸收体内大量热量而急剧汽化。这一过程始于表层，并迅速向内部扩展。因此在 ∇p^{I} 的作用下，有大量气液混合物向外蒸发。

一般情况下，制品除蒸发散热外，还因对流及辐射换热而冷却。介质降压速度越快，对流及辐射换热方式散热的成分就越少，而蒸发散热的成分则增大，但总的散热量则保持不变。因此，快速降压时，制品最终的湿度要比慢速冷却时低得多。

三、压蒸养护的设备、方法及制度

（一）混凝土压蒸养护釜

压蒸养护釜是一种间歇作业的高温高压湿热养护设备，表压力一般为 0.8~1.2MPa 左右，温度升高能进一步加速混凝土的水化硬化过程，而介质剩余压力的存在又有利于抑制结构破坏作用。

　　压蒸釜的结构示意如图 6-18 所示，它由筒体、阀盖、吊架与起重设施、用于旋转釜盖的涡轮减速机构、安全阀、压力表、排出冷凝水阀门、固定支座、蒸汽管、手柄及滑动支座等组成。筒体用锅炉钢板或普通钢板焊接而成，端部装有铸钢或锻钢制成的釜盖。两端设釜盖的为贯通式釜，一端设釜盖的为尽头式釜。

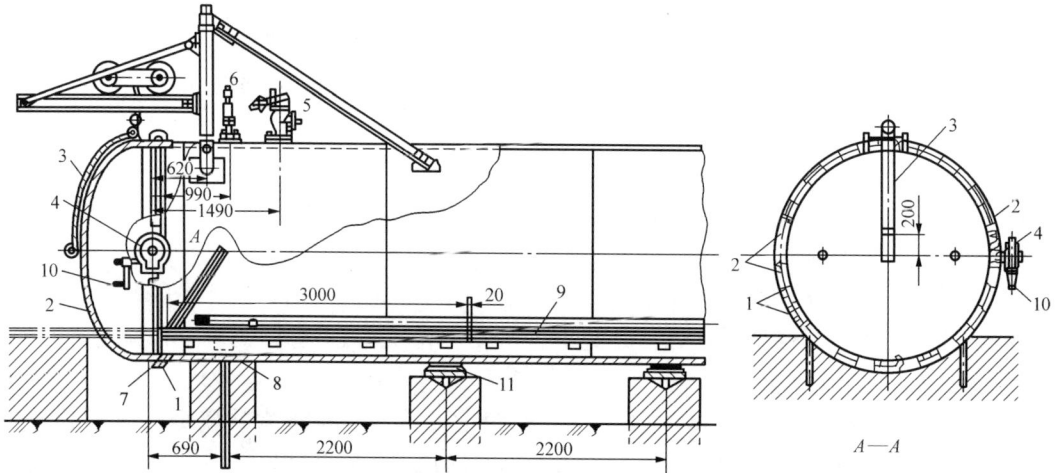

图 6-18　压蒸釜结构示意

1—筒体；2—阀盖；3—吊架与起重设施；4—用于旋转釜盖的涡轮减速机构；5—安全阀；
6—压力表；7—排出冷凝水阀门；8—固定支座；9—蒸汽管；10—手柄；11—滑动支座

　　筒体下部设有进汽管和冷凝水排出管，上部设排汽管、压力表与安全阀。有些工厂为了在升温初期排出筒体内残留空气，而将进汽管放在上部，排汽管设在下部。

　　筒体外部包有隔热材料，以减少散热损失，隔热材料外面还包有薄铁皮。筒体的支座在中部或端头有一个支点是固定的，其余支座是可滑动的，以便适应筒体热胀冷缩时的变形。

　　压蒸釜存在的主要问题是筒体内残留空气排除不尽，影响热养护的效率，也降低了产品质量。例如当釜内压力为 0.8MPa（表压力）时，纯饱和蒸汽温度应为 174℃，而实际釜内温度仅为 155～160℃，这就使得介质的放热系数大为下降，增大了热能消耗，并使制品质量不均匀。

　　为了消除或减少釜内空气对热养护效果的影响，可采取排气、抽真空和早期快速升压等措施，以提高热养护的均匀性和热利用率。

　　（二）压蒸养护方法与制度

　　根据升压方法的不同，压蒸养护可分为排汽法、真空法及快速升压等几种方法，其压蒸制度也各不相同。确定压蒸养护制度的关键在于解决快速升（降）温时结构形成与结构破坏过程的矛盾。

　　1. 排汽法

　　制品在 100℃ 以下的介质中加热时，釜内的空气使介质的含热量及放热系数大大降低。因此，必须在压蒸升温之初就用饱和蒸汽排净滞留于釜内的空气，这样既为制品的迅速加热创造了必要条件，又可确保恒温期介质压力和温度的对应性，这就是排汽法的实质。

　　排汽法的压蒸制度，按釜内的压力变化及加热过程可分为 4 个时期，如图 6-19 所示。

（1）第Ⅰ期。打开排气阀，送入饱和蒸汽，排除空气。升温至100℃时，空气全部排出，釜内充满饱和蒸汽（压力达0.1～0.12MPa）。

（2）第Ⅱ期。关闭与外界连通的阀门（包括冷凝水阀），继续送入高压饱和蒸汽，升压至给定压力即可保证釜内饱和蒸汽的相应温度。这时的热交换过程完全取决于纯饱和蒸汽的放热系数，因此制品表面温度迅速上升，逐渐接近于介质温度。

（3）第Ⅲ期（恒压期）。介质的温度及压力保持在最高值，制品逐渐达到完全加热。这是混凝土结构

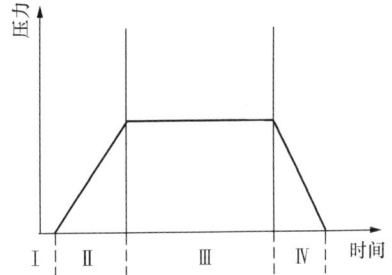

图6-19　排气法压蒸养护制度示意
Ⅰ、Ⅱ、Ⅲ、Ⅳ—压蒸养护各时期

形成和强度增长的主要阶段。压蒸混凝土的基本反应是 $CaO[或 Ca(OH)_2]$ 与 SiO_2 水热合成为托勃莫来石。该反应在 $T<100℃$ 的温度下，速度很慢，强度较低。$T>150℃（0.4MPa）$ 时，开始激烈反应，温度越高，反应速度越快。工业实用的反应温度为 183～214℃ （1～2MPa）。若其他条件相同，$T_{max}≤200℃$ 时，温度较高，混凝土的抗压强度也越高；温度由200℃升至214℃时，抗压强度趋于稳定；超过这个温度，强度反而下降。当温度一定时，在一定时间内混凝土的强度随恒温时间的延长增长；时间过长，强度发生波动。对于不同原料及配比，都有一个最佳恒温温度及最佳恒温时间。在具体条件下，必须权衡提高压力缩短时间与较低压力较长时间两种方案所得制品质量及成本的全面技术经济效果，从而决定恒温压力及时间。

（4）第Ⅳ期（降压期）。釜内压力降至0.1MPa。这时，混凝土孔内的水分及釜内积留的冷凝水，由于达到过热状态而沸腾。迅速汽化的水分由混凝土体内蒸发出来，同时将混凝土内的热量带出，使温度随之下降。混凝土中的自由水，对于混凝土的降温来说是足够的，故此时其内部温差不致过大。待釜内压力与外界压力均衡后再开釜，将温度为100℃左右的制品，送入保持一定温度的冷却间继续冷却。快速降压生成的大量蒸汽由混凝土内部急剧蒸发，这时可能产生超过混凝土强度的内应力。为了防止开裂，降压速度应尽可能使混凝土蒸发出的蒸汽体积，在整个降压过程中均匀一致。因而在危险性最大的降压末期，降压速度尤应减慢。降温速度还与混凝土强度、制品厚度、混凝土的品种及体积密度有关。如多孔混凝土强度较低、降压过快可能使制品开裂。

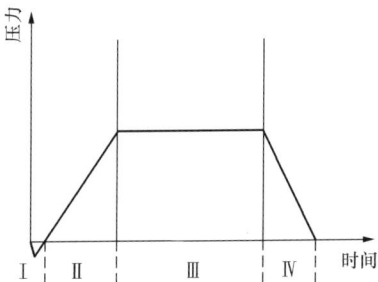

图6-20　真空法压蒸养护制度示意
Ⅰ、Ⅱ、Ⅲ、Ⅳ—压蒸养护各时期

2. 真空法

真空法与排汽法的不同点是在第Ⅰ期关釜后立即用真空泵将釜内抽成负压，如图6-20所示。其目的在于抽出釜内的空气，以利于用饱和蒸汽传热升温；还可抽出多孔混凝土制品内的大部分气体（空气、氢气、水蒸气），建立体内负压，以利于送气升温时饱和蒸汽迅速渗入制品内部，均匀快速升温，减小制品截面温差及温度应力的破坏作用，并加速水化过程。真空法多用于多孔混凝土制品生产中。

真空度及抽真空速度取决于混凝土坯体的性能，如初始结构强度、透气能力和含气量等。入釜时坯体的初始结构强度高，透气性好，则可用

快速抽真空及较高真空度。抽真空时，抽真空速度应保持适当，一般在 20～50min 内抽至绝对压力－0.08～－0.06MPa，速度过快势必造成坯体内外压力梯度过大、内部气相膨胀扩散过快，以致坯体结构遭受破坏。

抽真空后即关阀，并送入饱和蒸汽持续升压。由于此时坯体强度很低，必须规定合理的升温速度，防止坯体塌陷。待饱和蒸汽已渗入坯体一定数量后，即可采用较快速度升压，因为此时介质压力对坯体有一定抑制作用，而内部气相又是高温饱和蒸汽，比常压湿热养护时混凝土内部的空气受热膨胀的破坏作用小得多，一般升压时间为 1～2.5h。

降压期，为保证多孔混凝土的保温隔热性能，常在降压至 0.1MPa 后用釜内抽真空的方法降低混凝土的含水量。抽真空时间为 1～2h，抽真空前应先排除冷凝水。

3. 早期快速升压法

排气法在升温至 100℃ 之前是最危险的阶段。采用真空法时，仍有可能因内部气相膨胀过大、水分迁移过快而使混凝土遭受破坏。然而，从压蒸开始就使制品在介质的工作压力下进行升温，可以有效地防止上述现象的发生，这就是早期快速升压法的特点。

按早期快速升压法压蒸制品时，送汽前先关闭与外部连通的阀门，然后送入大量饱和蒸汽，在釜内迅速建立起超出混凝土体内气相压力的介质工作压力。在 0.5～2h 内快速升压至给定的最高值。此时，混凝土内气相受热膨胀的压力低于外部介质工作压力。混凝土结构形成是在限制其自由膨胀的外部压力作用下进行的，再加上可加速水化反应的温湿条件，因而对于致密结构的形成及强度的增长极为有利。

用早期快速升压法压蒸制品，因为压蒸温度与纯饱和蒸汽温度相比约低 5～8.3℃，所以最高压力需相应提高 0.1～0.15MPa。为防止多孔混凝土的均匀塌陷，坯体在压蒸前应具有不低于 0.35MPa 的初始结构强度。表 6-6 为早期快速升压法及一般方法效果的比较，从表中数据可见，早期快速升压法对于不同品种不同配比的混凝土均可使用，特别适用于含气量较高、脱模、不经预养即进行压蒸的混凝土。应用早期快速升压法可缩短压蒸养护周期 2～3h，脱模压蒸的混凝土强度提高 1.5～2 倍，吸水率减少 15%～20%，抗冻性也有所提高。

表 6-6	早期快速升压法压蒸后的混凝土强度				MPa
混凝土类型及配合比	压蒸制度（$p=0.8$MPa）* （h）	一般压蒸制度		早期快速升压法压蒸制度	
		脱模	带模	脱模	带模
普通混凝土：1：1.87：2.78,W/C=0.45	0.5+1+4+2	25.0	40.2	40.3	41.2
普通混凝土：1：1.87：2.78,W/C=0.45	0.5+3+4+2	20.8	42.8	39.2	43.1
陶粒混凝土：1：1.71：1.43,W/C=0.7	0.5+0.5+4+1	12.2	22.0	18.0	22.8
陶粒混凝土：1：1.71：1.43,W/C=0.7	0.5+2+4+1	16.2	2.0	23.7	28.1
砂浆：1：3,W/C=0.4	0.5+2+4+1	18.0	26.0	26.8	29.8

* 指恒压时的表压。

四、压蒸养护过程对混凝土制品力学性能的影响

压蒸过程中混凝土的结构形成过程分为三个阶段，如图 6-21 所示。

在升温至最高温度的第 I 阶段，若升温速度快而初始结构强度越低，由于结构破坏的作

用，使强度略有下降，如图 6-21（a）所示；反之，则强度略有增长，如图 6-21（b）所示。

第 II 阶段的主要特征是水化反应速度逐渐增至最高值，在此阶段中，压蒸硅酸盐制品的结构基本形成。第 II 阶段的时间，随升温速度的不同延续至恒温初的 2h。在此期间内，混凝土的弹性模量和强度均增至压蒸后最终值的 30%～40%。

在第 III 阶段，结晶结构的形成速度减缓，这时高碱度的水化硅酸钙 C_2SH 再结晶为较低碱度 CSH，最终形成具有纤维状连生体的托勃莫来石及水石榴子石。

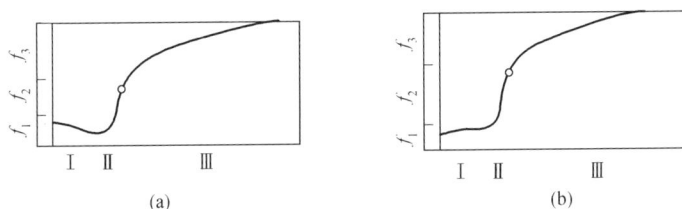

图 6-21　压蒸养护时湿凝土的结构形成过程

第五节　混凝土制品的其他养护方式

一、干热养护和干湿热养护

湿热养护的发展及改进过程中，仅从传热学角度选择高湿介质的参数，改进供热方法，强化对流换热过程，以加速混凝土强度的增长，却忽视了湿热膨胀的结构破坏作用。因此，又不得不以限值升温、变速升温及预养等措施对力求强化的对流换热过程进行消极地反限制。目的、措施和效果自相矛盾，难以获取既缩短养护周期，又改善混凝土性能和制品表面质量的综合效益。

干热和干湿热养护打破了常规，以低湿介质进行升温，混凝土不增湿或少增湿，甚至以蒸发过程为主，削弱对结构破坏作用，有利于结构的形成。

（一）低湿介质升温原理

湿热养护混凝土的结构破坏主要发生在升温期，而干热及干湿热养护的主要特点在于低湿介质升温可以削弱结构破坏过程，使混凝土的变形随介质相对湿度的降低而大幅度减小。热养护时混凝土的结构破坏过程随介质相对湿度的降低而减弱的主要原因在于混凝土的加热速度减缓，最高温度有所降低，混凝土内部气相剩余压力降低，以及早期干缩变形抵消了部分湿热膨胀变形。

1. 混凝土加热速度减缓

用蒸汽作热介质时，混凝土的加热速度取决于介质与制品间的外部热交换和制品自身的内部传热过程。就前者而言，介质的温度、湿空气的饱和程度（相对湿度）、介质的含热量均决定着升温过程中蒸汽冷凝的数量和时间，因而也就最终决定着制品的加热速度和可能达到的最高温度。表 6-7 是不同温度饱和蒸汽空气混合物的含热量。随着温度从 100℃ 递降，饱和蒸汽空气混合物含热量减少的幅度要比饱和蒸汽大得多。因此，其可能放出的热量也要比纯饱和蒸汽低得多。混合物中的空气含量越多，相对湿度越低，混凝土加热的速度越慢，其结构破坏作用越小，越有益于形成较为致密的结构。待混凝土强度增长至具有抵抗高温高湿热养护的强度时，就可进入用高湿介质加热养护的阶段，为水泥水化创造更为有利的条件。

表 6-7 不同温度下饱和蒸汽和饱和蒸汽空气混合物的含热量

温度(℃)	100	90	80	70	60	50	40	30	20	10	0
饱和蒸汽含热量 (kJ/kg 蒸汽)	2671.9	2656	2639.3	2622.5	2605.4	2587.8	2570.3	2552.3	2533.9	2515.9	2497.6
饱和蒸汽含热量 (kJ/kg 混合物)	2671.9	1588	988.2	623.2	397.1	252.1	157.2	97	56.6	29.2	14

2. 混凝土加热的最高温度降低

低湿介质养护过程中，因为水分蒸发开始早，持续久，介质与混凝土之间的热交换效率降低，水泥水化过程略显延缓，所以制品的中心温度达不到介质的最高温度。值得注意的是，高温介质养护时的试件冷却速度比低湿介质中的快，因为低湿介质养护时，水分蒸发过程早已开始，这就势必使降温期的蒸发量减少，降温速度必将减慢。

3. 混凝土内部气相剩余压力降低

低湿介质中养护时，混凝土的湿度梯度与温度梯度方向相反，由外部指向内部。这时，在湿度梯度的作用下，部分湿流向外界蒸发，而受温度梯度作用的部分湿流仍向内部传输。但必须指出，低湿介质养护时的温度梯度小于高湿介质，而湿度梯度则较大，所以水分迁移的总趋势是由内向外。与此同时，内部受热膨胀的气相，也必须随着向外迁移的水分外逸。热质迁移和热质交换的这种变化，必须使混凝土内部气相的剩余压力大大降低，因而作为结构破坏过程综合表征的变形值也明显减小。

4. 混凝土变形减小

在低湿介质中加热时，混凝土部分水分蒸发，原来充水的微管中形成弯月面，微管压力大大增加，以致产生收缩变形。由于干缩变形抑制并取代了高湿介质条件下可能产生的较大湿热膨胀变形，因而残余变形大大低于湿热养护时的数值，混凝土的致密程度和强度均将提高。

综上所述，低湿介质养护时，由于各因素的综合作用，混凝土的结构破坏过程削弱，湿热膨胀变形减小，这对于混凝土的结构形成及物理力学性能的提高均将有所裨益。

(二) 干热及干湿热养护混凝土的结构与强度

热养护时的介质相对湿度对混凝土孔结构的形成过程有明显的影响。图 6-22 是介质相对湿度与微管半径的关系。对比图 6-22 (a) 曲线 1、2 可知，$\varphi=40\%$ 时，随着混凝土的失水，混凝土的微管半径比 $\varphi=100\%$ 时有所减小。升温期，由于微管压力的增长，孔径迅速减小。恒温期，随着凝聚结构的形成及强度的增长，微管多孔结构已趋稳定。降温时，水分虽继续蒸发，微管压力又略有增大，但孔径已无明显变化。对比图 6-22 (a) 曲线 2、(b) 曲线 1 可见，低温介质养护混凝土的孔径，虽略低于高湿介质养护所得的数值，但仍比一般自然养护混凝土的孔径大。

干湿热养护时，孔结构形成过程的特征则发生了较大变化，如图 6-22 (a) 曲线 3 所示。恒温期，随着介质相对湿度 φ 升至 100%，微管半径持续减小，直至降温期中稳定在 1.7×10^{-4} mm 左右，比高湿介质养护形成的孔径 2×10^{-3} mm 小一个数量级，而与图 6-22

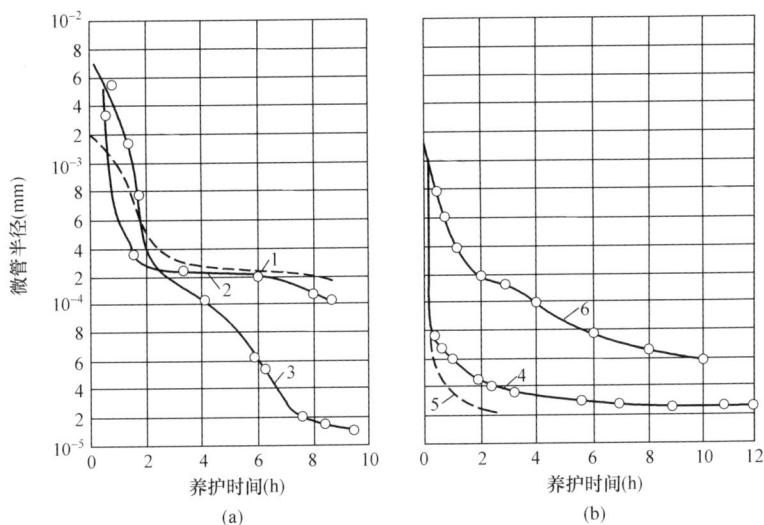

图 6-22 热养护时的介质相对湿度对混凝土和水泥浆微管半径的影响

(a) 混凝土，热养护 3h+4h（80℃）+2h；(b) 在 $T=24℃$ 及 $\varphi=50\%$ 条件下养护

1—$\varphi=100\%$；2—$\varphi=40\%$；3—$\varphi=40\%$升温，$\varphi=100\%$恒温

4—混凝土，$W/C=0.45$；5—水泥浆体，$W/C=0.25$；6—水泥浆体，密闭养护，$W/C=0.25$

(b) 曲线 1 混凝土的孔结构接近。这表明干湿热养护混凝土的结构比干热养护的更为致密。

干湿热养护和湿热养护混凝土强度的比较见表 6-8，由表可见，干湿养护混凝土的强度比湿热养护提高 15%～24%，而且在后期养护中仍可继续增长，28 天强度与标准养护很接近。带模制品采用干湿热养护效果也很好。

表 6-8　　　　　　　　干湿热养护和湿热养护混凝土抗压强度的比较　　　　　　　　MPa

介质温度（℃）	养护制度 $\left[\dfrac{h}{\varphi\,(\%)}\right]$	热养护后立即测定的强度		28 天龄期强度		标准养护 28 天龄期强度
		带模	脱模	带模	脱模	
80	$\dfrac{3}{100}+\dfrac{6}{100}+2$	22.8	17.5	35.4	26.5	35.2
	$\dfrac{3}{60}+\dfrac{6}{100}+2$	22.5	19.7	38.3	29.1	37.2
	$\dfrac{3}{40}+\dfrac{6}{100}+2$	22.4	21.6	38.4	33.3	34.5
	$\dfrac{3}{逐渐降至20\%}+\dfrac{6}{100}+2$	24.1	20.0	33.9	34.8	37.0

注　试验所用的普通混凝土配合比为 1∶1.87∶2.78，$W/C=0.45$，水泥强度等级为 42.5 级。

几种养护方法相对强度的比较如图 6-23 所示，干湿养护的强度明显高于全干热和全湿热法。就热态强度而言，也应如此，因为图 6-17 中所示的全湿热养护周期长达 17h，在相同养护周期的条件下，全湿热养护的强度必将大大低于图示数值。全干热及全湿热强度的对比数值，由不同资料数值所得结论不尽一致。

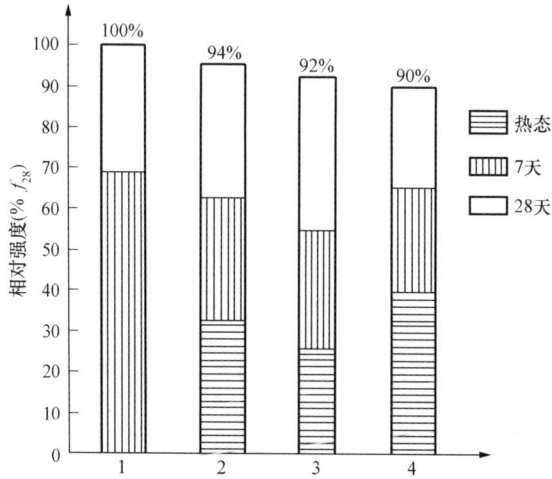

图 6-23　几种养护方法的比较

1—标准养护；2—干湿热养护（80℃，干 2h 蒸 5h 降 2h）；3—全干热养护（80℃，干 8h）；

4—蒸汽养护[3h+4h+8h(80℃)+2h]

综上所述，低湿介质升温，虽然具有结构破坏作用小、养护周期短、制品表面质量较好等优点，但全干热法却存在混凝土失水过多、水泥水化条件欠佳、后期强度损失较大、降温效果较差等弊端。而干湿热养护除具有低温介质升温的一般优点外，还具有混凝土结构较致密、水泥水化条件较合理、降温效果较好，养护后的混凝土无严重失水现象，后期强度仍可继续增长等特点。

二、红外线养护

红外线辐射作为空间光场发生，冲击一种吸收物质，使介质分子作剧烈运动，而转换为热能。用红外线辐射器加热混凝土，促进其硬化过程的方法称为红外线养护。

红外线加热混凝土一般有两种方法，一种是向混凝土表面辐射，射线穿透防止水分蒸发的覆盖物，而被混凝土吸收；另一种是向金属模板辐射，金属模板吸收射线而得到加热，从而形成了热源，再通过直接接触将热传给混凝土。

（一）红外线养护的优缺点及适用范围

1. 红外线养护的优点

（1）养护周期短，不经预养，以红外线加热 4h，再养护 1h，强度可达 $70\% f_{28}$ 以上。

（2）混凝土直接吸收红外线，热损失小，辐射加热的热耗量为 $326040 \mathrm{kJ/m^3}$，而蒸汽加热则需 $1070080 \mathrm{kJ/m^3}$。

（3）红外线养护混凝土的物理力学性能优于蒸养混凝土，吸水率降低 17%，抗压强度提高 24%，弹性模量提高 10%，而且表面质量好，能源有气体或液体燃料、蒸汽及电能，来源广泛，养护制度便于调节和自控。因此，国内外均有广泛应用的趋势，是一种较有前途的快速养护方法。

2. 红外线养护的缺点

红外线养护时，混凝土迅速形成由外向里的温度梯度，介质湿度又很低，故无防护时，将严重失水，以致后期强度降低。

3. 适用范围

用红外线辐射器从外部辐射只能达到一定的深度，适用于养护厚度不大于 200mm 的薄壁混凝土构件，并且宜采用连续养护方式，以节约能源。

（二）工艺参数

混凝土红外线养护的工艺参数包括红外线波长、辐射距离及混凝土表面温度。

红外线养护混凝土时，波长以 $0.75 \sim 6.0 \mu m$ 为宜。辐射距离应根据辐射器面积、发热量等条件合理调整，一般不得小于 300mm。混凝土表面温度宜为 $70 \sim 90 \, ^\circ C$，超过该数值，或使养护时间延长，或使混凝土强度降低。

三、电热养护

电热养护具有加热速度很快、能量消耗最低、便于自控、效率高（可达 75%）、设备简单、投资省、收效快等优点。但由于耗用电能，一般情况不宜采用，常用于具有特殊需要的预制或现浇混凝土的养护。

1. 直接电热法

直接电热法是以混凝土或钢筋做加热电阻，或另埋设加热电阻，在混凝土两端以金属电极通电，或以钢筋做电极直接通电，达到加热混凝土的目的，又称电极法。直接电热法由于制品整体接入电路，加热均匀，耗电较少，适用于预制和现浇混凝土的养护，尤其是对中等构件或低表面系数的构件和空心构件（如混凝土管）等更为有利。

直接电热法可在数分钟至数小时的任一时间间隔内将混凝土加热至给定温度，因此对升温速度要严加控制。为防止过多失水，裸露面应以隔汽及保温材料覆盖之。

直接电热法多用 $80 \sim 110V$ 或 $220 \sim 380V$ 交流电进行，也可用 $110 \sim 220V$ 脉冲电流间歇加热，或以低压直流电或高频交流电交替电热，以减少电耗，缩短时间，均衡热场，提高混凝土强度。

2. 间接电热法

间接电热法是以电热模型、台座、罩、窑传导加热混凝土制品的方法，又称电烘法。具有保温隔热层的制品宜用间接电热法双面电烘。

3. 电磁感应法

电磁感应法是利用电磁感应现象，使钢模及钢筋感应生电，从内外两方面加热混凝土，温度场均匀，加热速度快，时间短，便于自控。

4. 微波养护法

微波养护法是由于混凝土的水及某些极性分子在电磁场作用下产生高频振动，既使之迅速加热，又引起微细搅拌作用，对水泥矿物的溶解有利，从而加速水化反应，而且不产生温度应力。

复 习 思 考 题

1. 简述混凝土养护方式的种类。
2. 简述混凝土自然养护的通用措施与规定。
3. 简述养护剂养护的原理。

4. 简述内养护的方法、原理及对混凝土性能的影响。

5. 简述湿热养护过程中硅酸盐水泥的化学变化、物理化学变化及物理变化。

6. 简述常压湿热养护制度及确定原则。

7. 简述常压湿热养护的主要设备及工作原理。

8. 简述混凝土制品的高压湿热养护原理，常用的压蒸方法与制度。

9. 简述混凝土的其他养护方式及原理。

参 考 文 献

[1] 陈宜通. 混凝土机械. 中国建材工业出版社,2002.

[2] 杜荣军. 混凝土工程模板与支架技术. 机械工业出版社,2004.

[3] 郭杏林. 混凝土工程施工细节详解. 机械工业出版社,2007.

[4] 李启云. 热工基础及设备. 南京:南京工学院出版社,1988.

[5] 高崇云. 钢筋连接技术. 北京:凤凰出版传媒集团,2011.

[6] 文梓芸,钱春香,杨长辉. 混凝土工程与技术. 武汉:武汉理工大学出版社,2004.

[7] 邓爱民. 商品混凝土机械. 北京:人民交通出版社,2000.

[8] 马保国. 新型泵送混凝土技术及施工. 北京:化学工业出版社,2006.

[9] 何廷树. 混凝土外加剂. 西安:陕西科学技术出版社,2003.

[10] 庞强特. 混凝土制品工艺学. 武汉:武汉理工大学出版社,1990.

[11] 严捍东. 新型建筑材料教程. 北京:中国建材工业出版社,2006.

[12] 李玉寿. 混凝土原理与技术. 上海:华东理工大学出版社,2011.

[13] 管学茂,杨雷. 混凝土材料学. 北京:化学工业出版社,2011.

[14] 中国建筑业协会,清华大学. 中国建筑工程总公司. 建筑工程施工. 北京:中国建筑工业出版社,2005.

[15] 冯忠绪. 混凝土搅拌理论与设备. 北京:人民交通出版社,2001.

[16] 费以原,孙震. 土木工程施工. 北京:机械工业出版社,2008.

[17] 穆静波,孙震. 土木工程施工. 北京:中国建筑工业出版社,2009.

[18] 杜荣军. 混凝土工程模板与支架技术. 北京:机械工业出版社,2004.

[19] 糜嘉平. 建筑模板与脚手架研究及应用. 北京:中国建筑工业出版社,2001.

[20] R. L. Peurifoy. 混凝土结构的模板工程. 北京:中国建筑工业出版社,1983.

[21] 余宗明. 竹胶合板模板设计的力学指标,建筑技术,2001,31(8):523-524.

[22] 王丽丽,潘茜. 预制混凝土模板的研究,国外建材科技,2007,28(2):48-50.

[23] 赵挺生,张传敏,方东平. 模板支撑薄弱层对现浇钢筋混凝土建筑结构施工荷载分布的影响,工程力学,2005,22(4):138-141.

[24] 张智学. 混凝土搅拌运输车的结构原理及国内部分产品简介. 商用汽车,2011.08.

[25] 赵志缙. 泵送混凝土. 北京:中国水利水电出版社,1987.

[26] 李启云. 热工基础及设备. 南京:南京工学院出版社,1988.

[27] 同济大学,等. 混凝土制品工艺学. 北京:中国建筑工业出版社,1981.

[28] JI. A. 马里宁娜. 普通混凝土的湿热养护. 庞强特,译. 北京:中国建筑工业出版社,1981.